한국 게임의 역사

세계를 놀라게 한 한국 게임의 기적

한국 게임의 역사

세계를 놀라게 한 한국 게임의 기적

2012년 12월 30일 초판1쇄 발행
2013년 8월 15일 초판2쇄 발행
2018년 2월 27일 초판3쇄 발행

지은이	윤형섭·강지웅·박수영·오영욱·전홍식·조기현
펴낸이	이찬규
본문디자인	스튜디오헤르쯔
펴낸곳	북코리아
등록번호	제03-01240호
주소	462-807 경기도 성남시 중원구 상대원동 146-8 우림2차 A동 1007호
전화	02) 704-7840
팩스	02) 704-7848
이메일	sunhaksa@korea.com
홈페이지	www.bookorea.co.kr
ISBN	978-89-6324-283-5 (03690)

값 19,000원

한국 게임의 역사

세계를 놀라게 한 한국 게임의 기적

윤형섭
강지웅
박수영
오영욱
전홍식
조기현

북코리아

목차

추천사

오락실에서 게임 소리가 흘러나오던 것이 엊그제 같은데, 벌써 한국의 게임 역사는 40여 년을 넘어가고 있다. 500년 조선왕조실록을 편찬할 만큼 찬란한 기록문화유산을 가진 우리나라는 언제부터인가 역사 기록을 소홀히 해왔다. 이번 한국 게임의 역사 발간은 그런 오명을 떨쳐버릴 수 있는 무척 가치 있는 일이다. 부록으로 실린 연표와 역사의 구분, 자료의 수집과 정리, 그리고 인물 소개를 보면서 저자들의 노고가 떠올랐다. 게임에 관심이 있는 사람이라면 누구나 읽어야 할 교양필독서로서 이 책을 권한다.

이대웅 (사)한국게임학회 회장
상명대학교 게임학과 교수

한국 게임을 산업적·문화적 측면에서 종합적으로 조명한 한국 게임 역사서이다. 게임의 변천사, 게임 관련 법, 제도 및 정책, 그리고 그와 관련된 사회적·경제적 배경을 쉽게 읽을 수 있도록 구성되어 있어 게임 산업에 관심이 있는 모든 분에게 필독서로 추천한다. 이 책의 발간을 계기로 게임 산업에 대한 이해도가 높아져 대한민국 게임 산업의 발전에 기여 할 수 있기를 바란다.

부산정보산업진흥원 서태건 원장

짧은 기간에 폭발적인 규모의 성장으로 비대칭 구조를 가지게 된, 대한민국 게임 산업의 빛과 그림자 속에서, 뒤늦게 '기록의 중요성'을 깨달은 이들이 공동 저술한 한국 게임의 역사 는 게임업계 사람들뿐만 아니라 일반인에게도 재미있고, 창조적인 영감을 불어넣어 준다. 게임 산업을 이해하고 싶다면 바로 '이 책'부터 시작해볼 것을 권장한다.

장인경 전 (주)마리텔레콤 대표이사
머드 게임 〈단군의 땅〉,
웹 전략 시뮬레이션 게임 〈아크메이지〉 개발

20년간 게임을 개발해온 업계 종사자로서 진심으로 고대하던 책이 출간되었다 믿는다. 한국 게임의 태동부터 온라인 게임의 글로벌 성공까지 정리한 단 한 권의 책이기에, 더욱 그 가치가 높게 느껴진다. 무릇 과거를 통해 미래의 방향점을 준비할 수 있기에, 이 책은 많은 독자들에게 더 큰 의미로 다가갈 것이다.

(주)고릴라바나나 개발이사(PD) 정무식,
(사)한국게임개발자협회 설립 및 초대 회장

서문

오늘날 게임은 어린이들만의 놀이가 아니라 한국인 대다수가 여가시간에 즐기는 놀이이자 문화가 되었다. 2012년 게임백서를 보면 한국인의 여가시간 중 가장 많은 비중을 차지하는 것이 'TV 시청'에서 '게임'으로 넘어가고 있다는 것을 알 수 있다. 스마트폰 시대로 접어들면서 지하철에서 남녀노소 가리지 않고 게임을 즐기는 것을 보면 게임은 이미 우리의 생활 깊숙이 들어와 있다는 것을 새삼 느낄 수 있다.

그럼에도 불구하고 게임에 대한 사회적인 시선은 여전히 곱지만은 않다. 게임의 산업적 가능성에 대해서는 끊임없이 찬사를 보내면서도 게임을 즐기는 것에 대해서는 유익하지 않으며 시간 낭비라는 모순적인 시각이 공존한다. 게임에 대한 부정적 시각은 게임을 문화와 예술로 인정받고자 하는 노력과 등나무 가지처럼 얽혀 한국의 게임 문화는 용광로처럼 소용돌이치고 있다.

한국 게임의 역사는 1970년대 개인용 컴퓨터 도입 이후, 외산 게임의 보급과 간단한 국산 게임 개발로 시작되었지만, 한국은 세계 최고 수준의 인터넷 인프라를 바탕으로 온라인 게임의 종주국이 되었다. 기술적 측면에서 한국은 온라인 게임 개발을 선도해왔고, 문화적 측면에서는 e스포츠(E-Sports)를 주도해왔다. 한국 게임사를 논하기엔 아직 미미하지만, 그동안 한국의 게임 산업은 역동적으로 발전해왔고 새로운 기록을 경신해왔으며 의미 있는 이정표도 만들어왔다.

짧은 역사에도 불구하고 많은 성과가 있었던 것은 게임업계의 많은 사람이 밤낮으로 열심히 노력한 결과이다. 그 성과의 뒤에는 정책 입안에서부터 게임 기술 개발, 게임 산업 지원기관, 비즈니스 모델의 창조, e스포츠 선도 그리고 게임 플레이를 즐기는 사람에 이르기까지 모든 사람의 노고가 깃들어져 있다. 이제 40여 년밖에 되지 않는 한국 게임의 역사를 산업적인 측면과 문화적인 측면에서 정리하고 조명해보고 싶은 마음들을 모아 국내 최초로 한국 게임의 역사를 편찬하게 된 것은 큰 영광이라고 할 수 있다.

미국에서는 활발한 연구와 함께 역사책들도 다수 편찬되었으나, 한국에서는 아직까지 게임에 관한 역사책이 한 번도 발간되지 않았다. 이번 저술을 위해 자료 조사를 하던 중 게임 강대국인 일본에서조차 게임의 역사가 정리되어 있지 않다는 것에 적잖이 놀랐다. 그런 이유 때문인지 일본의 게임 관련 학자들로부터 부러움의 시선도 느낄 수 있었다. 이 책이 보다 가치 있게 느껴지는 순간이었다.

더 큰 문제는 한국 게임 산업 초기에 산업을 일구어온 사람들의 소중한 기억들이 하나둘씩 사라져가고 있다는 것이다. 역사는 기록되어야만 의미가 만들어지고 해석이 생겨난다. 그들의 경험과 기억들이 불러내어 기록하지 않는다면, 한국의 게임이 어떻게 뿌리를 내리고 발전해왔는지 이해할 수 있는 증거와 실마리들을 잃어버리게 된다. 이번 차원에서 한국 게임의 역사적 사실들을 정리하고 의미를 부여하는 것은 매우 소중하고 가치 있는 일이라 생각한다.

이 책은 평소 이러한 현실에 대해 안타까워하며 한국 게임 역사에 대한 정리의 필요성을 강조하던 사람들이 하나둘씩 모여 시작되었다. 그들의 제안에 게임문화연구회를 통해 활동하던 게임 개발자와 게임 언론인, 게임 연구자가 이 작업에 흔쾌히 참여하기로 뜻을 모았고 2011년 봄을 시작으로 2년 가까이 자료조사를 하고 집필하였다.

　수십 차례의 회의를 통해 한국 게임의 역사를 총 5부 13장으로 구분했다.

　먼저 제1부에서는 게임에 대한 이해를 도울 수 있도록 게임의 정의와 장르를 다루었다.

　제2부에서는 외산 게임의 도입, 개인용 컴퓨터와 비디오 게임기 등의 보급으로 게임이라는 문화와 산업이 서서히 형성되어가는 한국 게임의 여명기를 다루었다.

　제3부에서는 1990년대에 걸쳐 개인용 컴퓨터 게임을 중심으로 본격적으로 발전했던 한국 게임의 성장을 다루고 있다. 게임에 대한 높은 관심 속에 게임 개발자들과 그들이 만든 게임들이 계속해서 등장하고, 외국의 게임들과 당당히 경쟁하는 수작이 만들어지면서 성장을 거듭하다가 1997년 IMF 외환위기와 고질적인 불법복제 탓에 시장이 침체되고 새로운 가능성을 찾아 온라인 게임으로 게임 산업의 흐름이 변화되는 과정을 담았다.

　제4부에서는 최근 한국 게임 산업의 중심이 되는 온라인 게임의 태동과 성장, 그리고 한국 게임 산업에서는 비중이 높지 않지만, 글로벌 규모에서는 중요한 비중을 차지하는 비디오 게임을 다루었다. 여기에 최근의 흐름인 포터블 게임과 모바일 게임을 설명하고, 한국에서 시작되어 세계적인 흐름을 주도하고 있는 e 스포츠에 대해서도 다루었다.

　제5부에서는 단순한 놀이에서 출발해 엄청난 규모의 산업과 대중적인 문화로 게임이 자리매김하면서 사회와 끊임없이 영향을 주고받은 과정을 게임에 대한 규제와 진흥책, 그리고 사회문화의 관점에서 다루었다.

　집필을 위해 신문, 잡지 등 객관적인 사료를 최대한 확보하여 저술의 근거로 삼았다. 여기에 정기적으로 공동 저자들이 자주 만나 토론을 이어가면서 다양한 관점에서의 해석과 분석을 시도하였다. 그 결과 게임의 역사를 게임 내부적인 시각에서만 조명하지 않고 사회 문화적인 배경을 함께 제시함으로써 한국 게임의 흐름에 관한 종합적인 이해를 시도하고자 노력하였다. 저자들 간의 토론은 대부분 쉽게 결론이 나지 않고 길게 이어지곤 했다. 게임에 대한 서로 다른 경험들과 기억들을 나누면서 어느 순간 글을 쓰기 위한 회의가 아닌 게이머들 간의 수다가 되어버리는 경우도 많았지만, 게임에 관한 이야기를 시간 가는 줄 모르고 할 수 있었던 그 시간은 무척 즐거운 기억으로 남아 있다.

한국 게임 역사에 대한 최초의 정리이기 때문에 최대한 완성도를 높이고자 노력했으나, 여러 저자가 장을 나누어 집필한 만큼 일관성이 부족하거나 보완해야 할 부분들이 있을 것이다. 이에 관해서는 이 책의 출간과 함께 운영할 온라인 공간(www.kore-agamehistory.net)을 중심으로 지속해서 보완해 나가고자 하니 독자 여러분의 넓은 양해와 관심을 부탁한다. 만약 역사적 사실에 문제가 있다든가, 더 좋은 사료를 보관하고 있다든가, 새로운 시각으로 조명되었으면 좋겠다는 의견이 있다면 서슴지 말고 의견을 주시기 바란다. 다음 판에서는 충분히 보완할 것을 약속드린다.

마지막으로 이 작업의 의미와 노력을 높게 평가하여 '2012 우수 저작 및 출판지원사업' 당선작으로 선정해준 한국출판문화산업진흥원, 이 책이 갖는 의미와 의의를 헤아려 주시고 선뜻 출간을 제안해주신 북코리아 출판사 이찬규 대표님, 이 책의 필요성을 알고 격려하고 추천해주신 이대웅 회장님, 서태건 원장님, 전 마리텔레콤 장인경 대표님, 정무식 이사님, 마지막으로 부족한 필자들의 작업을 보완하는 데 많은 도움을 주신 북코리아 출판사 편집부, 표지 디자인을 맡아주신 허지호 님께 깊은 감사를 드린다.

2012년 겨울
대표 저자 윤형섭

제1부
게임의 이해

1장. 게임의 정의와 장르
윤형섭

1장. 게임의 정의와 장르

윤형섭

1) 게임의 정의

컴퓨터 게임이 이미 디지털 미디어로 우리 생활에 깊숙이 자리하고 있는 데 비해 게임학의 발전 속도는 그리 빠르지 않다. 게임에 대한 정의가 어려운 것은 컴퓨터 게임이 갖고 있는 자체적인 속성 때문이기도 하겠지만, 컴퓨터 게임 형태의 다양성 때문이기도 하다. 따라서 게임을 한 문장으로 정의하기란 쉽지 않다. 그러나 최근 여러 학술 서적과 논문 등에서 컴퓨터 게임을 정의하려는 노력들이 나타나고 있다. 본 절에서는 게임의 정의와 장르에 대해 알아보기로 하자.

　　게임을 정의하기에 앞서 놀이에 대해 알아볼 필요가 있다. 게임을 포함하고 있는 놀이에 대한 정의와 개념, 그리고 놀이와 게임의 차이를 명확히 하는 것이 게임을 정의하는 첫 걸음이기 때문이다.

　　놀이에 대한 첫 연구는 요한 호이징아(Johan Huizinga)의 책 『호모 루덴스(Homo Ludens)』[1]에서 찾아볼 수 있다. 호이징아는 동물과 대비하여 인간의 특성을 나타내기 위해 도입된 용어인 직립형 인간 '호모 에렉투스(Homo E.rectus)', 사유형 인간 '호모 사피엔스(Homo Sapiens)'에서 힌트를 얻어, 인간은 본질적으로 유희를 추구

---

[1]　요한 호이징아, 이종인 역, 『놀이하는 인간, 호모 루덴스』, 연암서가, 2010.

하며, 놀이는 인간 문명의 원동력이라고 주장하였다. 그는 인간의 정치, 사회, 문화, 종교, 철학의 기원이 바로 놀이에서 시작되었다고 하면서 놀이의 중요성에 대해 설파하였다. 이에 따라 인간을 '호모 루덴스(Homo Ludens)', 즉 유희적 인간이라고 명명하였다. 호이징아는 놀이의 본질에 관하여 "놀이가 제천의식에서 기원했다."라고 주장하였고, 이를 계승한 로제 카이와(Roger Caillois)는 놀이의 특징을 다음 여섯 가지로 설명하였다.

첫째, 놀이는 자발적인 행위이다. 놀이하는 자는 강요당하지 않는다. 명령에 의한 놀이는 이미 놀이가 아니다. 만일 강요당한다면 놀이는 곧바로 마음을 끌어들이는 유쾌한 즐거움이라는 성질을 잃어버린다. 둘째, 분리된 활동이다. 처음부터 정해진 공간과 시간의 범위 내에 한정되어 있다. 즉 일상생활과 분리되어 존재한다는 것이다. 셋째, 확정되어 있지 않은 활동이다. 게임의 전개가 결정되어 있지도 않으며, 결과가 미리 주어지지도 않는다. 놀이하는 자에게는 새로운 생각을 할 필요가 있기 때문에 어느 정도의 자유는 반드시 남겨져야 한다. 이러한 놀이의 특성은 게임에도 그대로 적용되어 불확실한 결과(uncertain outcome)는 게임의 중요한 특성 중 하나이기도 하다. 넷째, 비생산적인 활동이다. 놀이 중에는 어떤 재화와 부도 만들어내지 않는다. 놀이하는 자들 간의 소유권의 이동을 제외하면 놀이의 시작점과 똑같은 상태이다. 즉 생산적이지 않다는 의미이다. 다섯째, 규칙이 있는 활동이다. 놀이는 약속을 따르는 활동이다. 놀이를 위해 일시적으로 새로운 규칙이 만들어지고, 그 규칙만이 통용된다. 규칙은 현대적 게임의 가장 중요한 특성 중 하나로 여겨진다. 여섯째, 허구적인 활동이다. 놀이는 현실 생활과는 달리 이차적인 현실, 또는 비현실이라는 특수한 의식을 수반한다. 즉 상상이 전제되어 행해지는 재미있는 활동으로 이러한 상상력이 게임의 재미를 만들어내며, 상상력을 풍부하게 하고 창의력을 촉진시킬 수 있다.

로제 카이와는 요한 호이징아의 '호모 루덴스'를 비판적으로 계승하면서 놀이를 분류하고자 시도했다. 그는 『놀이와 인간』[2]에서 놀이를 규칙과 운(運)으로 구분하면서 경쟁 놀이(agon), 우연 놀이

2 로제 카이와, 이상률 역, 『놀이와 인간』, 문예출판사, 1994.

3 平林久和, 赤尾晃一, ゲームの大學, Media Factory, 1996. p. 148. 재구성.

(alea), 모방 놀이(mimicry), 현기증 놀이(ilinx) 네 가지로 구분하였다.[3] 아래 그림은 '놀이를 하려는 의지'와 '규칙'을 축으로 하여 네 가지로 놀이를 구분한 것이다.

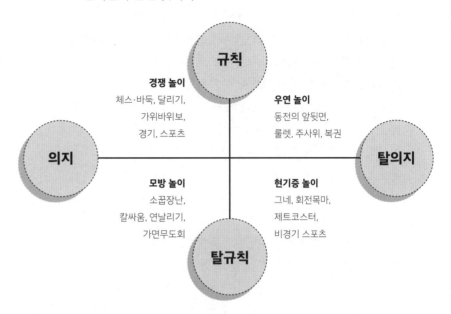

경쟁 놀이는 의지도 있고 규칙도 있는 것으로, 체스나 당구, 그리고 대부분의 스포츠 경기가 포함된다. 우연 놀이는 규칙은 있지만 의지를 반영하지 못하고, 운에 의해 그 결과가 좌우되는 놀이를 말한다. 예를 들면 룰렛이나 주사위를 이용한 놀이 등이다. 모방 놀이는 의지는 있지만 규칙은 느슨한 놀이를 말한다. 예를 들면 소꿉놀이나 가면놀이 등이다. 이는 예술로 발전하여 연극, 영화 등으로 발전하였고, 게임 분야에서는 역할수행 게임(Role Playing Game)으로 발전하게 된다. 현기증 놀이는 의지도 규칙도 없는 놀이를 의미하며, 예를 들면 그네, 미끄럼틀, 시소, 롤러코스터 등이다. 지구의 중력을 거스를 때 인간은 현기증과 함께 즐거움을 느끼기도 하는 것이다.

또한 카이와는 놀이를 '규칙의 정형성'에 따라 '파이디아(phidia)'와 '루두스(ludus)'로 구분하였다. 즉 규칙이 느슨한 놀이를 파이디아로, 규칙이 정형적인 것을 루두스라고 명명하였다. 현대의 게임은 규칙이 정형적인 루두스에 가깝다고 볼 수 있다.

『호모 루덴스』이전까지 거의 이루어지지 않았던 놀이에 관한 학술적 연구는 호이징아 이후 로제 카이와로 이어졌고, 놀이의 유용성이 증명되기 시작하면서 놀이가 곧 학습이라는 이론이 등장하였다. 이 이론은 놀이가 육체적으로 인간을 강화시켜주고, 유연성을 길러주며, 날카로운 시각을 제공하기도 하며, 인지능력의 향상으로 손놀림이 섬세해지고, 정신의 체계화에도 도움을 주기 때문에, 놀이는 정신(mind)과 육체(body)의 능력을 강화하는 데 많은 도움을 주고 있음을 강조한다. 특히 심리학자들은 놀이가 자아의 확립과정에 도움을 주고, 성격 형성에도 기여하며, 학습에도 많은 도움을 준다고 주장한다. 특히 놀이가 주는 재미와 즐거움은 끈기와 집중력을 강화시켜 어려운 것을 쉽게 만드는 데 도움을 준다.

그렇다면 게임은 어디서부터 유래했을까? 아직까지 정설은 없지만, 여러 가지 학설이 존재한다. 게임의 기원에 대한 대표적인 견해들은 문화관광부에서 펴낸 「전자 오락게임의 문화정책적 접근방안」(1996)에 잘 설명되어 있다. 그 내용은 다음과 같다.

첫째, 게임은 일상생활에 필요한 활동들로부터 유래했다는 가설, 둘째, 전쟁이나 전쟁을 예비하는 군사훈련에서 유래되었다는 가설, 셋째, 풍년과 다산을 비는 종교적 제의에서 유래되었다는 가설이 있다.

첫째, 일상생활에서 유래되었다는 가설과 관련하여 독일의 역사학자인 에르만(Erman)은 한 부족이나 국가는 보다 높은 문명 수준에 도달하게 되면 생존에 필요하였던 과거의 많은 활동들이 더 이상 존재 이유가 없어짐에도 불구하고 본래의 목적과는 다르게 그 활동들을 추구한다고 주장하였다. 이는 사람들이 생존의 유지에 필요한 이유로 인해 여러 제약이 불가피했던 부담에서 벗어나 좀 더 자유롭게 일이 아닌 놀이로서 그 활동들을 즐기게 되었다는 것을 의미한다. 이러한 예로 다트 게임이나, 경마, 탁자 위에서 하는 카드 놀이, 스키 등을 들 수 있다. 게임의 이러한 측면은 민족이나 종족을 초월한 모든 문화권에서 시공간을 초월하여 발견될 수 있다.

아일러(Eyler)는 현대의 대표적인 게임과 스포츠 95가지 종목에 관한 기원을 조사한 결과, 그중 약 50%는 삶을 유지하는 수단, 커뮤니케이션 수단, 운송 수단, 또는 전쟁에 사용되었던 일들이 일상생활에서 벗어나 여가를 즐기는 레크리에이션 활동으로 발전되었다고 한다. 또한 종교적인 제례의식에서 기원한 놀이는 약 10%인 데 반해, 15% 정도가 여가활동을 위해 창안되었다고 한다. 요한 호이징아의 주장과는 달리 종교적인 것보다 종교와 관련이 없는 데서 게임이 더욱 많이 유래되었음을 알 수 있다.[4]

둘째, 군사훈련에서 게임이 유래했다는 가설과 관련된 증거로서 석전, 궁술, 창 던지기, 투포환, 격구, 검도, 사격, 폴로 등과 같은 수많은 게임이나 스포츠가 전쟁이나 전쟁의 예행연습과 관련하여 유발되었다는 것이다. 고대 그리스인들은 스포츠와 전쟁을 그 언어의 용법에서 볼 수 있듯이 거의 구별하지 않은 듯하며, 이러한 경향은 고대 페르시아인들에게도 발견된다. 운동경기를 의미하는 영어의 'Athletics'가 파생된 그리스어 'Athlos'는 경기장 안에서뿐 아니라 전쟁터에서의 전투를 의미하며, 경쟁의 의미를 지닌 'Agon'은 전쟁 또는 경쟁적 겨루기 게임을 의미한다. 수많은 고대 게임이나 스포츠가 전쟁을 위한 준비로서 또는 전쟁의 대안으로서 존재했다는 사실은 게임의 기원과 전쟁의 관련성을 시사한다.

셋째, 놀이와 게임의 기원이 종교적 제례의식과 관련된 가설을 뒷받침하는 증거로서는 풍요제의 등을 들 수 있다. 고대인들은 줄다리기 등과 같은 겨루기 게임을 통해 풍년과 다산을 성취하고자 하는 모방적 주술행위를 하였으며, 기원전 776년에 시작되어 서기 393년 로마의 황제 테오도시우스의 명에 의해 중단될 때까지 4년마다 개최되었던 고대 올림픽 게임은 제우스 신을 위한 제전이었다. 고대 올림픽 게임에는 던지기, 달리기, 각종 구기 종목뿐만 아니라 주사위와 게임판을 이용한 놀이 등도 행해졌다.

4 한국문화정책개발원, 「전자오락게임의 문화정책적 접근 방안」, 1996, pp.36-37.

이러한 게임의 유래를 살펴보면 게임의 원형은 대개 원래부터 교육과 훈련이 목적이었음을 알 수 있다. 물론 단순히 놀이만을 위해 고안된 것들도 있지만, 대개 후손들을 교육하고 훈련시키기 위해 고안되었다고 볼 수 있다. 4,300년 이상의 역사를 갖고 있는 바둑은 고대 중국 요순시대에 자식의 어리석음을 깨우치기 위해 만들었다고 전해지고 있다. 2,500년의 역사를 갖고 있는 장기(將棋)도 초한시대의 전쟁을 상징화하여 전략과 전술을 가르치기 위한 도구로 만들어졌고, 약 4,000년 전 차트랑가(chartranga)라는 고대 인도의 게임에서 유래되었다는 체스(chess)도 귀족의 자제들에게 전략과 전술, 통치술을 훈련시키는 데 사용하였다고 한다.

게임의 사전적 정의는 다음과 같다. "규칙을 정해 놓고 승부를 겨루는 놀이"(금성판 국어사전), "오락의 보편적 형태, 일반적으로 기분 전환이나 유흥을 위한 제반 활동이 포함되며, 흔히 경쟁이나 시합을 수반한다"(브리태니커 세계백과사전), "'OR기법' 중의 하나로, 상반되는 이해관계자들이 각기 일정한 규칙하에서 행동할 때 각자가 최대의 결과를 얻게 되는 상태"(컴퓨터 용어사전)

사전적 정의들을 살펴보면 게임은 규칙과 승부, 경쟁 등이 주요한 구성 요소로 즐거움을 위한 행위라는 것을 알 수 있다. 게임에서 가장 중요한 구성 요소는 행위자로서의 플레이어(player), 그리고 규칙이다. 규칙은 플레이어들에게 행동의 제약을 주고, 플레이어들에게 어떤 행동을 해야 하는지, 하지 말아야 하는지에 대해 명확한 지침을 제공한다. 즉 규칙은 게임을 하기 위해 가장 중요한 요소 중의 하나이다.

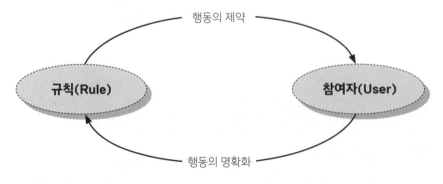

그렇다면 현대적 게임의 정의는 무엇일까? 컴퓨터 게임과 일반적으로 우리가 하는 스포츠 게임 등을 포괄할 수 있는 정의란 없는 것일까? 여러 가지 학술문헌에 나온 정의를 종합해보면 다음과 같다.

첫째, 데이비드 팔레트(David Parlett)는 아이들이나 강아지들이 구르고 뒤엉켜 노는 것과 구분하여 "놀이는 '형식적(formal)'이다."라고 정의하면서 게임의 목적은 목표를 달성하기 위한 경쟁이고, 정해진 장비들과 그 장비들을 잘 다루어서 승리를 얻어내는 절차를 정한 '규칙'을 강조하고 있다. 즉, 놀이와 게임의 차이는 규칙이라는 절차로 형식화된 것이라고 보고 있다.

둘째, 클라크 앱트(Clark C. Abt)는 둘 이상의 독립된 의사결정자들이 정해진 맥락 속에서 목표를 달성하기 위해 벌이는 활동으로, "목표를 얻기 위해 상대방과 규칙을 기반으로 경쟁하는 하나의 맥락이다."라고 하였다. 여기서 중요한 것은 '둘 이상의 독립된 의사결정자들'이다. 이들이 규칙을 기반으로 하나의 목표를 달성하기 위해 경쟁하면서 자연스럽게 상호작용이 발생한다.

셋째, 버나드 슈츠(Bernard Suits)에 의하면 게임을 한다는 것은 규칙에 의해 허락된 수단만을 사용하여 사건의 특정한 상태를 불러오도록 유도된 활동에 참여하는 것이다. 여기서는 규칙이 효율적인 수단을 금지하여 덜 효율적인 수단을 사용하도록 하는데, 그런 규칙이 받아들여지는 이유는 단지 그것으로 인해 그런 활동이 가능해지기 때문이다. 좀 더 간결하게 표현하면, "게임을 하는 것은 불필요한 장애를 극복하기 위한 자발적인 노력이다."라고 하였다. 즉, 인간은 재미를 위하여 자발적으로 불필요한 장애를 만들어 놓고 그것을 극복하기 위해 상대방과 경쟁하는데 이 행위가 게임이라고 정의한다.[5]

넷째, 크리스 크로포드(Chris Crawford)는 게임의 특징을 네 가지로 정의했다. 표현(representation), 상호작용(interaction), 충돌 또는 대립(conflict), 그리고 안전(safety)이다. 게임은 명시적인 규칙을 갖고 서로 복잡하게 상호작용하는 부품들의 집합이며 하나의 완전한 시스템이다. 게임은 감정적 현실을 주관적이고 의도적으로 단

---

5 여기에서 특징적인 것은 '불필요'하다는 것이다. 인간은 가장 효율적인 방법을 이용하지 않고, 규칙으로 행동을 제약하여 비효율적으로 그 목표를 달성하고자 한다. 여기에서 게임의 재미가 나오는 것이다. 골프를 예로 들어보자. 골프 게임에서의 목표는 공을 멀리 있는 구멍에 넣는 것이다. 가장 효율적인 방법은 플레이어가 공을 들고 뛰어 가서 구멍에 넣는 것이다. 그러나 아이러니하게도 골프는 여러 가지 장비(다양한 골프채)를 이용해 다양한 장애물(물 웅덩이, 모래 함정)들을 규칙으로 정하여 비효율적인 방법으로 목표에 도달하게 정해놓은 다음, 그 상황에서 가장 효율적인 방법으로 목표를 달성하게 한다. 그런 과정에서 재미가 생겨나는 것이다.

순화하여 표현한다. 상호작용은 원인과 결과가 거미줄처럼 복잡하게 얽혀 모든 것들을 서로 묶어준다. 이 복잡한 관계를 적절하게 표현하는 유일한 방법은 관객들이 그것을 구석구석 탐험하면서 원인을 만들어내고 결과를 관찰하게 해주는 것이다. 게임은 이런 상호작용적 요소를 제공하며, 바로 그것이 사람들의 흥미를 끄는 핵심 요인이다. 충돌은 게임의 상호작용으로부터 자연스럽게 생겨난다. 플레이어는 적극적으로 목표 달성을 추구한다. 게임 디자이너가 설치한 장애물들은 플레이어들이 쉽게 목표를 달성하지 못하게 방해한다. 모든 게임은 플레이어들이 게임 세계에 들어서자마자 상대방 또는 장애물들과 충돌 또는 대립하게 한다. 충돌은 모든 게임의 본질적 요소이다. 마지막으로 안전은 게임에서의 충돌과 위험은 실제 존재하는 것이 아니라 가상으로, 또는 심리적으로 경험하게 해주는 것이다.

다섯째, 그렉 코스티키안(Greg Costikyan)은 게임은 게임에 참가하는 플레이어들이 목표 달성을 위하여 게임 신호를 통해 자원관리에 관한 의사결정을 내리는 예술의 한 형태라고 하였다. 이 정의의 특징은 게임을 문화의 한 형태인 예술이라고 표현한 것이다.

여섯째, 시드 마이어(Sid Meyer)는 게임을 '흥미로운 선택의 연속'이라고 하였다. 여기서 중요한 것은 게임에서 플레이어들은 계속해서 선택을 해야만 한다는 것이다.

위와 같은 다양한 정의에 포함된 핵심 개념들을 포괄하는 정의는 다음과 같이 한 문장으로 정리해볼 수 있다.

"게임이란 플레이어들이 규칙에 의해 제한되는 인공적인 충돌(conflict)에 참여하여, 정량화 가능한 결과를 도출해내는 시스템이다."[6]

게임의 정의에 반드시 포함될 구성요소들을 정리하면 플레이어, 규칙, 충돌, 불확실한 결과이다. 정의에 나타난 구성요소들을 정리하면 다음과 같다. 한 명의 플레이어가 아닌 둘 이상의 플레이어가 필요하다. 또한 플레이어들의 행동을 명확하게 해주면서 목표를 달성하는 데 제약을 주기도 하는 규칙이 존재해야 한다. 이러한 규칙의 정형성이 놀이와 게임을 구분하는 기준이 되

6 Kaite Salen, Eric Zimmerman 저, 윤형섭·권용만 공역, 『게임디자인원론』, 지코사이언스, 2010.

기도 한다. 게임에서의 충돌은 불가피한 일이다. 장애물이든 상대방이든 어떤 것과 충돌한다. 그런데 이러한 충돌은 게임 디자이너들에 의해 인위적으로 만들어진 것이다. 또한 게임의 결과는 정량적이다. 즉 측정할 수 있어야 한다는 의미이다. 또한 게임의 결과는 불확실하다는 것이다. 마지막으로 게임은 하나의 자족적인 시스템이라는 것이다.

2) 게임의 장르

장르(genre)의 사전적 의미는 '분류하다', '나누다'란 뜻이다. 원래 미술, 음악, 문학 등 예술 분야에서 작품을 분류하고 구분하기 위해 사용되어 왔는데, 영화나 게임의 분류에도 사용되기 시작했다. 이를 통해 게임도 하나의 예술 분야로 인정받고 있음을 가늠할 수 있다. 게임의 장르는 플레이 방식에 따라 구분할 수 있다. 게임의 장르를 구분하는 기준은 여러 가지가 있지만 가장 보편적으로 구분되는 장르는 다음과 같다.

1) 슈팅 게임

〈퐁〉(pong) 이후 초기 전자 게임에 가장 많이 등장했던 게임 장르이다. 슈팅(Shooting) 게임은 플레이어가 순발력을 이용하여 직접 총기를 쏘거나, 탱크나 비행기 등 전투용 탈 것(military vehicle)을 조작하여 상대방(적)을 총기로 공격하여, 섬멸하면서 스테이지를 하나씩 클리어하는 게임을 말한다. 이후 3D 기술이 도입되면서 1인칭 시점으로 하는 게임만을 1인칭 슈팅 게임(FPS) 장르로 구분하기도 한다. 슈팅 게임의 대표작으로는 〈스페이스 인베이더〉(Space Invader)[7], 〈제비우스〉(Xevious)[8], 〈갤러그〉(Galaga)[9], 〈1942〉, 〈메탈 슬러그〉(Metal Slug), 〈라이덴〉(Raiden) 등이 있다.

7 1981, 타이토.
8 1983, 남코.
9 1981, 남코.

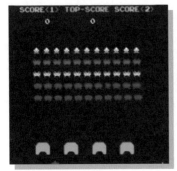
<스페이스 인베이더>

<제비우스>

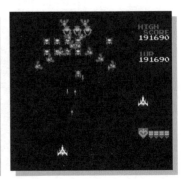
<갤러그>

2) 액션 게임

액션(Action) 게임은 플레이어의 신속한 의사결정과 동작, 그리고 그에 따른 즉각적인 결과가 특징으로, 액션 영화를 보는 것과 같은 통쾌한 재미와 통제감(sense of control)의 재미를 제공한다. 과거 전자 오락실의 게임들은 대부분 액션 게임이 주를 이루었다. 대표적인 게임으로는 대전 게임인 〈버추어 파이터〉, 〈철권〉 등이 있고, 전자 오락실에서 유행했던 〈동키 콩〉, 〈슈퍼마리오〉 등이 있다.

<버추어 파이터>

<철권>

<동키 콩>

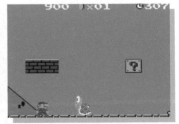
<슈퍼마리오>

3) 어드벤처 게임

어드벤처(Adventure) 게임은 플레이어 자신이 게임 속의 주인공이 되어 주어진 시나리오를 중심으로 던전 속을 모험하면서 모험 중에 얻은 아이템과 스킬(skill)을 이용하여 사건과 문제를 풀어나가는 게임이다. 주로 1인칭 시점으로 진행되며, 3인칭 시점을 제공하는 게임도 있다. 〈미스트〉(Myst), 〈원숭이 섬의 비밀〉(Monkey Island) 시리즈, 〈페르시아의 왕자〉, 〈툼레이더〉 등이 대표적인 게임이다.

〈미스트〉

〈원숭이섬의 비밀〉

〈페르시아의 왕자〉

〈툼레이더〉

4) 시뮬레이션 게임

시뮬레이션(Simulation) 게임은현실의 자연법칙에 근거하여 입력된 키 값에 의해 도출된 결과 값을 통해 재미를 느끼는 게임이다. 전쟁, 도시 건설, 비행, 육성 시뮬레이션 게임 등이 있으며, 진행 방식에 따라 턴(turn) 방식과 실시간 방식으로 나눌 수 있다. 턴 방식의 시뮬레이션 게임으로는 코에이 사의 〈삼국지〉, 실시간 시뮬레이션(RTS) 게임으로는 블리자드(Blizzard)의 〈스타크래프트〉(StarCraft), 육성 시뮬레이션으로는 〈프린세스 메이커〉(Princess Maker), 건설 시뮬레이션으로는 〈심시티〉(Simcity), 전략 시뮬레이션 게임으로는 〈에이지 오브 엠파이어〉(Age of Empire) 등이 있다. 특히 신의 입장에서 게임을 플레이하는 시뮬레이션 게임들을 갓 시뮬레이션 게임(God Simulation Games)이라는 별도의 장르로 나누기도 한다. 대표적인 게임은 〈심즈〉(Sims), 〈블랙 앤 화이트〉(Black and White), 〈포퓰러스〉(Populus) 등이 있다.

〈삼국지〉

〈스타크래프트〉

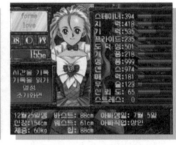
〈프린세스 메이커〉

〈심시티〉

〈에이지 오브 엠파이어〉

〈블랙 앤 화이트〉

5) 롤 플레잉 게임

롤 플레잉(Role Playing) 게임은 플레이어가 게임 속의 주인공이 되어서 가상의 세계에서 게임 내에 주어진 역할을 수행하면서 퍼즐을 풀어가는 방식의 게임으로, 스토리를 중심으로 전개되며 주인공이 성장하는 특징이 있다. 주요 소재로는 마법, 검, 무기, 전쟁 등이 있다. 일반적으로 플레이어는 평범한 능력의 사람으로, 게임 속의 재능 있는 캐릭터들과 상호작용하면서 자신의 능력을 키워나간다. 대표적인 게임으로는 〈디아블로〉(Diablo), 〈파이널 판타지〉(Final Fantasy) 시리즈 등이 있다. 최근에는 다중접속역할수행게임(MMORPG: Massively Multi-player Online Role Playing Game)이 포함된다. 대표적인 MMORPG는 〈바람의 나라〉, 〈리니지〉(Lineage), 〈아이온〉(Aion), 〈월드 오브 워크래프트〉(World of Warcraft Online) 등이 있다.

〈디아블로〉

〈파이널 판타지〉

〈리니지〉

〈아이온〉

〈월드 오브 워크래프트〉

6) 스포츠 게임

스포츠를 소재로 하는 게임이다. 액션, 시뮬레이션 게임 장르로 구분되기도 하나, 최근에는 별도의 장르로 구분되는 추세이다. 다양한 스포츠 종목들이 그에 걸맞은 다양한 기법으로 제작되고 있으며, 야구·축구·농구 등 공식 협회와 라이선스를 체결하여 더욱더 사실화된 데이터와 향상된 그래픽을 통해 스포츠 게임이 실제 경기의 시뮬레이션에 사용되고 있기도 하다. 대표적인 게임으로는 EA의 〈FIFA 축구〉, 〈NBA 농구〉, 〈NHL 하키〉, 〈MLB 야구〉와 코나미 사의 축구게임인 〈위닝 일레븐〉(Winning Eleven) 시리즈 등이 있다.

〈NBA 스트리트 온라인〉

〈NHL 하키〉

〈위닝 일레븐〉

7) FPS 게임

FPS(First Person Shooting)게임은 게임 플레이어가 1인칭 시점으로 게임을 플레이하는 슈팅 게임으로, 게임 화면이 진행되는 동안 자기가 직접 게임을 하고 있다는 상상을 하게 해주는 게임 장르이다. 대표작으로는 〈둠〉(Doom), 〈퀘이크〉(Quake), 〈언리얼〉(Unreal), 〈레인보우 식스〉(Rainbow Six), 〈카운터 스트라이크〉(Counter Strike), 〈하프 라이프〉(Half Life) 등이 있고, 온라인으로는 〈서든 어택〉(Sudden Attack), 〈스페셜 포스〉(Special Force), 〈아바〉(Ava) 등이 대표작이다.

〈둠〉

〈퀘이크〉

〈카운터 스트라이크〉

〈서든 어택〉

〈스페셜 포스〉

〈아바〉

제2부
한국 게임의 여명기

2장. 컴퓨터와 게임의 여명
전홍식

3장. 해외 게임기의 한국 상륙
조기현

2장. 컴퓨터와 게임의 여명

전홍식

1970년대 말부터 등장한 전자 오락실을 통해 형성되기 시작한 한국의 게임 문화는 1980년대 들어 개인용 컴퓨터의 보급이 증대되면서 급격하게 발전하였다. 1981년 IBM-PC 호환 기종인 'SE-8001'을 제작하여 국내 보급뿐 아니라 수출까지 했던 삼보 컴퓨터는 다음 해엔 애플 II 호환 기종인 '트라이젬 2.0'을 출시하여 개인용 컴퓨터 문화의 확산에 이바지했다.

초창기 컴퓨터는 가격이 매우 비쌌을 뿐 아니라, 활용할 수 있는 소프트웨어도 많지 않았기 때문에 관공서나 학교, 대기업에서 주로 사용했지만, 삼보 컴퓨터에 이어 삼성·대우·현대 등 대기업들과, 여러 중소기업들이 경쟁적으로 컴퓨터 시장에 뛰어들면서 1980년대 중반에는 다채롭고 저렴한 수십 종의 컴퓨터가 선보이기에 이른다. 다양한 하드웨어의 등장과 보급은 필연적으로 소프트웨어의 공급을 야기했다. 초창기에는 외국의 소프트웨어를 들여와 사용하는 것에 그쳤으나, 이후 학생들을 중심으로 프로그램 개발 붐이 일어나면서 다양한 '한국산 프로그램'이 등장하였으며, 나아가 상용 소프트웨어의 출시까지 이어졌다.

이러한 분위기를 지원하고자 정부는 1983년을 '정보산업의 해'로 지정하고 다양한 지원 정책을 추진했다. 소프트웨어 개발에 관한 관심은 상업 계열의 학교를 중심으로 '정보처리학과'나

'정보기술과' 등 관련 전공의 신설로 이어졌고, 1983년 '삼성 퍼스컴 공모전'에 이어 1984년에는 정부 주최의 '퍼스널 컴퓨터 경진대회'가 개최되는 등 대중적인 관심을 이끌어내기도 했다. 더불어 이 시기에는 컴퓨터와 소프트웨어를 다루는 여러 잡지들이 창간되어 대중의 관심을 지속시키고 확장했으며, 1980년대 중반 이후 상업용 소프트웨어의 보급에 이바지하였다.

이러한 흐름은 게임 분야에서도 유사하게 나타났다. 초기에는 외국의 게임들을 들여와 사용했으나, 1987년 이후부터 〈신검의 전설〉, 〈대마성〉, 〈왕의 계곡〉 같은 국산 게임들의 개발이 활발하게 이루어졌다.

이처럼 한국에서 컴퓨터와 게임 문화가 태동하던 무렵, 외국에서도 컴퓨터와 게임 문화가 급격하게 성장하고 있었다. 1970년대에 시작된 개인용 컴퓨터 문화는 1982년 [타임스]에서 '올해의 인물'로 개인용 컴퓨터를 선정할 만큼 대중적으로 자리 잡았고, 'IBM-PC'나 'MSX' 같은 새로운 기종이 출시되면서 다양한 경쟁이 이루어졌다.

한국의 컴퓨터 문화 보급에 이바지한 트라이젬
(컴퓨터 학습 광고)

개인용 컴퓨터의 보급은 세금 계산 등의 사무 목적 때문이기도 했지만, 게임의 보급도 큰 역할을 했다. 아타리 쇼크[1]라 불리는 미국 비디오 게임 업계의 급격한 쇠퇴는 닌텐도 같은 일본 업체가 등장할 수 있는 기회를 제공하는 동시에 비디오 게임의 경쟁 시장인 PC 게임의 급격한 성장을 불러왔다. 게임에 대한 관심은 최초의 상업 게임 잡지인 [컴퓨터&비디오 게임스(Computer and Video Games)](1981)의 창간으로 이어졌고, 새로운 형태의 게임들이 수없이 쏟아져 나오기에 이른다.

PC 게임을 기반으로 오락실이나 게임기로는 하기 어려운 긴 호흡의 어드벤처나 롤 플레잉 게임 같은 장르가 발전하는 한편, 3차원 시점의 레이싱 게임이나 실시간 전략 게임 등 새로운 아이디어의 게임이 등장했고, 폴리곤이 도입되고 체험 게임이 선보이는 등 기술적인 진보도 눈에 띄었다. 통신으로 대전하는 최초의 온라인 게임이 선보였으며, 일본에서는 새로 출시되는 게임을 사기 위해 학교나 직장을 빠지고 줄을 서는 진풍경이 벌어지

1 1982년 말에서 1983년에 걸쳐 급격한 매출 감소로 미국 게임 시장이 정체되었던 사건. 각주 18번을 참고.

며 사회적인 관심을 끌기도 했다.

1. 컴퓨터 시대의 개막(1981~1982)

애플의 등장으로 시작된 전 세계적인 퍼스널 컴퓨터의 역사는
IBM이 'IBM-PC'를 출시하면서 본격적인 경쟁과 함께 대중화가
진행되었다. 한국에서는 삼보 컴퓨터에서 IBM-PC와 애플의 호
환 컴퓨터를 출시하면서 퍼스널 컴퓨터의 시대가 시작되었다.

외국에서는 〈위저드리〉[2]를 비롯한 여러 장르의 초기 작품
들이 선보이는 한편, 상업적인 전자 게임 전문 잡지 [컴퓨터&비디
오 게임스]가 창간하여 게임 문화가 널리 보급되었다. 이 시기 한
국에서는, 1970년대에 등장한 전자 오락실(전자 유기장)이 급격하게
늘어 게임이 언론에서 다루어지기 시작했고, 유기장법 개정 등을
통해 게임에 대한 본격적인 단속과 규제가 시작되었다.

1) 게임 정보의 대중화

1981년의 가장 큰 사건으로는 최초의 상업 게임 잡지인 [컴퓨터&
비디오 게임스][3]의 창간을 꼽을 수 있다. 게임과 관련된 기사는 이
미 [퍼스널 컴퓨터 월드(Personal Computer World)](1978년 창간) 등의 컴퓨
터 잡지를 비롯하여 다양한 매체에서 다루고 있었고 개인이 게임
정보를 정리해서 소개하기도 했지만, [컴퓨터&비디오 게임스]는
오직 게임만을 다룬 첫 번째 상업 잡지였다.

흥미롭게도 것은 이 잡지는 비디오 게임의 본고장이라 할
수 있는 미국이나 일본이 아니라 영국에서 발간되며, 표제 기
사로 당시 성공하고 있던 아타리의 게임이 아니라 일본 회사인
타이토(Taito)의 〈스페이스 인베이더〉[4]를 소개하고 있다. 이는 게임
이 미국이나 일본뿐 아니라 여러 나라에 보급되었을 뿐만 아니라,
게임 정보만으로 월간지를 만들 수 있을 만큼 산업 규모가 성장
했음을 보여준다.

당시의 잡지는 게임에 대한 정보나 리뷰보다는 게임의 공

2 Wizardry, 1981, Sir-Tech. 최초의 RPG 게임 중 하나로 특히 일본의 RPG 문화에 큰 영향을 주었다.

3 [컴퓨터&비디오 게임스]는 2004년 8월까지 잡지로 출간됐으며, 현재는 온라인을 통해서만 발간되고 있다. www.computerandvideogames.com

4 Space Invaders, 1978, Taito. 최초의 슈팅 게임. 최초로 다수의 적 캐릭터를 물리치는 본격적인 전자 게임이다.

략 방법을 소개하는 것이 큰 비중을 차지했다. 〈갤러그〉나 〈제비우스〉[5] 처럼 조작법에 의존하는 경향이 높은 아케이드 게임의 공략 방법도 많이 소개되었는데, 그중 하나인 오오호리 야스히로(大堀康祐)의 [제비우스 1000만 점에의 해법(ゼビウス1000万点への解法)][6]은 다른 잡지나 정보지에 다시 실렸으며, 한국에서도 [컴퓨터 학습]에 번역되어 소개되었다.

2) 오락실 문화의 보급과 제약

전자 오락실은 1970년대 말에 전자상가를 중심으로 일본 개발사의 게임을 대량으로 복제하여 공급하면서 급격하게 증가했고, 그중 대부분이 무허가로 영업하였다. 당시 전자 게임의 수입과정에서 일본 폭력 조직과 국내 폭력 조직이 결부되기도 했는데, 이러한 상황 역시 전자 게임장의 불법적인 영업을 가속하였다.

이에 대해 당시 정부에서는 실질적으로 묵인하는 모습을 보여주었지만, 언론을 통해 청소년 탈선 등의 문제가 제기되자[7] 뒤늦게 유해업소 단속에 나서는 한편, 유기장법의 개정(일부개정 1981.4.13 법률 제3441호)을 통해 청소년들의 전자 게임장 출입을 아예 통제하려고 했다.

당시 유기장법에 따르면 청소년은 전자 오락실에 출입할 수 없었다. 그러나 1981년에는 이미 청소년 게임이 대량으로 유입되어 청소년층의 이용이 대폭적으로 늘어나던 시점이었다. 결국, 유기장법의 개정은 전자 오락실의 사행성 게임을 늘리는 반면, 당시 문제가 된 무허가 영업을 조장하는 결과만을 가져왔다.

전자 게임장은 꾸준히 늘어났고 다양한 게임이 도입되었다. 타이토의 〈자동차 경주〉[8]를 시작으로, 〈벽돌격파〉[9], 〈스페이스 인베이더〉 등이 소개되었고, 이후 남코의 〈갤러그〉[10]를 필두로 다양한 게임이 뒤를 이었다. 특히 〈갤러그〉의 인기는 독보적인 것이어서, 1980년대 초반의 전자 오락실에선 〈갤러그〉가 많은 공간을 차지했다. 학생들이 많이 방문하는 식품점이나 문구점 앞에 게임기를 설치하는 사례도 많았다.

초반의 전자 오락실은 창고나 상가 건물에 게임기를 가져

---

5 Xevious, 1982, Namco.

세계 최초의 상업 게임 잡지,
[컴퓨터&비디오 게임스] 창간호

---

6 본래 별도의 책자로 만들어졌지만,
이후 타지리 사토시의 공략집 [게임
프리크]에 별책으로 재판되어 당시
동인지로서는 기록적인 판매부수를
달성했다.

7 동아일보 1980년 2월 21일자. "사행심
조장… 학생 주머니 터는 전자 독버섯".

---

8 Speed race, 1974, Taito. 핸들식
조종기를 도입한 최초의 레이싱 게임.

9 Breakout, 1976, Atari.

10 Galaga, 1981, Namco.

다 둔 느낌이었다. 게임 화면을 잘 볼 수 있게 하기 위해 조명을 어둡게 하고, 환기나 흡연에 대한 특별한 장치나 규칙도 없었기 때문에 실내 공기도 좋지 않았다. 이처럼 환경과 위생, 안전 면에서 그다지 좋은 조건을 갖추지 못했기 때문에 전자 오락실은 탈선과 불량의 장소로 인식되었다.

일본이나 미국에서는 이에 대한 반성으로 〈팩맨〉처럼 여성 취향의 게임을 만드는 한편 게임 업체들이 만든 전자 오락실을 중심으로 환경 개선에 나서기도 했지만[11], 대부분 영세한 규모로 운영되었던 한국의 전자 오락실 환경은 쉽게 개선되지 않았고 오랜 기간 전자 오락실에 대한 부정적인 인식이 이어졌다.

3) 개인용 컴퓨터의 확산과 개인용 컴퓨터(PC) 게임의 등장

1980년대 초반의 전자 게임은 전자 오락실에서 하는 아케이드 게임이 중심을 이루고 있었지만, 다른 한편에서는 1977년에 출시된 애플 II를 중심으로 개인용 컴퓨터 게임이 급격하게 성장하고 있었다.

외국에선 애플 II가 널리 보급되는 가운데 미국 IBM의 'IBM 5150'(1981. 8)이나 영국 싱클레어의 '싱클레어 ZX81'(1981. 3) 같은 개인용 컴퓨터[12]가 그 뒤를 이어 제작되었고, 일본에서도 1979년 9월에 발매한 'PC-8001'을 시작으로 다양한 기종이 쏟아져 나오면서 개인용 컴퓨터의 춘추전국시대를 이루었다.

이처럼 개인용 컴퓨터의 생산과 판매가 늘어나고, 소프트웨어 제작도 활발하게 이루어지는 가운데 게임 개발도 진행되어 갔다. 개인용 컴퓨터를 사용한 게임 개발은 코모도어 64, 애플 II를 기반으로 가장 활발하게 이루어졌지만, IBM-PC가 출시되면서 이러한 흐름에도 변화가 일어나기 시작했다.

인텔의 16비트 CPU(Intel 8088 @ 4.77 MHz)를 도입한 IBM-PC의 가장 큰 특징은 기본적인 시스템을 제외한 나머지 부품들을 인텔 이외 기업에서 개발한 부품(기성 파츠)들루 구성하고, '오픈 아키텍처 구조'를 갖고 있다는 점이다.

---

11 이와타니 토오루(남코)의 인터뷰, 2003 CEDEC.

12 퍼스널 컴퓨터(Personal Computer). 이 용어는 1972년에 제록스의 PARC's Alto를 가리키는 용어로 탄생했지만, IBM-PC의 성공과 더불어 대중적인 용어로 정착되었다. 홈 컴퓨터(Home Computer)라고 부르기도 한다.

이는 고작 1년 남짓한 짧은 기간 내에 새로운 개인용 컴퓨터를 개발했던 배경 때문이었지만, 결과적으로 비디오 카드를 비롯한 거의 모든 부품을 자유롭게 구성할 수 있는 IBM-PC의 시스템은 수많은 업체들이 '호환 기종'과 '주변기기' 제작에 참여하게 했고, 이로 인해 개인용 컴퓨터의 급격한 발전과 빠른 보급을 이루면서 새로운 컴퓨터 시대를 낳았다.

하지만 1980년대에는 코모도어 인터내셔널이 개발한 '코모도어 64'가 가장 뛰어난 개인용 컴퓨터로 호평받았다. 1982년에 출시돼 일반 소매점을 통해 판매된 코모도어 64는 제품이 단종된 1994년까지 1,700만 대가 판매되어 단일 기종으로 가장 많이 팔린 PC로 기록되었다. 코모도어 64는 처음부터 전자 게임용으로 설계되었기에 IBM-PC나 애플 II에 비해 월등한 그래픽과 사운드, 그리고 저렴한 가격을 자랑했다. 한국에는 소개되지 않았지만, 코모도어 64는 1980년대 후반까지 미국 개인용 컴퓨터 게임 문화를 선도하였다.

한국의 PC 문화는 1981년 삼보 컴퓨터에서 IBM-PC 호환의 'SE-8001'을 제작하고, 1982년에 애플 II 호환의 '트라이젬 2.0'을 출시하면서 본격적으로 시작되었다. 본체만 해도 당시 가격으로 42만 9,000원에 이르는 고가여서 주로 회사나 학교 등에만 보급되었고, 개인이 구입한 것은 그다지 많지 않았기에[13] 1980년대 초반까지는 PC 게임 문화가 사실상 존재하지 않았다. 한편 1982년 미국의 시사지 [타임](Times)은 올해의 인물로 사람이 아닌 '개인용 컴퓨터'를 선정하여 세계적인 PC 문화의 성장을 알리기도 했다.[14]

확장성을 중시한 IBM-PC의 등장으로 새로운 PC 시대가 열렸다. (위키 백과)

---

13 트라이젬 2.0은 1983년 말까지 6,000대 가량 판매되었지만, 그중 개인이 구입한 것은 1,000대에 불과했다. 김중태(2009), 『대한민국 IT사』, e비즈북스.

---

14 본래 [타임]은 애플 사의 창립자인 스티브 잡스를 올해의 인물로 선정할 예정이었지만, 당시 잡스가 여자 친구였던 브레넌에게서 태어난 딸 리자의 부양 의무를 이행하지 않아 지방정부에 소송당하면서 잡스 대신 퍼스널 컴퓨터를 올해의 인물로 선정했다. "세상과 미래를 바꾸다", [뉴스위크], 2011. 10. 19.

확장성의 장점과 단점

오픈 아키텍처 구조로 자유롭게 주변기기를 선택할 수 있는 IBM-PC의 확장성은 세계 각지에서 호환 기종과 주변기기가 활발하게 제작될 수 있게 하였으며, 이로 인해 급격하게 성능이 향상되면서 PC 시장을 주도하는 결과를 낳았다.

그래픽 카드의 경우 허큘리스 카드 이후, EGA, VGA, XGA 등 다양한 그래픽 카드가 쏟아져 나오면서 색상과 해상도 모두 급격하게 발전하였고, '애드립'이나 '사운드 블래스터' 같은 사운드 카드는 음악뿐 아니라 컴퓨터 음성까지 듣는 즐거움을 전해주었다. 이러한 확장성의 가장 큰 혜택을 받은 것은 바로 게임이었다.

반면 확장성으로 인한 단점도 있다. IBM-PC 기반의 소프트웨어를 만들 때마다 수십 종의 그래픽 카드와 사운드 카드에서 제대로 작동하는지 확인해야 했고, 게임을 실행할 때마다 PC에 설치된 그래픽 카드와 사운드 카드에 맞추어 설정을 해야만 했다. 주변기기 문제로 소프트웨어가 실행되지 않는 일도 적지 않았다. 이러한 문제는 자동으로 주변기기를 확인하고 처리해주는 '윈도 95'와 'Direct X'가 등장하면서 많이

줄어들었지만, 지금도 완전히 해결된 것은 아니다.

하지만 IBM-PC의 확장성을 바탕으로 한 주변기기와 호환업체의 경쟁이 IBM-PC의 성능을 급격하게 높여주고 대중적인 인기를 끌게 한 것은 분명하다. IBM-PC보다 먼저 개발된 일본 전기(훗날의 NEC 홈일렉트로닉스)의 'PC-8801'과 후속 기종인 'PC-9801'[15]은 일본에서 가장 사랑받는 퍼스널 컴퓨터로 자리 잡아 애플이나 IBM-PC 같은 외국 기종이 일본에 쉽게 들어오지 못하게 해 일본만의 독립적인 소프트웨어 시장을 유지하게 해주었다. 그러나 NEC의 독점 구조로 인해 외국의 동급 기종보다 성능이 뒤처지게 되었고 결국 '윈도 95'와 함께 IBM-PC의 호환성 문제가 해결되자 급격하게 도태되고 말았다(다만 코모도어 64의 사례를 보듯, 폐쇄형 구조라도 뛰어난 성능을 통해서 인기를 끌 수 있었다).[16]

비슷한 시기에 나온 〈삼국지 II〉(KOEI)와 〈윙 커맨더〉(Origin).
이 같은 그래픽의 차이는 하드웨어의 차이에서 비롯된 것이기도 하다.

---

15 NEC의 PC-9800 시리즈 중 하나로 전성기에는 일본 국내 시장 점유율의 90% 이상을 획득하여 '국민 기종'이라고 불리기도 했다. 이후 MS 윈도의 본격적인 보급으로 급격하게 점유율이 쇠락하여 사라지고 말았다.

16 한편 이 같은 상황은 최근의 스마트폰 시장에서도 비슷하게 전개되고 있다. 개방형의 안드로이드에서는 여러 개발사에서 다양한 특성과 성능의 기종을 개발하고 있지만, 소프트웨어 개발과 지원 측면에서는 애플에 비해 불편하다.

2. 정보산업의 해(1983~1984)

컴퓨터에 대한 관심이 높아지는 가운데 한국 정부는 1983년을 '정보산업의 해'로 지정하고 하드웨어만이 아니라 소프트웨어 분야에 대해서도 적극적인 지원을 시작했다. 이 시기에는 소프트웨어 개발에 대한 관심이 늘어나기 시작했다. '트라이젬 2.0'을 포함한 개인용 컴퓨터는 아직 많이 보급되지 않았지만, 학교나 회사에서 컴퓨터를 접한 이들은 이를 어떻게 사용할지 고민하였고, 하드웨어뿐 아니라 소프트웨어가 필요하다는 것을 절실하게 느끼게 되었다. 이러한 분위기에 힘입어 1983년 삼성전자의 소프트웨어 공모전이 개최되는 등, 주로 학생층을 중심으로 한 공개 소프트웨어 개발이 활발하게 이루어졌다.

게임 분야에서는 개인용 컴퓨터의 보급과 더불어 개인용 컴퓨터 게임에 대한 관심이 생겨나기 시작했다. 컴퓨터에 관한 책자나 잡지가 늘어나는 가운데 게임 관련 정보를 다루기도 했는데, 그중에서도 1983년 말에 창간된 잡지 [컴퓨터 학습]은 1984년 1월부터 게임 공략 기사를 수록하는 한편 게임 관련 기사를 고정 코너로 제공하였다.[17]

이처럼 소프트웨어 개발에 대한 관심과 함께 공개용 소프트웨어를 중심으로 다양한 게임들이 선보였지만, 국내에서 인기를 끄는 게임들은 모두 외국에서 개발된 것들이었다. 한편 외국에서는 개인용 컴퓨터의 성장과 닌텐도 '패미컴'의 등장으로 아케이드 시장을 주도하던 아타리(Atari)가 몰락하기 시작했는데, 이 시기 아타리의 쇠퇴를 '아타리 쇼크'[18]라 부르기도 한다.

1) 게임에 대한 관심의 시작

1983년 말에 창간된 월간 [컴퓨터 학습](훗날의 [마이컴]) 창간호에 수록된 "전자오락, 공부에 어떤 영향을 주나"라는 제목의 기사는 한국에서 전자 게임이 사회적인 관심을 끌 정도로 성장했다는 것을 보여준다.

창간호부터 게임에 관련된 기사를 수록한 월간 [컴퓨터 학

17 국내 최초의 컴퓨터 잡지는 1976년 4월 1일에 발간한 [월간 컴퓨터]이다. 당시엔 [경영과 컴퓨터](1976년 창간), [학생과 컴퓨터] 등이 있었다. [학생과학] 등의 잡지에서 게임 기사를 소개하기도 했지만, 컴퓨터 전문 잡지로 게임 정보와 공략에 초점을 맞춘 것은 [컴퓨터 학습]이 최초이다.

18 아타리 쇼크(Atari Shock): 1982년 말에서 1983년에 걸친 급격한 매출 감소로 미국 게임 시장이 정체되었던 사건. '1983년 비디오 게임 위기(Video game crash of 1983)'라고도 불린다. 다만 게임 시장 전체에 문제가 생겼다기보다는 '코모도어 64'처럼 뛰어난 성능의 PC와의 대결에서 '아타리 2600'이 밀려나면서 아타리 사의 매출이 줄고 닌텐도에 그 자리를 넘겨주었다는 것이 더 정확하다. 실례로 당시 PC 게임 시장은 변함없이 성장세를 유지하고 있었고, 1983년에 닌텐도의 '패미컴' 출시와 함께 비디오 게임 시장도 꾸준히 성장했다.

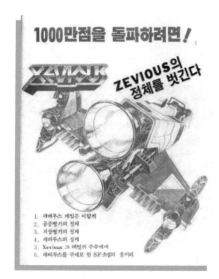

[컴퓨터 학습] 1984년 1월호의 제비우스 관련 기사. 국내 최초의 게임 공략 기사로 추정된다.

습]은 1984년 초에 3개월에 걸쳐 "제비우스 1000만 점을 돌파하려면!"이라는 기사를 연재하였다. 이는 일본의 오오호리 야스히로(大堀康祐)가 쓴 동인 공략 기사인 "제비우스 1000만 점에의 해법(ゼビウス 1000万点への解法)"을 무단으로 번역해서 소개한 글이긴 했지만, 한국 최초의 '게임 공략 기사'로서 많은 이들의 흥미를 끌었다.

[컴퓨터 학습]은 1984년 말부터 게임 공략 기사를 고정적으로 게재하며 컴퓨터 게임 문화를 선도했다. 최초의 공략 기사는 전자 오락실의 아케이드 게임에 대한 기사였지만, 1984년부터 다룬 고정 코너에서는 주로 미국에서 출시된 PC 게임을 중심으로 소개하며 점차 변천하고 있는 게임 문화의 흐름을 잘 보여주었다.

2) 게임 문화의 변천

개인용 컴퓨터(PC)의 등장으로 게임 문화는 전자 오락실에서 즐기는 아케이드 게임에서 주로 가정에서 즐기는 PC 게임과 비디오 게임으로 중심이 옮겨가기 시작했다. 1983~1984년에는 한국에서도 전자 오락실을 중심으로 게임 문화가 형성되었지만, 점차 PC 게임과 비디오 게임으로 옮겨 갔다.

PC 게임과 비디오 게임의 가장 큰 차이점은 게임 개발에 있었다. 게임을 만들기 위해 하드웨어와 소프트웨어를 모두 새로 개발해야 하는 아케이드 게임과 달리 PC 게임과 비디오 게임은 소프트웨어만 개발해도 된다. 덕분에 PC에서는 플레이어들이 직접 게임을 개발할 수 있었다.

1983년에 개최된 삼성전자의 '소프트웨어 공모전(삼성 퍼스컴 공모전)'과 1984년 봄에 개최된 '퍼스널 컴퓨터 경진대회'는 이 같은 소프트웨어 개발 붐을 잘 보여주었다. 제1회 퍼스널 컴퓨터 대회에는 6,000명이 넘는 사람들이 참가하여 경쟁을 벌였다.

새로운 기술에 친숙한 고등학생과 대학생을 중심으로 공개 소프트웨어 개발도 활발하게 이루어졌는데, 다섯 명의 고등학생으로 구성된 소프트웨어 개발팀 '하야로비'는 애플 II용 게임 소프트웨어 11종을 비롯한 다양한 유틸리티 프로그램을 제작했다. 이러한 분위기에 힘입어 컴퓨터 잡지와 [컴퓨터를 아십니까](1983)

같은 책자가 높은 판매고를 기록하며 관심을 끌었다.[19]

　　이러한 흐름은 미국과 일본에서 먼저 시작되었다. PC가 급격하게 늘어나면서 PC 게임도 함께 성장하였고, 수많은 게임 회사와 개발자가 등장했다. 최초의 롤 플레잉 게임(RPG) 〈아칼라베스〉[20]를 만든 리처드 개리엇(Richard Garriott)처럼 회사를 설립한 경우도 있었고, 〈카라테카〉[21]를 만든 조던 메크너처럼 단독으로 게임을 만들기도 하며 이러한 다양한 배경에서 다채로운 게임들이 등장했다.

　　동전을 넣고 비교적 짧은 시간 동안 즐기는 아케이드 게임과 달리 집에서 즐기는 PC 게임은 긴 시간 동안 즐길 수 있는 내용으로 구성되었다. 〈아칼라베스〉 같은 RPG만이 아니라 어드벤처 게임, 시뮬레이션 등 다양한 장르의 작품이 선보이면서 유저들의 요구도 그만큼 늘어나게 되었다.

　　지속적인 성장세를 보인 PC 게임과 달리 비디오 게임 시장에서는 변화하는 환경에 제대로 대처하지 못한 아타리 사가 출시한 신제품 '아타리 2600'[22]이 일명 '아타리 쇼크'라 불리는 극심한 부진을 겪으며 시장에서 뒤처졌고 그 자리를 1983년 7월에 출시한 닌텐도의 '패미컴'이 채우며 비디오 게임 시장의 주도권이 바뀌었다. 패미컴은 이후 〈슈퍼마리오 브라더스〉[23] 등의 게임과 1984년 2월에 출시된 레이저총 입력 장치인 'NES 재퍼'를 통해 세계적인 인기를 끌면서 가장 대중적인 비디오 게임기로 자리 잡았다.

　　이 같은 흐름은 게임이 대중적인 문화로 성장하게 되었음을 잘 보여준다. 게임은 사람들이 잠깐 즐기고 마는 여흥거리가 아니라 하나의 문화로서 자리 잡게 되었다. 컴퓨터 속의 가상현실

19 "소프트웨어 황무지에서 이룩한 꽃", [마이컴] 1992년 2월호.

컴퓨터 경진대회

이 시기부터 하드웨어가 아닌 소프트웨어를 전면에 내세운 광고가 두드러졌다(컴퓨터 학습 광고).

20 Akalabeth: World of Doom, 1979, Richard Garriott.

21 Karateka, 1984, Jordan Mechner.

22 아타리 2600. 아타리에서 만든 비디오 게임기. 1982년 말까지 2,000만 대 이상 판매되는(이 중 900만 대 이상이 1982년에 판매) 인기를 누린 기종이지만, 그만큼 수많은 개발자들이 경쟁적으로 뛰어들면서 저질 게임이 범람하는 결과를 가져왔다.

23 Super Mario Bros., 1985, Nintendo.

24 Tron, 1982, Walt Disney Productions.

25 Wargames, 1983, MGM/UA
Entertainment Co.

26 Neuromancer, 1984.

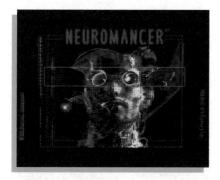

게임으로도 등장한 〈뉴로맨서〉. 사이버
스페이스에서의 모험을 그리고 있다(인터플레이).

27 Gauntlet, 1985, Atari.

과 게임을 주제로 구성한 영화 '트론'**24**, 해킹과 컴퓨터 게임을 전면에 내세운 영화 '워게임'**25**, 그리고 가상현실 세계를 무대로 한 윌리엄 깁슨의 사이버 펑크 소설 『뉴로맨서』**26** 등은, 컴퓨터와 게임이 대중문화의 소재가 될 정도로 널리 보급되었음을 보여준다.

3. 가정에서의 게임 시작(1985~1986)

PC의 보급과 대중화를 통해, 게임을 즐기는 방식이 전자 오락실 중심에서 가정에서 홀로 또는 여럿이 함께 즐기는 방식으로 변모하였다. 애플 II와 IBM-PC에 이어 MSX나 재믹스, 패미컴같이 게임을 즐기기에 최적화된 컴퓨터와 비디오 게임기가 늘어났고, 이를 위한 게임들도 많이 출시되었다.

외국에서는 일본에서 큰 성공을 거두고 1985년 말 미국에 진출한 닌텐도의 '패미컴'을 중심으로 일본 개발 업체들이 도약하기 시작했다. 그 전부터 타이토, 남코 등이 아케이드 시장에서 성공을 거두고 있었지만, '패미컴'의 탄생과 성장은 아케이드 게임 시장에 참여하지 못했던 일본 업체들에게도 세계 시장에 도전할 수 있는 가능성을 제공하였다.

반면 미국에서는 '아타리 2600'에 집중했던 업체들이 대거 몰락하면서 비디오 게임과 아케이드 게임의 개발이 정체되었고, 이들 게임에 비해 상대적으로 개발비가 저렴한 PC 시장에 집중하게 되었다. 아타리 등 일부 미국 소프트웨어 업체들이 〈건틀렛〉**27** 같은 명작을 선보이며 비디오 게임과 아케이드 게임 개발을 지속하긴 하였으나, 이 시기부터 비디오 게임기와 아케이드 시장은 일본 업체가 주도하고, PC 시장은 미국 업체들이 주도하는 구도를 형성하게 되었다.

1) 가정에서 즐기는 게임 시대의 시작

1984년 말부디 국내에서도 가정에서 게임을 즐기는 이들이 늘어나기 시작했다. 이는 PC가 널리 보급되었기 때문이기도 했지만,

당시 새로 출시된 'MSX' 컴퓨터가 기존의 애플 II나 IBM-PC에 비해 훨씬 뛰어난 게임 성능을 지니고 있었기 때문이다.[28] 대우전자에서 MSX를 이용한 게임기 '재믹스'를 출시한 이후 전자 오락실을 가지 않아도 게임을 즐길 수 있는 환경이 갖추어졌고, 컴퓨터나 게임기가 있는 집에 아이들이 모여 함께 게임을 하는 일이 늘어났다. 전자 오락실 대신 동네 컴퓨터 매장에 아이들이 모여 게임을 하고 있는 풍경이 만들어지기도 했다.

애플 II 게임들은 일부 마니아들을 중심으로 유통되었지만, MSX 게임들은 토피아, 아프로만 등의 업체가 전국에 매장을 구축하고 카세트테이프나 팩으로 복제된 게임들을 대량으로 유통하였다. 당시에는 저작권에 대한 인식이 부족했기 때문에 주로 복제본으로 게임이 유통되었는데, 저렴한 가격 때문에 많이 판매되었고 게임기 보급에도 영향을 주었다.

다양한 게임들이 소개되는 가운데 특히 〈자낙〉[29]과 〈마성전설〉[30]이 큰 인기를 끌면서 MSX는 대중적인 게임기로 자리잡게 되었다. 이후 출시된 3.5인치 플로피 디스크를 사용한 'MSX 2(아이큐 2000)'는 256색의 화려한 그래픽과 뛰어난 음원 기능 등으로 완성도 높은 게임을 제공했다. 이 기종은 이후 16비트 게임 시대가 본격적으로 시작된 후에도 오랜 기간 인기를 이어나갔다.

2) PC 게임과 닌텐도의 성장

닌텐도의 '패미컴'이 거둔 성공은 오락실 중심의 아케이드 게임에서 비디오 게임으로 넘어가는 흐름을 잘 파악했을 뿐만 아니라, 아타리 사와는 달리 게임의 완성도를 일정 수준 유지하는 정책을 세우고 적용했기 때문이다. 아타리의 몰락이 저질 게임 소프트웨어의 범람에 의한 구매의욕 감소 때문이라고 여긴 닌텐도는 라이선스와 보안 칩 등의 기술로 플랫폼을 제어하고, 소프트웨어 관리와 공급에 적극적으로 개입하여 소프트웨어 수준을 유지하고자 했다.

이에 따라 〈동키 콩〉[31], 〈슈퍼마리오 브라더스〉 같은 닌텐도 사에서 직접 개발한 게임뿐 아니라, 서드파티 개발사들이 만드

28 MSX는 게임 개발에 도움이 되는 여러 기능을 갖고 있을 뿐만 아니라, 바로 꽂아서 실행하는 카트리지(롬 팩)를 사용하였기 때문에 컴퓨터보다는 비디오 게임기에 가까운 느낌이다.

재믹스의 TV 광고(KBS)

29 Zanac, 1986, Pony Canyon.
30 Knightmare(), 1986, Konami.

31 Donkey Kong, 1981, Nintendo.

32 The Legend of Zelda(ゼルダの伝説),
    1986, Nintendo.

세가 마크 III. 메가 드라이브가 나온 뒤에도 오랜
기간 인기를 끌었다. 사진은 업그레이드 버전인
마스터 시스템.

33 Marble Madness, 1984, Atari.
34 Paperboy, 1984, Atari.

35 Gunship, 1986, Microprose.

는 게임들도 어느 정도 수준을 유지하였으며, 짧고 간단한 액션 게임이 대부분이었던 아타리와 달리 〈젤다의 전설〉[32]처럼 긴 호흡의 게임을 통해 독자적인 매력을 선보이며 다양한 팬을 확보할 수 있었다.

패미컴의 인기에 힘입어 한 기종의 게임만을 소개하는 잡지 [패미컴 통신(훗날의 패미통)]이 창간되었고, 코나미, 닌텐도, 에닉스, 남코 등 여러 업체에서 독자적인 작품들을 내놓았다. 이들 중 많은 작품은 시리즈화되어 인기를 이어나갔다.

일본 게임기 업체인 세가는 1983년에 'SC-1000'을 내놓은 것에 이어 1985년에 'SG-1000 Mark III'(일명 '세가 마크 III')를 내놓으며 닌텐도에 도전장을 던지기도 했다. 패미컴보다 탁월한 성능을 자랑하는 세가 마크 III는 일본과 미국에서는 패미컴에 밀려 크게 빛을 보지 못했지만, 유럽과 브라질에서는 패미컴보다도 인기를 끌어서 지금도 생산되고 있다.

비슷한 시기에 월등한 성능의 게임기를 내놓은 세가가 닌텐도에 밀린 것은 닌텐도보다 미국 시장에 늦게 진출했기 때문이기도 하지만, 닌텐도처럼 서드파티 제도를 활용해 다채로운 소프트웨어 군을 구축하지 못했기 때문이다. 세가의 게임들 중에도 좋은 작품이 많았지만, 작품 전체 숫자 면에서 닌텐도를 따라가지 못했다.

미국 게임계를 주도했던 아타리는 이후에도 꾸준히 신제품을 개발했지만, 주로 뮤지션들에게 애용되었던 16비트 컴퓨터인 '아타리 ST'를 제외하고 그다지 성공을 거두지 못했다. 아케이드 분야에서는 〈건틀렛〉, 〈마블 매드니스〉[33], 〈페이퍼 보이〉[34] 같은 수작을 계속 내놓았지만, 과거의 영광에는 미치지 못했다.

아타리 쇼크로 아타리 게임 개발사들이 몰락한 이후 미국의 개발사들은 주로 PC 게임에 집중했다. 아타리가 몰락하는 기간에도 코모도어 64를 중심으로 한 PC 게임 시장은 급격하게 성장하였고 마이크로 프로즈 사처럼 뛰어난 기술을 자랑하는 게임 업체가 새롭게 등장했다. 이들은 수많은 키보드를 사용하는 〈건십〉[35]처럼 PC에서만 즐길 수 있는 새로운 장르의 게임을 선보이면서 환영받았고, 새로운 팬들을 만들어냈다. 이 시기 미국의 케스마이 사는 컴퓨터 통신을 통해 대전할 수 있는 전투기 시뮬레이션 게임 〈에어워리어〉를 내놓으며 온라인 게임의 가능성을 열기도 했다.

4. 한국 게임 개발 원년(1987~1988)

이 시기에는 8비트 시대가 저물고 16비트 시대가 본격적으로 시작되면서 다채로운 게임들이 등장하고, 게임이 일부 마니아의 전유물이 아닌 대중적인 문화로서 받아들여졌다. 호리이 유지나 시드 마이어 같은 게임 개발자가 언론의 주목을 받으면서 게임 개발에 대한 관심도 늘어났는데, 한국에서도 대구의 미리내소프트를 시작으로 상업적인 게임 개발이 이루어지기 시작했다.

애플 II나 MSX 같은 8비트 기종을 기반으로 바뀌면서 이루어졌던 게임 개발은 16비트인 IBM-PC를 기반으로 보다 다양한 작품들이 나오기에 이른다. 〈신검의 전설〉을 시작으로 〈대마성〉[36], 〈우주전사 둘리〉[37], 〈제3차 우주전쟁〉[38] 등이 선보였으며, 교육용 게임이 등장하기도 했다. 이 같은 소프트웨어 개발에 대한 관심에 힘입어 1987년 7월에 '컴퓨터 프로그램 보호법'이 발효되었지만, 불법복제가 만연한 현실에서 큰 효과를 얻지 못했다.[39]

외국에서는 16비트 그래픽 칩과 게임기 사상 최초로 CD-ROM을 도입한 'PC 엔진'에 이어 세가의 '메가 드라이브'가 등장하여 게임기 분야에서도 16비트로의 전환이 시작되었다.

1) 한국 게임 개발의 시작

1987년은 한국에서 본격적인 게임 소프트웨어의 개발이 시작된 시기였다. 이전에도 개인이나 동아리 차원에서 게임을 개발한 사례는 있었으나 상업화되지는 못했던 반면, 이 시기부터는 차츰 상용 게임의 가능성을 모색하게 되었다.

1987년 2월 대구에서 미리내소프트가 결성되고, [컴퓨터 학

36 1988, 토피아.
37 1988, 아프로만.
38 1988, 아프로만.
39 컴퓨터 프로그램 보호법은 미국의 요청에 의해 만들어진 것으로 통상협상을 거쳐 1986년 7월 합의문안을 작성하고, 1986년 12월 31일에 통과되어 1987년 7월에 발효되었다. 국가 기록원 나라 기록 참고.

국내 최초의 상용 게임으로 기록된 〈신검의 전설〉

습]에서 'PC 클럽'이라는 이름의 컴퓨터 동호회를 구성하는 등 소프트웨어 개발을 추구하는 단체나 조직이 하나둘 생기기 시작하였고, 1987년 아프로만에서 국내 최초의 상용 한글 게임인 〈신검의 전설〉이 출시되었다. 당시 고등학생이었던 남인환 씨가 대부분 혼자서 작업하여 만든 이 작품은 1995년에 후속작 〈신검의 전설 2: 라이어〉(엑스터시)로 이어지며 상당한 성공을 거두었고 2010년엔 게임파크홀딩스의 휴대용 게임기 'GP2X Wiz'로 리메이크되기도 했다.

〈신검의 전설〉을 시작으로 여러 게임들이 출시되었는데, 당시 게임 유통을 주도했던 아프로만, 토피아를 통해 출시된 이들 게임은 한글판이라는 점에서 눈길을 끌기는 했지만, 외국 게임에 비해 완성도가 떨어지고, 부족한 유통망으로 상업적인 성공을 거두지는 못했다. 게다가 당시 출시된 게임들 중에는 재미나의 〈형제의 모험〉처럼 외국 게임의 캐릭터나 내용을 대놓고 표절한 작품이나, 〈그날이 오면〉처럼 광고까지 하고도 출시가 취소된 경우도 있었다.

당시 국산 게임 소프트웨어가 상업적인 성공을 거두지 못한 데에는 게임 유통업체들이 게임 개발에 그다지 관심을 기울이지 않았던 이유도 있다. 일례로 최초로 국산 상용 게임을 제작한 남인환 씨는 유통 업체를 본인이 직접 찾아다녔는데, 몇 번의 거절 끝에 겨우 유통사와 계약을 체결할 수 있었고, [컴퓨터 학습]에 본인이 직접 전화해 자신에 대한 취재를 요청할 정도였다.[40]

아프로만의 〈컴퓨터 유치원〉

삼성전자나 대우전자 등 컴퓨터 업체와 소프트웨어 유통업체는 주로 아동을 대상으로 한 교육용 소프트웨어나 교육용 게임 유통에 관심을 기울였는데 아프로만의 〈컴퓨터 유치원〉은 게임보다 몇 배 비싼 가격에 완성도가 높지 않았음에도 불구하고 높은 인기를 끌었다.

초기에 애플 II와 MSX를 중심으로 진행되었던 소프트웨어 개발은 오래지 않아 IBM-PC로 옮겨갔다. 대우전자는 1988년 TV, 비디오, 오디오 등을 제어할 수 있는 AVC 시스템을 갖춘 'X-II' 기종을 선보였지만, 소프트웨어가 부족하고 16비트 기종으로

---

40 [PC 파워진] 2003년 1월호.

사용자가 몰리면서 눈길을 끌지 못하고 사라졌다.

2) 게임의 사회적 현상

한국에서 게임 소프트웨어의 개발이 조금씩 이루어지고 있는 동안 외국에서는 여러 개발사들이 다채로운 게임을 내놓으면서 게임뿐 아니라 게임 개발자들도 대중의 관심을 받기 시작하고 있었다.

1987년 2월 일본에서 〈드래곤 퀘스트 3〉[41]가 출시되었다. 에닉스 사의 인기 RPG 시리즈 최신작인 이 작품은 게임으로서의 높은 완성도와 홍보 등으로 발매 전부터 인기를 끌었는데, 이 게임을 사기 위해 사람들이 학교나 회사를 빠지며 출시 전날부터 줄을 서서 기다리는 진풍경이 벌어졌다. 이를 통해 이제껏 게임 잡지에서만 소개되었던 게임이 여러 언론들의 주목을 받았고, 개발자인 호리이 유지가 게임 개발자로서는 처음으로 TV 뉴스에 출연하기도 했다. 이후 〈드래곤 퀘스트〉 시리즈는 학생들의 결석을 막고자 본래 평일이었던 게임 출시일을 토요일이나 일요일로 변경했다.[42]

게임이나 제작사가 아닌 개발자가 인기를 끈 것은 미국도 마찬가지였다. 같은 해 마이크로 프로즈 사의 개발자인 시드 마이어(Sid Meier)는 해적을 소재로 한 게임 〈파이어리츠〉[43]를 개발하고자 했는데 기존의 제작사에서 출시했던 군사 게임과 너무 색채가 다르다고 생각한 사장 빌 스텔리는 개발자인 시드 마이어의 이름을 내세우기로 했다. 그리하여 이 작품은 〈시드 마이어의 해적〉이라는 이름으로 출시되었고, 이후 시드 마이어가 만든 모든 작품에는 '시드 마이어'라는 이름이 붙게 되어 하나의 브랜드로 자리 잡았다. 일찍이 〈울티마〉 시리즈의 리처드 개리엇이 '로드 브리티시'라는 이름으로 팬들의 사랑을 받았지만, 제작자의 이름만으로 게임에 가치를 부여받은 것은 시드 마이어가 처음이었다.

근래에 [타임]에서 20세기 최고의 시나리오로 게임 〈메탈기어 솔리드〉[44]를 선정하고 닌텐도의 게임 개발자인 미야모토 시게루(宮本茂)가 2007년에 '세계에서 가장 영향력 있는 100인'의 독자 앙케트[45]에서 9위에 오르는 등 게임이 사회적인 영향력을 지니고

8BIT 컴퓨터의 최상위기종-대우퍼스컴X-II 탄생!

뛰어난 AV 기능을 가진 X-II.
하지만 시대는 16비트로 이행하고 있었다.

41 Dragon Warrior III(ドラゴンクエストIII そして伝説へ…), 1987, Enix.

42 阿部美香, 80年代プレイバック8, http://www.sonymusic.co.jp/

43 Sid Meier's Pirates!, 1987, Microprose.

패미컴 작가로 소개된 호리이 유지(NHK).

44 Metal Gear Solid, 1998, Konami.

45 The TIME 100. Are They Worthy?. [TIME]. 2007.

화면의 절반 크기 캐릭터와 음성 대사, CD에 수록된 배경 음악이 나오는 YS(허드슨/일본 팔콤)와 이벤트를 애니메이션으로 처리한 란마 1/2(NCS). CD-ROM의 도입으로 애니메이션 같은 게임이 등장하였다.

있음을 보여주었는데, 이러한 흐름은 이 시기부터 시작된 것으로 볼 수 있다.

하드웨어 분야에서는 기종 간의 데이터 링크 같은 다양한 시도가 이루어지는 한편으로 게임기와 컴퓨터가 8비트에서 16비트로 전환되었다. 1987년에 NEC가 개발한 게임기 'PC 엔진'은 8비트 CPU를 장착했지만, 별도로 16비트 그래픽 칩을 사용해 16비트의 성능을 구현하였고, 이듬해에는 최초로 CD-ROM을 주변기기로 갖추어 게임에서 대용량의 그래픽, 애니메이션, 음성 등을 도입하였으며, 1988년에는 세가가 최초의 16비트 게임기인 '메가 드라이브'를 출시하여 공세에 나서기도 했다.

특히 'PC 엔진'에 장착된 CD-ROM은 기존의 롬 카트리지에 비해 데이터 액세스 속도는 떨어지지만, 대용량·저가격에 양산 시간이 단축된다는 이점으로 인해 게임의 표현 방법에서부터 유통에 이르기까지 폭넓은 영향을 주었다. 수백 메가바이트의 용량을 수록할 수 있는 CD-ROM의 도입으로 고품질의 배경 음악, 수십 분 분량의 애니메이션, 모든 캐릭터들의 음성을 연출할 수 있게 되었다. 그만큼 게임의 가능성은 넓어졌지만 제작비가 상승하는 결과를 낳았다.

5. 16비트 시대의 개막, 게임 문화의 대중화 선언(1989~1990)

한국에서도 1980년대 후반부터 대중문화로서 게임이 인식되기 시작하였다. 다양한 종류의 게임기들이 출시되는 한편, 한국 최초의 게임 전문 잡지인 [게임월드]가 창간되어 게임에 대한 다채로운 소식을 전하게 되었다. 직접 게임을 개발하는 이들도 점차 늘어나면서 상용 소프트웨어뿐 아니라 대학생을 중심으로 공개 게임이 활발히 개발되어 PC 통신을 통해 소개되었다. 삼성전자 등 기업에서 외국 게임을 한글화해서 출시하여 좋은 반응을 얻기도 했다.

PC 통신은 정보 교류의 산실이었고, 게임에 대한 정보 역시 PC 통신을 통해 활발하게 교류되었다. 이제까지는 잡지를 통해서만 전달되었던 게임 공략 등의 정보가 PC 통신을 통해서 사용자들 간에 직접 전달되기 시작한 것이다. 이로 인해 단순히 게임을 구입하고 수동적으로 즐겼던 플레이어들이 게임에 대한 정보를 직접 생산하고 교류하는 능동적인 역할을 하게 되었고 게임 문화 역시 더욱더 대중적으로 자리 잡게 되었다.

이 시기 한국의 게임 문화는 여전히 전자 오락실을 중심으로 형성되었지만, 비디오 게임과 PC 게임도 점차 비중을 높여갔다. 교육용으로 활용하기 위해 중·고등학교에 컴퓨터를 보급한 정부의 정책과, 개인들의 구입 증가가 주된 영향을 미쳤다. 1989년 7월 국가전산망 조정위원회에서 교육용 컴퓨터를 16비트로 결정하고, PC 게임 시장에서도 IBM-PC용 게임 개발이 점차 늘어나면서 본격적인 16비트 시대가 시작되었다.

토피아에서 출시한 〈혹성대탈출〉.
16비트 시대였지만, 애플게임도 꾸준히
출시되었다(게임월드 광고).

---

46 1989, 아프로만.
47 1989, 토피아.
48 1989, 토피아.
49 1989, 삼성전자. 원작은 SEGA의 검성전(劍聖伝, 1988)이다.

1) 한글 게임들의 유행

국내에서 개발된 게임이 상업적 성공을 거두지 못하는 와중에도 꾸준히 개발되었고, 한편으로 게임에 사용된 외국어가 한글로 번역된 한글판 게임이 늘어났다. 〈왕의 계곡〉[46], 〈혹성대탈출〉[47], 〈풍류협객〉[48] 외에도 여러 작품이 제작 및 공개되었는데, 대개 전문적인 게임 개발사가 아닌 개인이나 동아리에서 만든 것이었던 만큼 외국 게임에 비해 완성도는 떨어졌다. 그 가운데는 포항공대 컴퓨터 동아리 PPUC에서 만든 〈왕의 계곡〉처럼 외국 게임을 무단 변환한 사례도 있었다.

삼성전자는 '세가 마크 III'를 '겜보이'라는 이름으로 내놓으면서 한글화된 게임을 다수 출시하였다. 대개는 게임에 사용된 언어를 한국어로 옮기는 수준이었지만, 당시엔 일본과 문화교류가 이루어지지 않아 일본 문화에 관한 내용이 수록된 작품을 내놓을 수 없었기 때문에 〈화랑의 검〉[49]처럼 게임의 무대가 되는 일본 지명을 한국 지명으로 바꾸기도 했다.

이 시기 공개 게임의 개발이 활성화된 것도 눈에 띈다. 주로 대학생에 의해 〈코리안 테트리스〉, 〈컬럼스〉, 〈마성전설〉 등의 게임이 제작되어 퍼져 나갔는데, 여기에는 정부의 교육용 PC 정책으로 교육기관 컴퓨터 보급률이 늘어나고 PC 통신이 활성화된 것이 바탕이 되었다.

2) 16비트 시대의 개막

1989년 7월 국가전산망 조정위원회는 교육용 컴퓨터를 16비트 기종으로 결정하고 적극적인 보급에 나섰다. 오래지 않아 32비트 기종인 386 PC가 개발되고, 'EGA' 그래픽 카드, '애드립' 음악 카드에 이어 '사운드 블래스터'가 등장하는 등, 그래픽과 사운드 기술이 비약적으로 발전하면서 흑백 그래픽에 잡음에 가까운 PC 스피커의 사운드로 게임을 즐겨야 했던 IBM-PC의 게임 환경이 획기적으로 개선되었다. 1990년 말에 출시된 오리진 시스템스의 〈윙 커맨더〉[50]는 미려한 화면과 음성 지원으로 이러한 변화를 잘 보여주었다.

그밖에 코에이의 〈삼국지〉[51]에 이어 〈대항해시대〉[52] 등이 역사 시뮬레이션 게임 붐을 일으키는 한편, MSX로 출시되었던 게임을 IBM으로 영문화한 〈YS 1〉[53], 〈페르시아 왕자〉[54] 등이 눈길을 끌었다. 이들은 대부분 불법복제를 통해 유통되었지만, 동서산업개발이나 SKC 등의 업체가 정식으로 계약을 맺고 게임을 수입하면서 유통 분야에 새로운 바람을 불어넣었다. 유통업에 먼저 뛰어든 것은 SKC였지만, 16비트를 지나 32비트로 빠르게 발전하는 변화의 흐름을 파악하지 못하고 MSX용 〈중화대선〉[55] 등을 출시하였다. 이에 비해 한 발 늦게 유통업을 시작한 동서산업개발은 IBM-PC용 〈원숭이섬의 비밀〉[56] 등으로 호평을 받았다.

3) 게임기의 시대, 비디오 게임기가 널리 보급되다

16비트 고가 기종이 주로 보급된 PC와 달리 비디오 게임기는 상대적으로 저렴한 10만 원대의 기종들이 소개되었다. 삼성전자의 '겜보이', 현대전자의 '컴보이' 등이 대중적인 인기를 끌었고 'PC 엔진'도 국내에 소개되었다. 1988년에 7만 5,000대였던 비디오

50 Wing Commander, 1990, Origin Systems.

51 Romance of the Three Kingdoms(三國志), 1988(PC 영문판 기준), Koei.

52 Uncharted Waters(大航海時代), 1990, Koei.

53 Ys I: Ancient Ys Vanished, 1989(PC 영문판 기준), Nihon Falcom.

54 Prince of Persia, 1989, Broderbund.

55 Cloud Master(中華大仙), 1989, SEGA.

56 The Secret of Monkey Island, 1990, Lucasfilm Games.

32비트 컴퓨터 광고.
1990년엔 16비트 저가형 모델에 이어 32비트 시대가 시작되었다(과학동아 광고).

게임기의 보급량은 1989년엔 20만 대로 늘어났고, 1990년엔 한 해 동안 25만 대 정도가 판매되며 급격한 성장세를 보였다.[57]

이에 따라 게임기와 게임을 다루는 매장도 늘어났다. 주로 롬 패키지로 구성된 게임들은 가격이 상당히 비싼 편이었기에 새로 구입하기보다는 교환하는 사례가 많았고, 친구들끼리 돌려가며 즐기는 일도 적지 않았다. 이들 매장에는 전시용으로 게임기를 비치하였는데, 1980년대 중반의 PC 매장처럼 게임기 매장이 아이들의 놀이터 역할을 하기도 했다.

외국에서는 'PC 엔진'과 '메가 드라이브' 같은 경쟁 기기에 맞서 닌텐도가 16비트 기종인 '슈퍼패미컴'을 출시했다. '패미컴'에 비해 훨씬 뛰어난 성능으로 발전된 그래픽과 사운드를 보여주었던 '슈퍼패미컴'은 전 세계적으로 4,910만 대가 판매되어 16비트 게임기 시장에서도 왕좌를 유지하였다.

57 『과학동아』 1990년 1월호.

〈윙 커맨더〉와 블록버스터 개발 붐

〈윙 커맨더〉는 당시로서는 혁신적인 그래픽을 갖추고, 매우 높은 게임 사양을 요구해 이 게임을 즐기기 위해 PC 사양을 업그레이드하는 이들도 있었다.

영화계에서 '스타워즈'가 등장한 이래 대규모 투자로 대규모 흥행을 이끄는 '블록버스터'라는 말이 유행하며 블록버스터 영화 개발 붐이 시작되었는데, 기록적인 제작비(당시 평균 제작비의 5배 이상에 달하는)를 들인 〈윙 커맨더〉가 출시된 이후 게임 업계에서도 막대한 제작비를 들여 블록버스터급 게임을 만드는 분위기가 형성되었다.[58]

이후 게임은 갈수록 고화질의 그래픽과 방대한 양의 콘텐츠를 도입한 형태로 발전하였는데, 이 같은 변화는 플레이어에게 재미를 주고 기대감을 높였던 반면, 게임 개발 프로젝트의 규모를 키워 게임 업계의 중심을 일부 대형 업체가 주도하게 만들었다. 이에 따라 많은 중소 개발사가 대형 유통사에 흡수 합병되는 경우가 늘어났다.

실례로 〈윙 커맨더〉의 개발사인 오리진 시스템스도 〈윙 커맨더〉, 〈울티마〉 시리즈 등으로 인기를 끌었지만, EA에 합병된 후 울티마 시리즈의 후속작 부진 등으로 해체되기도 했다.

이 같은 변화는 게임이 상업성을 가지고 있다는 특성과 컴퓨터 기술의 발전에 따른 자연스러운 변화의 모습이지만 게임의 제작비를 단숨에 끌어올린 〈윙 커맨더〉가 이러한 흐름에 박차를 가한 것도 부정할 수 없다.

최초의 블록버스터 게임이라 불리는 〈윙 커맨더〉.

58 크리스 크로포드의 인터뷰(리처드 라우스 III, 『게임 디자인 이론과 실제』, 정보문화사).

주요 게임기와 개발사 (국내)

- 알파무역: 'PC 엔진' 및 CD-ROM 2 유닛 발매
- 삼성전자: '겜보이'(세가마크 III) 출시(1989. 4), '슈퍼 컴보이'(1990. 4)
- 현대전자: 컴보이(패미컴) 출시(1989. 12)
- 대우전자: '재믹스 PC 셔틀'(1990. 4)
- 해태: '슈퍼콤 X1600'(닌텐도 패미컴)
- 삼성전자: '핸디 겜보이'
- 코오롱: '아타리 링스'(1991)

3장. 해외 게임기의 한국 상륙

조기현

1989년 이전까지 국내 비디오 게임 시장은, 대우전자가 1984년부터 개발 및 출시하여 초기 국내 비디오 게임 시장을 개척해왔던 MSX 기반 게임기 '재믹스'와 게임기의 용도를 겸했던 삼보·삼성·대우 등 여러 업체의 PC들, 그리고 국내에 소량 유입된 '아타리 VCS'나, 닌텐도의 '패밀리 컴퓨터'(패미컴)가 구성하고 있었다. 이 시기에는 대우전자나 새한상사(재미나) 등의 업체들이 '재믹스'의 게임 카트리지를 유통했는데, 대부분 무단 복제품이었기 때문에 사실상 정식 '시장'이라고 부르기 어려운 상황이었다.

본 장에서는 '재믹스'의 퇴조와 삼성전자의 '겜보이' 및 현대전자의 '컴보이' 출시로 국내 비디오 게임 시장에서 실질적인 경쟁이 이루어지기 시작한 1989~1990년부터, 삼성전자가 '삼성새턴'의 생산과 유통을 중단한 이후 PS2 국내 정식발매 이전까지 보따리장수나 블랙마켓에 의해 게임이 유통되었던 1997년까지를 다룬다. 이 시기는 일본 닌텐도와 세가 제품을 국내 가전 대기업이 수입해 판매하는 일종의 대리전 성격이 강했다고 볼 수 있다. 하지만 삼성전자와 현대전자의 8년 여에 이르는 경쟁과 시장 개척은 외국 비디오 게임의 한글판 소개, 국산 게임 업체의 소프트 개발 기틀 확립, 대기업 브랜드에 의한 게임기 이미지의 양성화 등 높이 평가할 점이 적지 않다.

1 '아타리 VCS'는 1977년, '패미컴'은 1983년에 각국에서 첫 판매가 시작되었다. 본 장에서 서술하는 1980년대 후반은 닌텐도가 일본·미국에서 패권을 잡고 시장을 주도한 지 상당 시간이 흐른 시점으로, '패미컴'을 선두로 하여 세가의 '세가 마크 III'와 NEC·허드슨의 'PC엔진'이 주요국의 8비트 게임기 시장에서 경쟁하고 있었다.

2 시장정보, 1989. "패밀리컴퓨터 게임기의 바람이 세운상가를 뒤덮다", [컴퓨터학습] 2월호, pp. 112-113.

PC 잡지에 실린 알파무역의 PC엔진 광고(1989). 이 시기의 게임기는 주로 백화점 유통망을 통해 판매되었다.

같은 잡지에 실린 한 국내 중소기업의 복제 패미컴 광고.

1. 복제품 난립에서 대기업의 참여까지(1989)

1) 복제기기의 난립

8비트 비디오 게임기는 일본·미국을 필두로 한 외국에서는 이미 1970~1980년대[1]부터 본격적으로 보급되었으나, 국내에 정식 수입되기까지는 어느 정도의 시간이 필요했다. 그 기간 사이에 1988년 말부터 대만제 '패미컴' 복제기기가 세운상가를 중심으로 10만 원 미만의 저가로 국내에 수입되어 불법 유통[2]되고 있었으며, 삼근물산·프로그컴퓨터·강남모형·영실업 등의 중소기업과 해태전자·한국화약그룹 등의 대기업까지 국산 복제 '패미컴' 호환 기종 제작·판매에 뛰어들었다. 이러한 '패미컴' 호환 기종들과, 국내에서 자체개발한 MSX 호환 기종, 그리고 대우전자의 '재믹스'가 시장을 형성하고 경쟁을 펼치던 것이 1989년의 풍경이었다.

그 외에 알파무역이 NEC의 'PC엔진'을, 소프트하우스 만트라가 독자적으로 세가의 '메가 드라이브'를 수입 판매하는 등, 병행수입 차원에서 해외 최신 게임기 유통을 시도하는 경우도 있었다. 다만 당시에는 상당한 고가였기에, 널리 보급되지 못했다.

게임 카트리지는 외국의 정품이 거의 들어오지 못하고 대부분 대만이나 국내의 복제품이 유통되었는데, 이는 전자상가나 주택가 곳곳에 위치한 컴퓨터 판매점, 또는 PC용 게임이나 소프트를 유료로 불법복제해주는 회원제 상점인 세칭 '소프트하우스' 등에서 전문적으로 판매 및 교환되곤 했다.

2) '겜보이'와 '컴보이'의 상륙

1989년을 기점으로 대기업인 삼성과 현대가 해외에서 급성장하는 외제 가정용 게임기에 관심을 갖고 국내 시판을 위해 세가·닌텐도와 계약을 체결하면서 시장은 새로운 국면으로 넘어가기 시작한다. 특히 가정용 게임기는 7~17만 원(당시 기준) 선이면 구입할 수 있어 30~40만 원대로 비싼 편이었던 8비트 PC보다 상대적으로 가격이 저렴했고[3], 당시의 주류로서 그래픽과 사운드도 화려하고 소프트도 풍부했던 복제품 '패미컴'은 아이들의 성화에 못

이겨 게임기 구입을 생각하는 학부모에게 가격적인 면에서 비교 우위가 있었다.

1989년 4월, 삼성전자는 일본 세가와의 정식 계약과 기술제휴를 통해 세가의 가정용 8비트 게임기 '세가 마스터 시스템(SEGA Master System)'을 국산화한 '삼성 겜보이'의 시판을 개시한다. 이는 국내 대형 가전사가 해외 플랫폼 홀더와 직접계약을 맺고 정식으로 해외의 가정용 게임기 및 소프트를 유통하는 새로운 흐름이 시작되었다.[4]

1989년 12월에는 현대전자가 일본 닌텐도의 국내 판권을 획득하여 '패미컴'(북미판 'NES')을 국산화한 '현대 컴보이'를 출시하였다. 이후 삼성전자와 현대전자는 다양한 소프트 및 하드웨어를 백화점 유통망을 중심으로 국내에 보급하였는데, 이는 사실상 세가와 닌텐도의 경쟁을 국내에서 대리하는 구도였다.

3 나라안 소식, 1989. "일제가 판치는 게임기 시장 판매 경쟁 치열", [컴퓨터학습] 7월, pp. 86-87.

4 대우전자의 '재믹스'는 MSX 컴퓨터에서 몇몇 기능과 단자를 제거해 비디오 게임기로 만든 것으로서, MSX는 미국 마이크로소프트와 일본 아스키 사가 제정한 국제표준 규격이었기 때문에 어느 회사나 이 표준을 지키면 MSX 호환 기종을 생산할 수 있었다. 즉, '재믹스'는 엄밀하게 말하자면 일반적인 비디오 게임기의 의미와 틀에 맞다고 보기 어렵다. 또한 '재믹스'용 소프트 역시 해외 소프트의 직접 라이선스나 현지화라는 개념이 없었기 때문에, 대우전자가 직접 발매한 몇몇 소프트를 제외한 거의 대부분의 카트리지는 해적판 내지는 무단복제였다.

'컴보이'의 발매는 순탄하지 않았다?!

비교적 일찍이 국내에 발매된 세가 게임기에 비해, 닌텐도 '패미컴'의 한국 상륙은 그리 순탄하게 진행되지 못했던 것으로 보인다. 당시의 잡지기사는 닌텐도의 '패미컴' 국내 판매권을 둘러싼 이전투구를 다음과 같은 기사로 전하고 있다.

"게임기 시장이 의외로 크다고 판단되자 각 대기업에서 참여, 각축전을 벌이고 있다. 일례로 패미컴으로 유명한 닌텐도의 국내 판매권을 둘러싸고 럭키금성·대우·현대 등이 서로 각축전을 벌였는데, 어느 업체에서는 이미 자기 회사와 계약이 체결되었다고 광고까지

하는 등 시장을 혼란시켜 왔다. 결국 닌텐도 국내 판매권은 현대종합상사에서 획득했는데, 중소기업까지 합하면 십여 개사가 닌텐도와의 계약을 추진했을 것이란 후문이다. 게임 시장이 아무리 크다 하더라도 일개 게임기를 놓고 대기업이 서로 각축전을 벌이는 양상은, 그것도 직수입 판매에, 국내 시장의 육성은 차치하고 자사의 이익만을 생각하는 처사라 하겠다." (월간 [컴퓨터학습] 7월호, 1989, p. 86)

한 대기업이 계약 체결 없이 잡지에 게재하여 파문을 일으켰던 광고.

3) 첫 한글화 타이틀의 탄생

1989년에서 1990년 초는 청소년 교육을 우선시하는 학부모들의 우려 때문에 비디오 게임기가 금기시되고 PC와 교육용 소프트웨어가 환대받던 시기였다. 그리고 게임기용 소프트웨어는 몇 안 되는 초창기 국산 게임을 제외하고는 대부분 일본 게임들이었다. 그런 이유로 당시의 언론이나 잡지에서 묘사되는 게임에 관한 기사는 대부분 '왜색 게임'에 빠져드는 어린이들을 훈계하고 부모에게 경각심을 일깨우는 식의 논조였다.

> "게임기의 긍정적인 면은 일부 시중 오락실의 열악한 환경 속에서 게임에 몰두하기보다 집에서 건전하게 즐길 수 있도록 유도하는 데 있다. 그러나 게임기를 이용하는 사용자층이 국민학생, 중학생, 심지어 유치원에 다니는 어린이가 대부분임을 고려해 볼 때, 국가의 장래가 게임기로 시작하면서 게임기로 지는 듯한 인상을 받는 것은 차라리 기우였으면 좋겠다." (월간 [마이컴] 1월호, 1990, p. 72)

특히 당시는 일본 대중문화에 대한 국가적 규제가 강력해 일본어가 표시되는 게임이나 문화상품이 국내에 일체 수입될 수 없었던 시기[5]였다. 이는 닌텐도와 세가의 게임기와 소프트웨어가 국내 기업의 브랜드를 붙인 OEM 형태로 출시될 수밖에 없었던 이유 중 하나이기도 했다.

따라서 게임기용 소프트웨어는 주로 게임 내 메시지가 영어로 출력되는 북미판 게임으로 공급되었고, 이러한 관행은 2002년 PS2 정식 발매 초기까지 유지되었다. 하지만 '한글로 게임의 메시지들을 보며 플레이하고 싶다.'라는 게이머들의 바람은 이때부터 있어 왔고, 삼성전자가 1989년 12월 출시한 '겜보이'용 소프트 〈화랑의 검〉[6]과 〈알렉스키드〉[7]에서 한글화가 처음으로 이루어졌다. 이 두 소프트웨어는 해외의 비디오 게임을 국내 최초로 현지화한 기념비적인 사례이다.

〈알렉스키드〉는 세가의 1986년작 액션 게임 〈알렉스키드

[5] 광복 이래 1965년 한·일 국교정상화가 된 이후에도, 일본의 도서·가요·영화·게임 등 대중문화 상품은 '폭력적이고 외설적이며 아이들이 왜색에 물들 수 있다.'라는 이유로 오랫동안 국가적으로 강력한 수입규제를 받았다. 일본어가 사용된 대중문화 상품은 일체 수입 및 공연이 불허되었고, 특히 게임은 일본어가 없고 일본문화가 탈색된 게임만 들어올 수 있었다. 훗날 김대중 대통령 취임 이후인 1998년 10월부터 일본 대중문화의 단계적 개방이 시작되어 2000년 6월의 3차 개방에는 게임기용 게임을 제외한 게임물의 수입이 허용되었고, PS2가 국내 정식 발매된 후인 2004년 1월의 4차 개방에서야 게임을 포함한 모든 문화상품이 개방되었다.

[6] 劍聖伝, 1989, 삼성전자.
[7] アレックスキッドのミラクルワールド, 1989, 삼성전자.

의 미라클 월드)를 한글화한 작품으로, 게임 내의 모든 메시지나 아이템 이름 등이 한글화된 것은 물론 1992년 말 출시된 '겜보이'의 후기 모델인 '알라딘보이 II'에서 본체 내장 게임으로 보급되기도 했다.

　　이 두 작품의 공식적인 판매 기록은 확인되지 않지만, 게임 관련 기술과 인력이 부족했던 당시의 열악한 상황에서 한글 로컬라이징(한글화)이라는 분야를 개척했다는 점에서 이 두 작품이 갖는 의의는 매우 크다. 삼성전자는 국내 게임 시장 형성 초창기부터 해외 소프트웨어를 한글화하고, 국산 게임 제작을 지원하며 외국의 게임 개발 노하우를 국내에 도입하려 하는 등 장기적인 관점에서 유통과 투자를 했는데, 이런 자세를 게임기 사업 철수 시(1997)까지 꾸준히 견지했다는 점은 높이 평가되어야 할 것이다.

1989년 크리스마스 특수를 노린 삼성 '겜보이'의 잡지 광고.

꼬마 원숭이 알렉스키드의 모험을 다룬 한글판 〈알렉스키드〉

국내 최초의 한글화 소프트웨어 두 작품이 소개되어 있다.

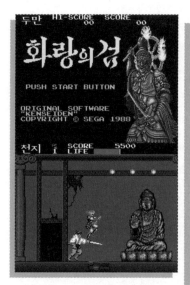

〈화랑의 검〉. 일반적인 한글화의 범주를
뛰어넘어 과감한 개작을 시도한 작품이다.

위쪽은 원작인 〈켄세이덴〉, 아래쪽은 한국판
〈화랑의 검〉의 월드 맵이다.
당시 기술로 이 정도의 개작을 시도했다는
사실만으로도 상당한 가치가 있다.

한글화를 넘은 '현지화'의 신경지를 개척한 〈화랑의 검〉

〈화랑의 검〉은 초창기의 한글화 게임 중에서도 상당히 독특한 케이스이다. 왜냐하면 단순히 게임 내의 메시지를 한글화하는 데에 그치지 않고 게임 내의 여러 요소나 그래픽 및 설정까지 고친 현지화(localization)를 처음으로 시도한 사례이기 때문이다.

〈화랑의 검〉의 일본판 원작인 〈켄세이덴(劍聖伝)〉은 원래 유랑 무사(武士)가 일본 전역을 이동하며 각지의 요괴를 무찔러 나라를 구한다는 줄거리의 액션 게임이다. 하지만 소재가 소재인지라, 일본 문화가 엄격히 규제되던 당시의 한국에 그대로 출시할 수 없었음은 당연했다.

삼성전자는 이 게임의 그래픽과 텍스트를 상당 부분 변경하여, 한반도를 배경으로 일본 무사가 아닌 신라의 '화랑'이 마귀를 물리치며 경주의 마귀성을 최종 목적지로 한다는 설정으로 대폭 수정한다. 원제작사인 세가의 양해가 있었겠으나, 지금의 시점에서도 상당히 과감한 개작을 감행한 것이다.

월드 맵을 완전히 새로 구성했음은 물론 주인공 등 몇몇 캐릭터의 그래픽 패턴 및 이벤트 신까지 모두 교체하여 얼핏 국산 게임처럼 보일 만큼 과감하게 수정한 〈화랑의 검〉은 언론이나 세간의 과도한 주목(?) 없이 무사히 발매될 수 있었다.

2. 삼성전자와 현대전자의 양립기(1990~1994)

1) 16비트 게임기 시대의 도래

삼성전자가 1990년 4월 세가 '메가 드라이브'의 국내판인 '수퍼 겜보이'(이후 삼성전자의 '알라딘' 브랜드 구축에 따라 '수퍼알라딘보이'로 개칭)를, 현대전자가 1992년 10월 닌텐도 '슈퍼패미컴'의 국내판인 '슈퍼컴 보이'를 국내 출시하면서, 뒤늦게나마 국내 비디오 게임 시장에 도 16비트 게임기 시대가 열리기 시작했다. 또한 비슷한 시기인 1990년 10월에는 닌텐도의 휴대용 게임기 '게임보이'를 현지화한 현대 '미니컴보이'가, 12월에는 세가의 휴대용 게임기 '게임기어' 를 현지화한 삼성 '핸디겜보이'가 잇따라 출시되어 국내 비디오 게임계에 휴대용 게임기 시대를 열기도 했다.

반면 외국에서 MSX가 쇠퇴하면서 기세를 잃은 대우전자 는 1990년 3월 MSX2 기반의 '재믹스 슈퍼V'를, 1990년 4월 PC 엔진을 라이선싱한 '재믹스 PC셔틀'을 잇따라 출시하는 등 자구

책을 강구하였지만, 결국 삼성과 현대에 밀려 점차 입지가 줄어들고 말았다.

1990년을 기점으로 국내 비디오 게임계에는 다양한 변화가 생겨나기 시작했다. 세운상가가 쇠퇴하고 용산 전자상가가 성장하면서 비디오 게임을 취급하는 소매점이 전자상가나 주택가 등지에 활성화되었으며, 기존의 소프트하우스들도 삼성·현대의 게임기를 취급하기 시작하면서 해외의 인기 소프트웨어가 활발히 유통되고 고가의 수입 롬팩이 판매되거나 교환이 이루어지기도 했다. [게임월드](1990년 8월호로 창간), [게임뉴스](1991년 8월호로 창간), [게임챔프](1992년 12월호로 창간) 등 이 시기에 창간되기 시작한 게임 전문지들도 이러한 흐름에 한몫을 담당했다.

이 시기는 16비트 게임기가 국내에 소개되어 입지를 넓혀가고는 있었으나 소프트웨어 부족과 높은 가격, 당시 크게 기승을 부렸던 대만산 복제 패미컴의 범람 등으로 시장에서 큰 입지를 차지하지는 못하였다. 당시 잡지에서 자체 추산한 바에 따르면, 1991년 한 해에만 115만여 대의 비디오 게임기가 판매되었지만 이 중 절반이 넘는 60만 대가 복제된 '패미컴'이었다. 상대적으로 삼성전자·현대전자 등의 정식 판매업자들은 도합 10~20만 대 수준의 저조한 점유율을 보이고 있었다.[8]

당시 비디오 게임기에 대한 부모들의 인식이 좋지 않았으며, 게임의 구입비나 유지비도 만만치 않았기 때문에 값비싼 정품 팩 대신 불법복제 팩이나 비인가 주변기기가 만연했고, 차액 지불을 통한 중고 팩 교환거래가 성행했다. 때문에 정상적인 의미의 비디오 게임 시장이라고 부르기에는 무리가 있었지만, 그 와중에도 게임 소프트웨어의 한글화나 국산 게임 개발 등이 여러 차례 시도되었다. 또한 게임 잡지나 PC 통신 동호회 등을 통해 일본·미국의 인기 게임 정보를 접한 게이머들이 자발적으로 일본어·영어를 익혀 외국의 게임 잡지 등을 통해 최신 정보를 수집·교류하거나 해외 게임을 입수해 즐기는 등 문화적 욕구를 해소하기도 했다.

1990년 8월호로 창간된. 국내 최초의 게임 전문 월간지 [게임월드] 창간호 표지.

8 특별기획, 1992, "91년 게임 시장을 점검한다", [게임월드] 1월호, p. 59.

새한상사(재미나)가 개발한 재믹스용 게임 〈사이보그Z〉[9]

9 1990, 새한상사.

10 アレックスキッドと天空魔城, 1990,
    삼성전자.
11 ファンタシースター, 1990, 삼성전자.
12 Mystic Defender, 1990, 삼성전자.

기록상 국내 최초의 게임기용 해외 RPG 한글판인
〈판타지스타〉

13 1991, 다우정보시스템.
14 1990, 새한상사.
15 1988, 새한상사.
16 특별기획, 1991. "게임 소프트웨어의
    한글화 작업, 무엇이 문제인가",
    [게임월드] 12월호, p. 57
17 ストーリーオブドアー ～光を継ぐ者～,
    1995, 삼성전자.
18 新創世記ラグナセンティ, 1996,
    삼성전자.
19 ライトクルセイダー, 1996, 삼성전자.
20 ドラゴンボールZ 超武闘伝3, 1994,
    현대전자.
21 スーパー3Dベースボール, 1994,
    현대전자.
22 1994, 현대전자.
23 일본판이 처음부터 일본어와 한글
    출력을 선택 가능케 했던 매우 드문
    케이스의 게임. 현대전자에서 발매된
    국내판은 여기에서 일본어를 삭제하여
    발매되었다.

2) 한글화 및 국산화의 토대 형성

비록 세가의 플랫폼을 OEM 형태로 국내에 시판하는 형태이긴
했으나, 삼성전자는 외국 하드웨어와 소프트웨어의 단순 공급을
넘어서 외국 게임의 한글화 및 국산 게임 개발 투자 등에 다년간
큰 노력을 기울였다.

1989년 '겜보이' 출시 당시부터 한글판 소프트웨어를 출시
해온 삼성전자는 이러한 시도를 '수퍼알라딘보이'에도 꾸준히 지
속했다. 1990년 12월에는 〈알렉스키드와 천공마성〉[10], 〈환타지 스
타〉[11], 〈온달장군〉[12](〈공작왕 II〉의 한글판) 3종을 국내에 발매했다. 특히
〈환타지 스타〉는 세가의 롤 플레잉 게임 〈판타지스타〉를 한글화
한 것으로, 방대한 텍스트 양과 복잡한 데이터 구조로 인해 작업
이 까다로운 롤 플레잉 게임의 한글화에 처음으로 도전해 완성한
결과물이라는 점에서 가치가 있다.

삼성전자는 게임기사업부 내에 '게임소프트웨어 개발팀'
을 두고 자체 한글화를 시작으로 게임 소프트 개발 경험 배양에
노력했다. 그 외에도 인기 만화를 게임화한 〈아기공룡 둘리〉[13] 등
다수의 국산 게임을 내놓은 다우정보시스템, 1987년부터 〈원시
인〉[14], 〈슈퍼보이〉[15] 시리즈 등 16종의 게임을 공급해온 '재미나'
브랜드의 새한상사 등이 비교적 개발이 용이한 '재믹스', '겜보이'
등을 중심으로 국산 게임 개발에 노력을 기울였다.[16]

삼성전자는 이후에도 1995년 12월 〈스토리 오브 도어〉[17]를
시작으로 〈신창세기 라그나센티〉[18], 〈라이트 크루세이더〉[19] 등 세
가의 수작 액션 RPG를 다수 한글화하여 게이머들에게 좋은 반응
을 이끌어내었고, 현대전자 역시 〈드래곤볼Z 초무투전 3〉[20], 〈한
국프로야구〉[22], 〈태권도〉[23] 등 다수의 소프트를 한글화하여 발매
함으로써 시장을 개척해나갔다. 이 중 〈한국프로야구〉와 〈태권도〉
는 독특한 케이스로, 〈한국프로야구〉는 일본 잘레코 사의 야구게
임에서 선수 및 구단을 당시 한국 리그의 데이터로 교체했고, 〈태
권도〉는 일본 휴먼 사의 동명의 작품[24]을 국내 발매한 것이었다.

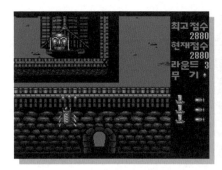

1993년 4월 발매된, 몇 안 되는 국내 자체개발
'슈퍼겜보이' 게임인 〈우주거북선〉[21]

〈스토리 오브 도어〉. 1995~1996년의 삼성전자
한글화 3연작 중 하나

〈드래곤볼Z 초무투전 3〉. 당시로서는 초유의 판권물
한글화 게임

〈한국프로야구〉. 일본 잘레코 사의 야구게임
데이터를 당시 한국 리그 기준으로 교체

3. 1994년 이후, 미완의 개척으로 남은
초기 한국 게임기 시장

1) 서드파티 그룹의 발족과 국산 게임 개발 시도

1994년 9월 29일, 삼성전자 멀티미디어사업부는 자사 게임기의
국내 서드파티 그룹인 SgSg(Samsung Game Soft Group)를 발족하였다.
국내 최초의 게임기 소프트 국산개발 파트너십으로, 당시 국산
PC 게임계 최전선에서 활약하던 1세대 개발사들에게 전폭적인
투자 및 기술제휴, 개발기자재 제공, 해외 개발사와의 기술공유
등을 추진하였는데, 이는 '수퍼알라딘보이' 등 자사의 게임 플랫
폼으로 국산 게임을 개발하기 위한 본격적인 투자라 할 수 있다.

24 1993, 삼성전자.

발족 시에는 디지털임팩트·만트라·새론소프트·소프트맥스·소프트액션·소프트라이·열림기획·하이콤의 8개 회원사로 시작했으며, 1995년 중반에는 게임에이스·두용실업·파라시스템·창인시스템·트윔·패밀리 프로덕션의 여섯 개사가 가입하여 무려 60억 원 규모를 투자, 당시 국내에서 일정 이상의 개발력을 인정받던 개발사 대부분이 SgSg하에 활동하게 되었다.[25]

다만 대부분의 개발사들이 소규모라 PC 게임 개발에만 주력했던 데다, 타 기종 개발기술의 부족 등으로 기획이나 연구 단계에 머물러, 결과적으로 SgSg가 이렇다 할 성과를 내놓지는 못했다. 몇몇 회사들이 '수퍼알라딘보이' 및 '삼성새턴' 등으로 오리지널 게임 개발을 시도했고, 이들 중 일부는 게임 월간지 등을 통해 개발화면이 기사화되기도 했으나, 1997년 삼성의 비디오 게임 사업 철수로 인해 SgSg가 사실상 해체될 때까지 단 한 작품도 상품화되지 못했다. 또한 소프트액션의 〈폭스레인저 III〉, 열림기획의 〈EXP〉[26] 등은 당초 SgSg의 투자에 의해 '수퍼알라딘보이' 전용으로 개발되었으나 최종적으로 PC용 게임으로 발매되었다.

야심차게 출발했던 SgSg가 좌초한 이유는 분명치 않으나, 당시 개발사들의 개발력 부족, PC 게임과는 완전히 다른 독자적인 개발환경, 플랫폼 운영과 소프트웨어 생태계 구축에 서툴렀던 삼성전자의 운영 미숙 등으로 추측된다.

2) 32비트 시장의 개막에서 철수까지

1994년 11월 금성사(1995년 3월 LG전자로 사명 변경)가 '3DO 얼라이브'를, 1995년 11월 11일 삼성전자가 '삼성새턴'을, 1997년 7월 현대전자가 '슈퍼컴보이 64'를 발매하면서 32비트 시장이 본격적으로 열리게 되었다. 하지만 인터넷의 빠른 확산과 블랙마켓의 활성화와 기승을 부리는 불법복제 게임 등 악재가 많았던 데다, 날로 가격과 성능이 높아지는 외국의 차세대 게임기의 사업 규모를 국내 대기업의 사업 부문 차원에서 이끌어가기엔 역부족이었다.

LG전자·현대전자·삼성전자는 경쟁적으로 게임 판매점 체인을 확충하고, 당시 인기였던 노래방 업종을 본뜬 게임방 신사

〈폭스레인저 III: Last Revelation〉.[27] SgSg의 지원에 따라 '수퍼알라딘보이'로 개발되던 게임이었지만 결국 PC로만 발매되었다.

25 특별기획, 1995. "SgSg 운영현황과 회원사 동향", [게임매거진] 6월호, pp. 72-73.

26 1995, 열림기획.
27 1996, 소프트액션.

'삼성새턴'과 '3DO 얼라이브'의 발매 초기
광고

업을 전개하는 등 분투했으나 '3DO 얼라이브'와 '슈퍼컴보이 64'
는 결국 이렇다 할 결과를 내지 못한 채 사실상 사업 철수 수순을
밟았다. '삼성새턴'은 우영시스템과 비스코 등 외부개발사가 〈미
스트〉[28](1996. 4), 〈신비의 세계 엘하자드〉[29](1997. 4), 〈알버트 오딧세
이 외전〉[30](1997. 5), 〈삼국지 IV〉[31] 등의 한글화 소프트를 출시하기
도 하였으나 게임 개발이 어렵고 '세가새턴' 플랫폼 자체가 활기
를 잃은 데다, 수입판 기기 및 게임이 범람하는 등 여러 악재로 인
해 결국 1997년 초 삼성전자가 게임기 사업에서 철수하고 PC 게
임 유통에 주력하기로 결정하면서 막을 내린다.[32]

---

28 MYST, 1996, 우영시스템.

29 神秘の世界エルハザード, 1997,
   우영시스템.

30 アルバートオデッセイ外伝 ~LEGEND
   OF ELDEAN~, 1997, 우영시스템.

31 三國志IV, 1996, 비스코.

32 삼성전자의 새턴 사업 포기는 1996년
   말경부터 시작되어, 세가의 독점판권을
   포기하는 대신 SgSg를 서드파티로 삼아
   독자적인 한국형 신 게임기를 구상했던
   것으로 보인다. 하지만 이 프로젝트는
   결과적으로 불발되었으며, 세가새턴의
   판권은 세가 게임의 한글화 실적을
   다수 가진 우영시스템이 이어받아
   1997년 4월부터 우영시스템이
   수입·판매하게 되었다. 하지만 이 역시
   해외에서의 플레이스테이션 호황과
   세가새턴 실속(失速) 등으로 오래 가지
   못하고 명맥이 끊긴다(새턴기획, 1997.

"우영시스템, 국내 게임기 시장을
불태운다", [게임라인] 6월호,
pp. 98-99).

빅콤의 〈극초호권〉[33](1996. 5).
아케이드용으로 개발된 게임을 3DO로
이식한, 동 시기의 〈아마게돈〉과 함께
3DO의 몇 안 되는 국산 작품. 이후 PC판이
발매되기도 했다.

우영시스템이 한글화한 〈알버트 오딧세이
외전〉

---

33 1996, 빅콤.

34 일본 소니컴퓨터엔터테인먼트의
인가를 받은 아시아판
플레이스테이션의 수입 판매로
보이며, SCEK 설립 이전까지는
플레이스테이션의 유일한 국내
유통이었다.

이후 카마엔터테인먼트의 '플레이스테이션' 수입 판매[33](1997. 3)나 용산 전자상가 등지를 통한 병행수입을 제외하고는, 2002년 SCEK의 PS2 국내 정식발매까지 국내 비디오 게임 시장은 약 5년간 블랙마켓의 형태로 간신히 존속하게 되었다.

제3부
한국 게임 시장의 성장

4장. 국산 PC 게임의 개화

조기현

5장. PC 게임의 황금기와 몰락

오영욱

6장. 한국 온라인 게임의 태동

오영욱

7장. 오락실의 태동과 변천

전홍식

4장. 국산 PC 게임의 개화

조기현

1980년대 후반부터 1990년대 초반까지는 'APPLE II', 'MSX2' 등의 8비트 PC를 중심으로 미비하게나마 소프트웨어 시장이 존재했으나, 소규모 소프트하우스에 의한 불법복제, 해적판 범람, 그리고 정규 라이선스 개념의 미비 등으로 인해 지금과 같은 의미의 '시장'은 아니었다.

1990년 9월 동서게임채널, 1991년 6월 SKC 소프트랜드가 PC 패키지 게임 유통을 시작하면서 외국 게임을 정품 라이선스 형태로 국내에 판매하는 유통사(publisher) 개념이 정착되기 시작했다. 당시 PC 통신 동호회 등에서 교류하던 아마추어 개발자들이 팀을 결성해 PC 게임을 개발하고 판매하기 시작하면서 1993년의 〈세균전〉, 〈폭스레인저〉를 필두로 국산 PC 패키지 게임의 중흥기가 열리게 되었다.

이후 1994~1995년을 거치며 국산 PC 게임 시장이 급격히 팽창했다. 어린이날, 연말 특수를 노린 신작 발매나 판매량이 1만여 장 규모의 대 히트를 기록하는 성공사례, 개발 난이도가 높은 RPG나 시뮬레이션 RPG 장르에 대담하게 도전하여 큰 성공을 거둔 〈어스토니시아 스토리〉, 〈창세기전〉의 출시 등 수많은 히트작과 주목할 만한 사건들이 숨가쁘게 이어진다. 1998년 말 IMF 사태로 유통기반이 급격히 위축되기 전까지의, 짧지만 다시 없을

지 모르는 이른바 '패키지 게임의 황금기'가 시작된 것이다.

1. 정품 PC 게임 시장의 개막 - 동서게임채널, SKC(1990~1991)

1) 유통사의 출범과 시장의 정립

동서게임채널이 정품 게임 소프트웨어 국내 공급을 시작한 1990년 중반 이전까지의 국내 게임 시장은 사실상 블랙마켓 그 자체였다 해도 과언은 아니다. 대우전자의 'MSX2' 기종과 삼보컴퓨터 및 세운상가에서 조립한 'APPLE II' 호환 기종, 삼성전자의 SPC 시리즈 등이 각기 분산되어 8비트 PC 시장을 구성하고 있었다.

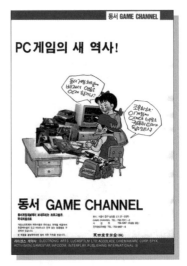

동서게임채널이 사업 시작 시 컴퓨터 잡지에 낸 광고. 이상무 화백의 독고탁 캐릭터를 사용했다.

소프트웨어 시장 쪽은 새한상사·토피아·아프로만 등의 업체들이 저마다 비인가 주변기기와 외국 게임 복제품을 정품처럼 유통하였으며, 더군다나 전국에 산재했던 PC 대리점이나 소프트하우스에서 회원권을 발행하여 월 회비를 받고 한 달에 일정량의 소프트웨어를 불법복사해주는 식으로 영업하는 것이 당연시되고 있었다. 정품 게임 소프트웨어 시장이 사실상 존재하지 않았던 것이다. 이러한 흐름은 1990년대 초까지 유지되었다.

이러한 혼돈은 1990년 9월 18일 동서산업개발이 해외 게임을 정식 라이선스하여 정품으로 판매하는 사업 부문인 동서게임채널을 출범하면서 해결의 단초가 모색되기 시작했다. 또한 이미 1980년대 후반부터 8비트 PC용 소프트를 유통하고 있던 선경그룹(현 SK그룹) 산하의 SKC 소프트랜드가 1990년 중반부터 16비트 PC 게임의 퍼블리싱을 준비하여 1991년 6월부터 정식 유통을 시작하면서, 동서게임채널과 SKC 소프트랜드의 경쟁구도로 본격적인 시장이 형성되기 시작했다.

동서게임채널은 일렉트로닉 아츠, 루카스아츠 등 미국의 유력 제작사들과 사업 초기부터 굵직한 타이틀을 다수 출시하며 게이머들의 주목을 받았는데, 이 중 〈원숭이섬의 비밀〉[1] 등이 히트함으로써 짧은 시간 안에 인지도를 높일 수 있었다.

---

1 The Secret of Monkey Island, 1990, LucasArts Entertainment LLC.

SKC 소프트랜드의 PC 게임 유통 시작
광고. 같은 시기 동서게임채널은 이미
100타이틀 출시를 돌파해 자축행사를
가지기도 했다.

윤원석

동서산업개발의 설립자이자 사장.
월간 [마이컴] 1991년 5월호의 기사에
따르면, 그는 20여 년간 미국에서
생활했던 국제변호사 출신으로, 귀국
후 동서게임채널을 설립하여 불법복제
일색이던 국내 게임 시장에 정품
소프트웨어로 승부를 걸었다고 한다. 이후
한국영상오락물제작자협의회 의장 등을
역임했다.

2) PC 통신을 중심으로 한 아마추어 개발자 생태계 형성

이후 1992~1993년을 기점으로 활발히 등장하는 1세대 국산 PC
게임 개발자들은 대개 1980년대 후반이나 1990년대 초부터 각 고
교 및 대학 PC 동아리나 'KETEL'(이후의 '하이텔'), 'PC-SERVE'(이
후의 '천리안') 등 PC 통신의 게임개발 동호회 등을 통해 개발의 기초
를 익히며 성장했다. 이들이 만든 습작들이 PC 통신을 통해 공개
되어 게임에 목말랐던 PC 게이머들 사이에서 좋은 반응을 이끌
어내며 국산 게임의 가능성을 확인하는 단초가 되기도 했다. 하
지만 대개의 습작들은 해외 히트작을 모방한 것들이었고, 새로운
오리지널 작품을 개발하는 기획력 면에서는 부족했다.

〈테트리스〉를 모방했지만 비교적 오리지널성이 강했던 〈코
리안 테트리스〉(1990), 1989년 3월 포항공대 PPUC 동호회가 제작
한 〈왕의 계곡〉, 1990년 포항공대 김성식 씨에 의해 개발된 국내
최초로 EGA 컬러 그래픽을 지원한 게임 〈마성전설〉, 홍익대 김
영진 씨가 개발한 〈클라암스〉(COLUMNS), 1991년 5월 최완섭 씨가
개발한 1인칭 던전 탐험 액션 게임 〈초롱이의 모험〉 등이 이 시기
에 PC 통신을 통해 널리 퍼져 게이머들의 사랑을 받았다.

또한, 1990년 경부터 복제를 통해 국내에 유입되기 시작한
대만 PC 게임들도 당시 국내 게이머 및 개발자들에게 적지 않

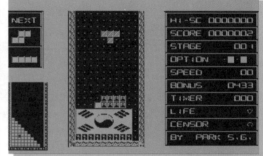

〈코리안 테트리스〉

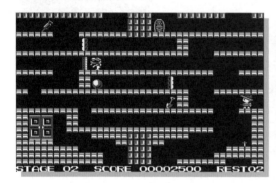

〈왕의 계곡〉. 코나미의 〈왕가의 계곡〉의 모방작

〈초롱이의 모험〉. 당시로서는 몇 안 되는 오리지널 작품의 하나

은 영향을 미쳤다. 대만은 한국보다 한 발 앞서 자국 게임을 상품
화하고 슈팅·액션 게임 등의 개발을 다양하게 시도하여 게임 개
발을 꿈꾸던 국내 아마추어 개발자들에게 자극을 주었다. 특히
1991년 하순 국내에 소개된 〈지카의 전설〉은 당시 국내에서 아직
시도되지 못했던 오리지널 RPG로서 국내 PC 게임계에 큰 충격
과 자성을 불러일으키기도 했다. 대만 PC 게임들은 이후에도 국
내 지사나 유통사에 의한 한글화 등을 통해 국내에 활발하게 소
개되어, 수년간 국산 게임들과 경쟁하며 성장의 좋은 자극제가
되었다.

2. 국산 PC 게임 시대가 열리다(1992)

1) '최초의 국산 PC 게임'을 향한 경쟁

1992년 2월, 월간 [마이컴] 특집기사를 통해 1990~1991년경부터 최초의 국산 상용게임 발매를 위해 개발에 매진하던 세 팀이 소개되었다. 횡 스크롤 슈팅 게임 〈폭스 레인저〉를 개발하던 소프트액션(팀원: 남상규·김성식·이장원·손희권), 1989년부터 아케이드 및 'MSX2'로 〈그날이 오면〉 시리즈를 개발해왔고, PC로 〈스트레반: 운명의 결전〉(이후 〈자유의 투사〉로 제목 변경)을 개발 중이던 대구 소재의 미리내소프트웨어(조대호·양재영·정재성 등 8명), 〈초롱이의 모험〉을 개발했던 최완섭 씨가 이끌며 현대전자의 투자를 받아 개발 중이던 액션 RPG 〈화랑소공〉의 CWS 팀이 언론을 통해 소개된 것이다 (이 중 〈화랑소공〉은 알 수 없는 이유로 결국 출시되지 못했다).

1992년 초를 기점으로 VGA 컬러 그래픽 카드와 컬러 모니터, 486급 PC, '사운드 블래스터'나 '옥소리' 등의 사운드 카드 등이 저렴한 가격에 보급되기 시작하며 PC 게임 환경이 급속도로 정비되었다. 게이머들 역시 해외 게임과 비견될 만한 수준의 국산 게임 출현을 갈망하고 있었기 때문에, '최초'의 타이틀을 거머쥐는 게임이 성공을 거둘 가능성이 높았고 이를 향한 여러 개발 팀들의 경쟁도 치열했다. 하지만 참고할 선례나 기존에 축적한 기술이 전혀 없었기에 모든 것을 처음부터 새로 만들어야 했으므로, 초창기의 국산 게임들은 대개 개발하기 쉽고 큰 기획력을 요구하지 않는 슈팅이나 액션 등의 아케이드 장르에 집중됐다.

이들 중 '최초의 국산 IBM-PC 게임'의 영예를 얻은 작품은 1992년 4월 SKC를 통해 출시된 〈폭스 레인저〉(소프트액션)였다.[2] 〈폭스 레인저〉는 '최초의 국산 게임'이라는 상징성을 의식한 SKC 측의 대대적인 홍보와 PC 통신을 통해 한 스테이지를 즐겨볼 수 있는 체험판을 국산 게임 최초로 배포한 마케팅, 다수의 잡지에서 활발하게 칼럼 등을 기고하며 게임에 대한 인식을 넓히고자 했던 남상규 대표의 노력, 그리고 그래픽 면에서 최초로 VGA 그래픽을 지원하고, 사운드 면에서 애드립 카드와 MIDI를 지원하

2 엄밀히 말해 〈폭스 레인저〉가 정말로 '최초'인지에 대해서는 이론의 여지가 있다. 막고야의 퍼즐게임 〈세균전〉이 그보다 간발의 차이로 앞섰다는 이견도 있으며(다만, 〈세균전〉은 당시의 게임·컴퓨터 잡지에서 언급을 찾기 어렵기 때문에 이를 입증하기 어렵다), 정식 발매 시장이 만들어지기 이전인 1990년경 토피아, 아프로만 등에서 발매했던 초보적인 IBM-PC 게임들도 존재했기 때문이다. 하지만 실제로 게임이 정식 발매되고 유의미한 판매량을 기록해 게이머들의 뇌리에 '최초'로 각인되었다는 점에서, 일반적으로는 〈폭스 레인저〉가 최초의 국산 IBM-PC 게임으로 인정받고 있다.

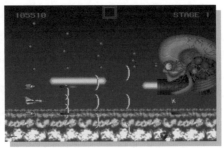

〈폭스 레인저〉의 패키지 및 게임 화면

는 게임의 완성도가 '첫 국산 게임'의 등장에 열광한 게이머들의
반응과 맞물려 큰 반향을 일으키며 2만 5,000여 장이 판매되는 대
히트를 기록했다.

　　뒤이어 5월에는 동서게임채널을 통해 미리내소프트웨어가
〈자유의 투사〉[3]를 발매하였으나, 〈폭스 레인저〉에 게이머 및 게임
언론의 시선이 모두 집중되었기 때문에 특별한 관심을 받지 못했
다. 소프트액션은 1992년 말 〈폭스 레인저〉의 외전 격인 슈팅 게
임 〈박스 레인저〉[4]를 내놓았는데, 이 게임은 국내 최초의 자사 패
러디 게임이자 음성출력 지원 게임이기도 했다.

3　1992, 미리내소프트웨어.

4　1992, 소프트액션.

남상규

소프트액션의 설립자이자 대표이사.
그룹사운드 활동 및 대중음악 작곡자를 거쳐
KETEL을 통해 소프트액션 팀을 결성. 〈폭스
레인저〉의 개발을 지휘했다. 게임음악에
조예가 깊어 여러 잡지에 게임음악 및 게임
개발 관련 칼럼을 다수 기고했으며, 자사
게임의 음악을 직접 작곡하여 1993년 국내
최초의 오리지널 게임음악 음반 〈NF43〉을
발매했다. 이후 〈박스 레인저〉, 〈어디스〉
등을 거쳐 2000년도 이후엔 모바일 게임
등을 개발해왔다.

2) PC 게임계의 급변과 재편

1992년은 〈폭스 레인저〉의 히트로 대변되는 국산 PC 게임의 본격적인 태동과 함께, 여러 주목할 만한 변화와 사건이 있던 시기였다. 1992년 9월, 하이텔의 정영덕(ID: WD40) 씨가 '슈퍼패미컴' 판 〈스트리트 파이터 II〉의 그래픽 데이터를 비디오 캡처하여 자신이 직접 프로그래밍해 구현하는 방식으로 PC판 〈스트리트 파이터 II〉의 개작판을 하이텔 개오동에 공개해 적지 않은 반향을 불러일으켰다. 처음엔 '류 VS 류'라는 단순한 구성에 여러 부분이 미완성이었던 습작 수준의 게임이었지만, 당시 최고의 인기를 누리던 아케이드 게임을 PC로 즐길 수 있다는 점에서 PC 통신 사용자들의 열광적 반응과 함께 급속도로 전파되었다. 또한 공개된 소스 코드를 바탕으로 여러 아마추어 개발자들이 성능을 개선시키고 새로운 캐릭터를 추가하는 등 수년간 진화를 거듭하며 원작 게임의 볼륨에 근접하는 발전을 이루었다. 원 저작사의 판권을 얻지 않은 무단제작이긴 하였으나, 이는 국내에선 보기 드문 자발적 협업 형태의 오픈소스 모드(modification) 사례 중 하나로 남게 되었고, '한국에서 PC로 〈스트리트 파이터 II〉가 이식되었다'라는 사실이 해외 게이머들 사이에 화제가 되기도 했다.

　이 공동제작 과정에서 생성된 소스코드들은 당시 많은 국내 아마추어 및 프로 개발자들에게 큰 도움과 자극이 되었고, 이 개발 프로젝트를 기반으로 〈SF-2 제작자와 함께하는 게임 만들기〉를 비롯한 다수의 개발서적이 출간되는 등, 국내 게임업계의 발전에 적지 않은 영향을 미쳤다.

　또한 게임 퍼블리싱 면에서도 큰 변화가 있어, 'SOFT WORLD' 브랜드로 유명한 대만의 지관과기유한공사가 한국에 지사인 지관(유)를, 일본 소프트뱅크가 한국지사인 소프트뱅크코리아를 설립하는 등 1993년부터 본격적으로 쏟아지기 시작한 대만·일본 PC 게임의 한글화 붐을 예고했다.

　여기에 '소프트하우스 만트라'라는 게임매장을 운영하던 한도홍산무역이 '만트라'라는 브랜드로 PC 게임 유통에 참여해 가이낙스의 〈프린세스 메이커〉[5]를 완전 한글화하여 8월 하순 국

정영덕 및 다수의 아마추어 개발자들에 의해 협업 형태로 이식된 PC판 〈스트리트 파이터 II〉.

5　プリンセスメーカー, 1992, 만트라.

내에 출시했다. 최초로 일본 게임을 한글화한 작품이었기 때문에 상당한 관심을 모았으며, 연말에는 초판 1만 장의 완전판매를 알리는 광고를 게재하는 등 큰 히트를 기록했다.

기존의 양대 유통사도 시장 사수를 위해 다각도로 노력하여, SKC는 〈폭스 레인저〉의 히트를 기반으로 연말에 〈박스 레인저〉, 막고야의 〈요정전사 뒤죽〉[6] 등으로 국산 게임을 적극적으로 어필했고, 동서게임채널은 미국 게임의 한글화 발매에 도전하여 웨스트우드의 던전 RPG 〈주시자의 눈〉[7], 캡스톤의 호러 어드벤처 게임 〈어둠의 씨앗〉[8]을 한글화해 국내에 출시했다.

3. PC 게임 시장의 급팽창(1993)

지관(유)의 〈삼국연의〉 한글판 발매 광고

1) 불법복제 관행에서 서서히 탈피하다

1992년부터 국산 16비트 PC 게임들이 등장하기 시작하고, 동서게임채널과 SKC 소프트랜드를 중심으로 정품 게임 유통채널이 정착되어가면서 한국의 PC 게임 시장은 조금씩 정상적인 궤도에 들어서고 있었다. 불법복제의 온상이었던 소프트하우스들은 정품 소프트웨어 판매점으로 거듭나거나 사라지게 되었다. 양사가 출범 이래 꾸준히 개별 소프트하우스를 대상으로 고발 및 사과문 게재 등 법적 조치를 실시하는 노력을 기울이고, 1993년 2월 16일에 발족된 지적재산권 침해 합동수사반이 용산 전자상가 및 청계천 세운상가를 집중 단속하는 등, 활발한 단속활동이 이루어진 덕분이었다. 같은 해 3월 11일에는 용산 전자상가의 상인들이 자체적으로 불법복제 소프트웨어 추방 결의대회를 개최하기도 했다. 이렇게 정품 소프트웨어 구입에 대한 인식이 서서히 자리 잡기 시작하면서, 불법복제는 눈에 띄게 줄긴 했지만 PC 통신을 통해 여전히 암암리에 불법복제가 이루어졌다.

제우미디어가 1992년 12월호로 월간 [게임챔프]를 창간한 것을 시작으로, 먼저 창간된 [게임월드]와 [게임뉴스]에 이어 게임 시장의 팽창 분위기를 타고 여러 게임 잡지들이 1993~1995년 사

6 1992, 막고야.

7 The Eye of Beholder, 1992, 동서게임채널.

8 The Dark Seed, 1992, 동서게임채널.

9 [잼통](DATA LINK, 1992. 11~1995. 12, 도중에 [슈퍼게임]으로 제호 변경), [게임챔프](제우미디어, 1992. 12~2000. 12, 도중에 [GAME POWER Zine]으로 제호 변경), [게임채널](동서게임채널, 1993. 5~1995. 4), [게임매거진] (커뮤니케이션그룹, 1994. 11~2001. 1), [PC CHAMP](제우미디어, 1995. 8~2005. 3, 도중에 [PC POWER Zine]으로 제호 변경), [게임피아](KBS 문화사업단, 1995. 11~ 2003. 6) 등이 이 시기에 창간된 게임 전문 월간지다.

이에 창간되었다.[9] PC 월간지들 역시 PC 패키지 게임을 다루는 섹션이나 별책부록을 강화하는 등 읽을거리로 게임을 주요하게 다루기 시작했다. 또한 동서게임채널은 유통사로서는 처음으로 PC 게임만을 다루는 월간지인 [게임채널]을 1993년 5월호로 창간하여 미국의 월간지 [Computer Gaming World]와 기사협약을 맺고 PC 게이머들에게 정보를 직접 제공하는 시도를 하기도 했다.

2) 국산 게임의 대약진과 해외 최신 게임의 활발한 유입

1993년은 386급 PC와 VGA 컬러 모니터, 사운드 블래스터 등의 고급 사운드 카드 등이 활발하게 보급되면서 PC 게이머들의 게임 환경이 급속도로 개선된 시기였다. 삼호전자가 독자적인 연구로 개발하여 1992년 초에 출시한 국산 사운드 카드 '옥소리'가 저렴한 가격과 노래방 등의 고유기능을 앞세워 큰 반향을 일으키기도 했다.

아울러 1992년에 〈폭스 레인저〉를 출시해 높은 인기를 끌었던 미리내소프트웨어는 1993년 3월에 슈팅게임 〈그날이 오면 3: Dragon Force〉[10]를 출시해 또 다시 대 히트를 기록하며 게이머들에게 자사의 이름을 확실히 각인시켰다.

이를 시작으로 1993년은 국산 게임 붐의 신호탄이 된 전년도에 이어 패밀리프로덕션의 〈복수무정〉, 소프트액션의 〈폭스 레인저 II〉, 에이플러스의 〈홍길동전〉과 〈오성과 한음〉, 단비시스템의 〈GoGo!! 우리별〉 등 다수의 국산 게임들이 봇물처럼 출시된 해였다. 하지만 이때까지만 해도 기획과 제작 면에서 경험이 일천했던 국내 개발사들은 대부분 제작이 쉬운 슈팅 게임 개발에 치중했고, 다른 장르를 시도한 일부 게임들은 외국 유명 작품을 지나치게 모방하는 등 수준 높은 게임이 제작되지는 못했다.

이에 반해 이미 상당한 수준의 퀄리티와 자본력을 내세운 미국의 대작 게임을 비롯하여 양질의 일본 PC 게임과 국내보다 한 수 위의 개발력을 보유하고 있던 대만의 PC 게임이 본격적으로 국내에 소개되기 시작한 것도 이 시기였다. 기존의 양대 유통사를 포함해 럭키금성(현 LG)이 출자한 금성소프트웨어가 'GSW

10 1993, 미리내소프트웨어.

〈그날이 오면 3: Dragon Force〉

소프트웨이브'라는 브랜드를 내세워 본격적으로 PC 게임 유통을 시작했고, 지관(유) 역시 〈소오강호〉·〈사조영웅전〉·〈중화프로야구〉 등 다수의 대만 게임을 적극 한글화해 국내 게이머들을 사로잡았다.

〈프린세스 메이커〉를 히트시켰던 만트라는 속편의 한글화 작업에 착수했고, 〈삼국지〉 시리즈로 국내에 상당수의 팬을 가지고 있던 일본 코에이 사와 판권계약을 맺은 범아정보시스템(1994년에 '비스코'로 사명 변경)도 이때부터 코에이 게임의 한글화 발매를 준비하고 있었다.

〈원숭이섬의 비밀 2〉와 〈인디아나 존스와 아틀란티스의 운명〉 등의 대작 어드벤처 게임, 〈울티마 VII: 블랙 게이트〉 등의 본격 RPG 등 수준 높은 미국의 대작 게임들이 정식 유통을 통해 과거보다 훨씬 짧은 간격으로 국내에 발매되면서 당시의 국내 개발사들은 경험, 자본, 인력 면에서 외국 개발사들에 비해 많이 뒤처져 있음을 절실히 느끼게 되었다.

지관(유)의 〈사조영웅전〉. 한글로 즐길 수 있는 게임이 많지 않았던 시대에, 국산 게임보다 퀄리티가 높고 한글이 지원되었던 대만 게임은 인기가 높았다.

그밖에 1993년 초 금성소프트웨어에 의해 국내 최초로 게임개발 교육센터가, 같은 해 7월엔 게임 개발사인 소프트라이에 의해 두 번째로 게임스쿨이 개원했다. 그리고 〈단군의 땅〉[11] 등의 초창기 국산 온라인 MUD가 PC 통신을 통해 서비스되기 시작했고, 한국마이크로소프트의 운영체제인 '한글 윈도 3.1'이 출시되어 한글판 윈도의 보급이 촉진되었다.

11 1993, 마리텔레콤.

3) 공연윤리 심의 시대의 개막

1993년 7월 1일, 문화체육부(현 문화체육관광부)는 '신종 정보·오락매체에 대한 윤리성 심의 시행규정'을 공고했다. '청소년들에게 우리의 정서에 맞는 건전한 게임을 보급해야 한다'라는 취지 아래, 이전까지는 심의절차 없이 발매되어 왔던 CD-ROM, 디스켓, 롬팩 등 형태의 '신종 게임물'을 수입할 때에는 다른 비디오물과 같이 문화체육부 산하 공연윤리위원회의 심의 및 문화체육부의 수입허가 절차를 반드시 거치도록 한 것이다.[12] 이 조치 이후 CD-ROM, 롬팩 등의 신종 정보·오락매체 제작자는 12월 31일까지

12 국내뉴스, 1993, "게임 소프트웨어 수입, 공연윤리위원회의 심의를 받아야", [슈퍼게임] 9월호, p. 62.

문화체육부에, 수입·판매자는 관할구청에 1993년 9월 28일까지 등록하여야 했고, 제작·수입할 때에는 공연윤리위원회의 심의를 거쳐 수입허가를 받거나 제작신고를 하도록 하였다. 영화·음반 등에 이어 게임에도 관제심의 절차가 시작된 것이다.

이전까지는 보건사회부(현 보건복지부)가 1986년부터 공중위생법을 적용하여 유기장업(전자 오락실)을 중심으로 게임 관련 업무를 진행해왔으나, 게임기 및 PC 게임이 1990년대 들어 크게 대중화됨에 따라서 문화체육부가 '신종정보매체 심의'를 이유로 음반 및 비디오에 관한 법률(세칭 음비법) 개정을 통해 모든 게임을 비디오물에 포함시켜 공연윤리위원회 심의대상으로 삼아 문화체육부 소관으로 통합한 것이다.

게임이 음비법 심의에 포함됨에 따라, 1993년 7월부터 발매되는 모든 PC 게임은 공윤 심의등급을 받아 패키지 커버 하단 및 매체에 '연소자 관람가', '중학생 관람가', '고교생 이상 관람가'의 3등급 표기를 의무적으로 하게 되었다.[13] 심의등급을 받지 못하면 국내 판매가 불가능했기 때문에, 심의기준에 저촉되는 외국 게임의 특정 표현이 삭제된 채 국내 발매되고, 상대적으로 심의에 유리한 국산 게임이 각광받기도 했다.

당시 게임 유통사들은 게임 심의의 필요성에 전반적으로 공감하면서도 게임 심의를 둘러싼 여러 가지 부작용들에 대한 문제를 제기하기도 했다. 먼저 게임 심의를 두고 관련 부처가 힘겨루기를 하면서 게임 심의제도가 표류하게 되었고, 화제작이 심의

13 4등급제로서 연소자 관람불가도 존재하나, 이 등급으로 판정받으면 국내 발매를 할 수 없었다(특별기획, 1993, "공윤심의 이후 현재와 미래", [게임월드] 12월호, p. 48).

공윤 심의가 게임물에 적용됨에 따라, 심의 및 등급표시가 의무화되었다.

를 받느라 출시가 지연될 경우 불법복제품이 반사이익을 얻기도
했다. 또한 당시 게임 심의는 게임 플레이 화면을 비디오로 촬영
해 제출하고 그 내용을 심사하는 방식으로 이루어졌는데, 누락된
장면이 문제가 될 경우 업체에 책임을 전가하였으므로 심의위원
회의 비전문성 및 형평성이 문제가 되기도 했다.[14]

그런 와중에서도 공윤 심의가 시작된 1993년 3/4분기 이후
12개 업체가 '신종 오락매체'로 수입해 인가받은 모든 게임물의
총액이 14억 6,333만 원에 달하며(정부 집계 기준), 이 중 동서게임채
널과 지관(유)가 수입한 PC 게임 소프트는 총 49종, 24만 3,000세
트에 달했다[15]고 하니 국내 PC 게임 산업은 상당히 가파르게 성
장했던 것으로 평가할 수 있다.

14 채널 뉴스, 1993, "컴퓨터 게임 심의 -
'뜨거운 감자'로 떠올라", [게임채널]
11월호, pp. 22-23.

15 특별기획, 1993, "공윤심의 이후 현재와
미래", [게임월드] 12월호, p. 48.

4. 국산 PC 게임의 대도약(1994~1995)

1) 국산 자체개발 RPG의 히트

1994년 7월에 출시된 〈어스토니시아 스토리〉[16]와 같은 해 8월에
출시된 〈이스 II 스페셜〉[17]은 간단한 아케이드 게임을 주로 개발
하던 국내 PC 게임 개발 풍토에서 개발 난이도가 매우 높은 RPG
개발을 시도하여 성공한 기념비적인 사례이자, 국산 PC 게임의
개발수준이 상승했음을 보여주는 지표라는 점에서 주목할 만한
작품들이다.

인천에서 결성된 아마추어 게임 개발자 모임이었던 손노리
팀에 의해 개발된 〈어스토니시아 스토리〉는 IBM-PC용 게임으로
서 최초로 상용화된 본격 국산 오리지널 RPG로서, 비디오 게임
수준에 근접한 뛰어난 그래픽과 스크롤, 이해하기 쉬우면서도 적
절한 개그가 삽입된 스토리 연출, 당시로서는 상당한 수준의 볼
륨 등 '최초의 국산 RPG'로서 화제가 될 만한 요소를 두루 갖추
고 있었다. 게이머들로부터 큰 반향과 인기를 얻는 데 성공한 이
게임은 발매 1개월 만에 1만 장 돌파, 초판 5만 장 돌파를 넘어 단
일 타이틀(초판 및 염가판 도합)로서 통산 10만 장이 넘는 판매량을 기

16 1994, 손노리.
17 1994, 만트라.

18 지금도 그렇지만, 한국 게임 시장에서 공식적이고 공신력 있는 판매량 집계 시스템이 없는 탓에 이는 어디까지나 개발사 추산치에 가깝다. 하지만 당시의 폭발적인 인기를 감안할 때 사실상 정설로 받아들여지고 있다. 참고로 〈어스토니시아 스토리〉는 이후 2002년 'GP32'로 완전 리메이크판이 발매되고 이후로도 PC, 모바일, PSP 등 타 기종으로도 이식되어, 국내 최초 및 최다 리메이크 경력 보유 게임이라는 타이틀도 가지고 있다.

록한 최초의 국산 게임으로 인정받고 있다.[18] 이 작품은 1994년 12월 '문화관광부 제1회 한국게임대상'과, 1995년 1월 '과학기술처 신소프트웨어 상품대상'을 수상하는 등 당시 국내 게임 관련 상을 다수 수상하기도 했다.

손노리의 〈어스토니시아 스토리〉.
1994년 한국 게임계가 배출한 대표작이라고 할 수 있다.

이원술

현 손노리 대표이사. 손노리 팀의 창립멤버 중 한 명으로서, 손노리 특유의 개그 테이스트를 확립한 사람으로도 널리 알려져 있다(손노리 게임에 항상 등장하는 '패스맨'이 바로 그의 아이디어로 탄생한 캐릭터이다). 이후 손노리 팀의 리더가 되어, 현재까지 대표이사로 재직하고 있다.

한글판 〈프린세스 메이커〉 1, 2편의 히트로 게이머들에게 깊은 인상을 남긴 만트라가 출시한 〈이스 II 스페셜〉은 일본 니혼 팔콤 사의 인기 액션 RPG인 〈이스 II〉의 정식 라이선스를 취득해 국산 게임의 형태로 재개발한 국내 최초의 해외 작품 라이선스 개발작이었다. 또한 원작의 높은 인기와 인지도를 바탕으로 원작의 여러 요소들을 독자적으로 변형하여 사실상의 오리지널 게임을 만든 드문 사례이기도 했다.

이 게임은 PC 통신 동호회들을 중심으로 활동하고 있던 다수의 아마추어 개발자들이 프로젝트 팀을 결성해 개발한 작품으로, 당시 국산 게임으로서는 상당한 기술적 완성도를 갖추었다. 하지만 개발진들이 대규모 게임을 개발한 경험이 전혀 없었던 탓에 일정에 차질이 빚어져 게임 후반부가 사실상 미완성된 상태로

출시되었고, 이후 두 번의 대규모 패치로 게임 후반부의 내용이
보충되고 다수의 버그를 패치하기도 했다.[19]

19 2006, "국산피씨게임열전" 〈이스 II
스페셜〉 편, [게이머즈] 6월호.

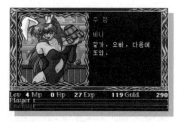 

만트라의 〈이스 II 스페셜〉. 원작을 그대로 따라가지 않고 사실상 재창작한,
리메이크라기보다는 오히려 2차 창작에 가까웠던 작품이다.

이 두 게임은 1994년의 한국 PC 게임을 대표하는 작품으로
서, 뛰어난 퀄리티와 방대한 볼륨으로 '세계 수준의 국산 게임'을
갈망하던 당시 게이머들에게 열광적인 지지를 얻었고, 판매 면에
서도 공전의 히트를 거두어, '국산 게임도 이제 세계를 노려볼 수
있다.'라는 자부심과 자신감을 심어주는 데 크게 기여했다.

그 외에도 1994년에는 패밀리프로덕션의 〈피와 기티〉·〈일
루전 블레이즈〉, 새론소프트웨어의 〈수퍼샘통〉, 소프트액션의
〈어디스〉, 소프트맥스의 〈리크니스〉, 소프트라이의 〈천하무적〉,
타프시스템의 〈K-1 탱크〉 등 다수의 국산 게임들이 출시되었고,
슈팅부터 액션, 탱크 조종 시뮬레이션 및 당시 인기 장르였던 대전
격투 게임에 이르기까지 다양한 장르의 게임 개발이 시도되었다.

한편 소프트액션은 1994년 4월, 자사의 게임을 홍보하고 발
매예정인 게임의 데모 버전을 배포하기 위해 특별 제작한 전자
홍보지 〈NF43〉을 PC 통신을 통해 무료 공개하는 색다른 시도를
하기도 했다. 또한 유통사를 통한 해외 게임도 활발히 출시되는
가운데, 비스코는 코에이 사의 〈삼국지 II〉를 비롯해 〈징기스칸〉,
〈수호전〉, 〈삼국지 III〉를 차례대로 완전 한글화하여 국내에 출시,
코에이의 역사 시뮬레이션 게임을 국내에 본격적으로 소개했다.

1994년 8월 15일에는 국내 최초로 공중파 TV를 통해 게임
프로그램인 KBS의 '생방송 게임천국'이 시작되어, 미리내소프트
웨어와 패밀리프로덕션 등의 협찬으로 전화기 버튼으로 TV방송

의 게임을 원격 대전 플레이하는 새로운 시도가 진행되었다. 이 프로그램은 1996년 4월에 종영되었지만, 같은 시기 SBS가 동서게임 채널과 공동 제작한 게임 프로그램 '달려라 코바'와 경합하며 PC 게임을 대중에게 널리 알리는 데 공헌하였다.

2) 국내 최초의 게임개발사 단체 결성

1994년 9월 2일, 한국 PC 게임업계 최초로 민간 개발사 단체[20]가 출범하는 기념할 만한 사건이 있었다. 당시 국내 PC 게임계에서 일정한 존재감을 드러내던 미리내소프트웨어·트윔시스템·패밀리 프로덕션·소프트맥스·막고야 5개사가 한국 PC 게임개발사연합회(KOGA)를 결성, '국산 게임 개발을 통한 국가경제 기여, 회원사 간의 정보 교류 및 친목 도모, 건전한 게임문화 창달'이라는 목표를 두고 업계 현안 및 문제에 공동 대처하기로 합의한 것이다. 초대 회장은 트윔시스템의 최권영 사장이, 부회장은 미리내소프트웨어의 정재성 사장이 맡고, 1995년 4월에는 타프시스템·엑스터시·시그마텍 스튜디오·동성조이컴을 준회원사로 맞이하는 등 세력을 넓혀나갔다.[21]

KOGA 회원사는 유통사와의 관계 정상화, 정보 공유, 해외 홍보 등에서 공조하면서, 자체적으로 대형 전문유통사를 설립하여 총판 위주로 이루어지며 고질적인 난맥상을 갖고 있던 PC 게임 유통구조를 직판체제로 바꾸겠다는 야심찬 목표를 가지고 있었다.[22] 그러나 KOGA는 1998년 말 IMF 사태로 인해 미리내소프트웨어를 비롯한 다수의 개발사 및 유통사가 부도로 사라지면서 구심력을 잃고 결국 해체된다.

비슷한 시기인 1994년 11월 2일, 상공자원부는 '전자게임 산업 종합발전방안'을 발표한다. '21세기 게임 산업은 국가전략산업'이라는 모토하에 정부 차원에서 국내 게임 산업 육성을 위한 정책을 정부부처가 직접 발표했다는 데 의의가 있었다. 개발사 연구자금 지원 및 각계 전문가를 모은 기술개발 촉진위원회의 구성, 시장 및 기술 분석, 정보·기술 교류 등을 추진하는 등 1994년 말부터 1995년까지의 로드맵을 제시했다.[23]

---

20 이전에도 한국어뮤즈먼트 소프트웨어 연구조합 등의 단체가 있었으나, 이는 정부부처에 소속된 관 주도의 연구 단체였다. 정부나 관청과 무관한 순수 민간업계 단체로는 KOGA가 최초였으며, 이후 상당 기간 동안 유일한 단체이기도 했다.

21 특집, 1995, "국산 게임 개발업계에도 봄이 오는가? -KOGA 본격적인 활동 시작!", [게임월드] 6월호.

22 실제로, KOGA는 1996년 회원사 게임의 판로를 개척하기 위한 자체 유통업체로서 '코가유통(주)'이라는 업체를 설립하기도 했다. 미리내소프트웨어 등 다수의 개발사가 이 유통업체를 통해 자사의 게임을 판매했다. 하지만 IMF 사태로 인해 코가유통을 비롯한 다수의 유통업체가 쓰러지면서 이것이 KOGA 해체 및 회원사의 부도에까지 영향을 미쳤다.

23 특집, 1994, "전자게임 산업 종합발전방안", [게임월드] 12월호.

3) PC 게임 시장의 원숙화

1995년에 들어서며 PC 게임 시장은 펜티엄급 PC의 판매호조에 힘입어 급속하게 팽창하기 시작했다. 1995년 한 해에만 290개 PC 게임 타이틀이 출시되었고 그중 국산 게임이 39개로서,[24] 전년도에 비해 국산 게임의 개발이 더욱 활발해졌음을 알 수 있다.

하지만 이제 막 본격적인 개발환경을 갖추기 시작한 국내 개발업체들은, 이미 여러 유통사를 통해 활발하게 발매되고 있던 미국·일본·대만의 수준 높은 PC 게임들과 경쟁해야 했다. 특히 일본과 대만의 PC 게임들은 해당국의 언어로 출시되기 어려웠던 당시 특성상 모두 한글화되어 국내에 출시됐고, 게이머들로 하여금 국산 게임들과 곧잘 비교되었기 때문에 힘든 경쟁이었다.

특히 1994년 12월, 국내 최초의 한글화 전문 개발사로서 일본 PC 게임의 한글판 이식을 다수 담당했던 한국크로스테크(KCT)가 출시한 전략 시뮬레이션 게임 〈은하영웅전설 III SP〉는 1991년 국내에 발간되어 큰 인기를 누린 동명의 소설을 게임화한 작품으로, 원작의 인기에 힘입어 당시로서는 상당한 히트를 기록했다. 또한 소프트맥스가 일본 헤드룸의 육성 시뮬레이션 게임을 한글화한 〈탄생: Debut〉, 비스코의 〈대항해시대 II〉와 〈원조비사: 고려의 대몽항쟁〉, KCT의 〈파워돌〉 등이 뒤이어 소개되면서 '일본 게임이 한국 PC 게임 시장을 잠식한다.'라는 반응이 나오기도 하였다.[25]

한편 나우누리 등 PC 통신 서비스가 활황을 이루며 당시까지만 해도 전인미답의 분야였던 온라인 멀티 플레이 게임 제작에 대한 도전이 점차 활발해지게 되었다. 국내 최초로 낚시를 게임화한 타프시스템의 〈낚시광〉을 비롯해 미리내소프트웨어의 온라인 대전격투 게임 〈파이터: 영웅을 기다리며〉, S&T온라인의 온라인 당구·테트리스 서비스 등 다양한 시도가 이루어졌다.

또한 1995년 7월, 미리내소프트웨어가 한국통신의 의뢰에 따라 개발한 홍보용 게임 〈사이버폴리스〉는, 같은 해 8월에 발사된 국내 최초의 방송통신위성 '무궁화 1호'의 홍보 목적에 따라 7만 장이 제작되어 무료로 배포되는 진기한 기록을 남겼다.

24 한국PC게임개발사연합회, "3.1 국내 개발사 현황", 『1997 게임백서』, 1997.

KCT의 〈은하영웅전설 III SP〉. 동명의 소설을 게임화한 보스텍의 인기 시뮬레이션 게임을 한글화했다.

25 특집, 1995, "일본 게임이 몰려온다!", [게임월드] 5월호.

〈망국전기: 잊혀진 나라의 이야기〉. 당시 상당한 다작을 쏟아냈던 미리내의 작품 중 드문 장르에 속하는 RPG로, 홍길동 설화와 율도국이 배경이다.

1995년에도 국산 게임의 개발 흐름은 아케이드 액션과 슈팅 위주로 제작되었다. 트윔시스템의 〈퉁코〉, 패밀리 프로덕션의 〈인터럽트〉·〈에올의 모험〉·〈올망졸망 파라다이스〉, 손노리의 〈다크사이드 스토리〉, 미리내소프트웨어의 〈그날이 오면 5〉, 그라비티의 〈라스 더 원더러〉, 소프트맥스의 〈스카이 & 리카〉 등이 게이머들의 사랑을 받았다.

비교적 색다른 시도를 했던 작품으로 국내 최초의 대형 미디어믹스 프로젝트로 진행되었던 미리내소프트웨어의 게임판 〈아마게돈〉, 게임시나리오 공모전 입상작 시나리오를 토대로 '한국적인 RPG'의 개발을 시도했던 〈망국전기: 잊혀진 나라의 이야기〉, 동서게임채널의 첫 자체 스튜디오 개발작으로서 최초로 리얼타임 시뮬레이션(RTS) 장르에 도전했던 〈광개토대왕〉 등을 들 수 있다.

1995년 12월에 소프트맥스가 발매한 〈창세기전〉은 개발 난이도가 높은 시뮬레이션 RPG 장르에 의욕적으로 도전한 작품으로, 인기 만화가 김진 씨의 일러스트와 캐릭터, 비극적인 전개가 돋보이는 인상 깊은 스토리 연출과 방대한 볼륨으로 게이머들 사이에서 큰 화제를 낳았다. 소프트맥스는 상당한 판매량을 기록한 이 작품을 통해 대형 제작사의 반열에 올라서게 된다.

1995년 11월에는 '한글 윈도 95'가 출시되면서 기존에 주를 이루었던 게임 환경이 MS-DOS에서 윈도로 바뀌는 변화의 단초가 되었으며, 같은 해 12월 16~19일에는 국내 최초의 게임 전문 엑스포인 '한국 게임기기 및 소프트웨어전(AMUSE WORLD) 95'가 개최되어 국내 게임 시장의 급격한 발전을 한눈에 보여주었다. 이 행사는 이후 '대한민국 게임대전(KAMEX)'으로 이름이 바뀌어 2004년까지 지속되었는데, 현재의 '지스타(G★)'의 전신이다.

〈창세기전〉. 개발 과정에서 부득이하게 원래 의도된 스토리를 다 담지 못하고 발매되었다. 후반부의 스토리는 1년 뒤 공전의 히트작 〈창세기전 2〉에서 완결되었다.

5장. PC 게임의 황금기와 몰락

오영욱

PC 게임이 주를 이루었던 1990년대 후반의 한국 PC 게임 시장은 1995년부터 게임에 대한 수요가 폭발적으로 증가하면서 질적·양적으로 성장하게 되었다. 10만 장 이상 판매되는 작품이 등장하기도 했으며, 게임 잡지를 중심으로 게임에 대한 정보 교류가 활발하게 이루어졌다. 이처럼 게임 시장의 규모가 확대되면서 관련 일자리도 늘어났고, 게임 산업의 중요성을 인지한 정부에서도 게임에 관련된 각종 정책들을 수립하기 시작했다. 이와 더불어 게임에 관련된 민간단체들도 설립되었다.

게임의 발전에 기술이 끼친 영향도 적지 않다. 먼저 PC 하드웨어와 관련해 플로피 디스켓의 수백 배 용량을 지닌 CD-ROM은 게임 내 영상이나 음성을 거의 제한 없이 수록함으로써 과거 게임들에 비해 훨씬 많은 양의 콘텐츠를 수록할 수 있어 더욱 풍부하고 다양한 게임을 개발할 수 있게 하였다.

이에 비해 초고속 통신망은 게임 시장의 고질적인 문제였던 불법복제를 더 악화시켰다. 이로 인해 PC 게임 개발사들이 초고속 통신망을 바탕으로 성장하기 시작한 온라인 게임 시장에 눈을 돌리면서 PC 게임 개발이 줄어들게 되었고, 2000년 이후로는 발매 종수가 급격하게 줄어들면서 2003년 이후에는 일부 교육용·아동용 게임을 제외하고는 PC 게임이 거의 자취를 감추었다.

1. RPG, 장르의 주류가 되다(1996~1998)

이 시기 한국 게임 시장은 양적으로 크게 팽창했지만, 그에 못지 않게 불법복제 규모 역시 늘어났다. 게임을 즐긴 게이머 수에 비해 판매량이 부족한 경우가 비일비재했는데, 상대적으로 RPG의 경우 불법복제의 피해가 덜한 편이었다. 여러 가지 이유가 있을 수 있겠지만, 우선 콘텐츠의 양이 방대해서 불법복제를 하는 데에 물리적인 불편함이 있었고, 다른 장르 게임에 비해 스토리나 세계관이 강조되었기 때문에 충성도가 높은 팬을 더 많이 확보할 수 있기 때문이었다. 충성도 높은 팬을 다수 확보한 소프트맥스 사는 1990년대 후반부터 매년 자사 게임만으로 신작발표회를 열어 뜨거운 반응을 얻기도 했다.

1) RPG 의 발전

〈어스토니시아 스토리〉와 〈창세기전〉이 큰 성공을 거둔 이후 RPG는 한국 PC 패키지 게임 시장에서 높은 인기를 차지하는 주요 장르가 되었으며, 게이머들의 높은 기대가 유지되는 가운데 여러 개발사들이 꾸준히 RPG를 개발하며 발전을 이어갔다.

1996년 이후의 RPG들

〈어스토니시아 스토리〉가 시장에서 큰 인기를 끌면서 기존에 출시되었던 액션이나 슈팅 게임들이 차기작에서 RPG로 장르를 바꾸어 개발되는 경우도 많아졌다. 새론소프트의 〈슈퍼샘통외전〉이나 막고야의 〈전륜기병 자카토: 만〉은 세계관과 캐릭터를 대대적으로 변경하는 부담을 감수하고 액션에서 RPG로 장르를 변경하였다.

〈포인세티아〉 같은 경우 손노리가 제작한 게임은 아니었지만 유통사였던 소프트라이가 〈어스토니시아 스토리〉와 비슷한 느낌으로 제작한 광고로 홍보함으로써 〈어스토니시아 스토리〉의 인기를 이용한 마케팅을 하기도 하였다. 미리내소프트웨어 역시 〈망국전기〉의 뒤를 이어 〈고룡전기 퍼시벌〉 등의 RPG 게임 개발

〈망국전기〉(좌), 〈운명의 길〉(우)

에 박차를 가하였다.

　그밖에 드래곤플라이의 〈운명의 길〉 외에도 소프트라이의 〈포인세티아〉, 〈다크니스〉, 〈아트리아 대륙전기〉 등 외국 RPG의 영향을 받은 게임들이 국내에 출시되어 국내 RPG 시장을 이끌어 갔다.

　　　장르 간 융합: 전략 RPG와 액션 RPG

스토리를 중심으로 전개되는 정통 RPG 외에도, RPG에 전략성을 더한 SRPG(Simulation Role-Playing Game, 전략 시뮬레이션 RPG)도 많이 등장하였다. 〈창세기전 2〉로 시작된 SRPG 붐은 이후 FEW의 〈장군〉이나 가마소프트의 〈제노에이지〉 등으로 이어졌다.

〈장군〉

　FEW의 〈장군〉은 과거의 영웅들이 미래에 로봇으로 부활해 전투를 한다는 콘셉트의 게임이었으며, 소프트맥스도 창세기전 개발기간 중간에 〈에임포인트〉라는 SF 전투게임을 개발하기도 하였다. FEW의 〈천상소마영웅전〉 역시 SRPG였다. 이러한 국내 SRPG 게임들은 외국 SRPG와 함께 큰 인기를 끌었다.

　이와 더불어 RPG에 액션성을 강화한 액션 RPG들도 많이 등장했다. 〈아트리아 대륙전기〉는 RPG의 전투 부분만을 액션 게임의 형식으로 진행한 게임으로, 이후 〈레이디안〉이나 그 후속작 〈나르실리온〉을 통해 더욱 발전했다. 특히, 1997년에 출시된 하이콤 엔터테인먼트의 〈코룸〉은 높은 인기를 모으며 시리즈물로 3탄까지 출시되었고 이후에 온라인 게임으로도 제작되었다.

〈아트리아 대륙전기〉

2. RTS와 RPG 중심으로 재편되다(1998~2000)

국내 PC 패키지 게임 시장에서 RPG가 강세이기는 했지만, 실시간 전략 시뮬레이션 게임(RTS) 장르도 적지 않은 인기를 끌며 시장의 한 축을 구성하고 있었다. 웨스트우드 사의 〈듄 2〉 이후 출시된 〈워크래프트〉와 〈커맨드 앤 컨쿼〉가 큰 인기를 끌면서 국산 RTS 게임의 제작에도 영향을 미쳤다. 이후 〈스타크래프트〉가 크게 성공하면서 더 많은 수의 국산 RTS 게임들이 제작되었으나, 〈스타크래프트〉를 뛰어넘지는 못하였다.

1) 〈스타크래프트〉 이전의 RTS 게임들

〈스타크래프트〉 출시 이전에 국내에는 〈듄 2〉, 〈워크래프트〉 등의 게임들이 인기를 끌었다. 이 게임들로부터 영향을 받은 국산 RTS 게임들이 여러 개 개발되었는데, 개중에는 외국 게임에 견줄 만한 수준의 기술력을 보여주는 게임들도 있었다. 그리고 다른 장르에 비해 한국적인 소재를 다룬 게임들이 더 많았다.

시장 초기의 RTS 게임들

1990년대 초에 출시된 국산 RTS 게임으로 〈마거스〉나 〈광개토대왕〉 등이 있으며, 특히 〈광개토대왕〉은 한국적인 소재를 사용하여 상업적으로도 성공을 거두었다. 이후에 출시된 트리거소프트의 〈임진록〉은 임진왜란을 소재로 하였으며, 원시시대와 공룡을 소재로 한 〈쥬라기 원시전〉도 인기를 끌었다. 〈임진록〉의 경우 확장팩이 출시되었으며, 이후 출시된 차기작 〈충무공전〉도 인기를 끌었다.

〈스타크래프트〉 이후의 RTS 게임들

1998년에 출시된 〈스타크래프트〉 이후에 출시된 〈킹덤 언더 파이어〉는 국내에서 프로게임 리그가 열릴 정도로 좋은 반응을 얻었다. 동서게임채널은 고우영 화백의 삼국지 캐릭터를 활용한 〈삼국지 천명〉을 출시하여 좋은 반응을 얻었으며, 후속작으로 〈손권

〈광개토대왕〉(좌), 〈임진록〉(우)

의 야망〉 등을 출시하였다. 이밖에도 여러 국산 RTS 게임들이 출시되면서 몇몇 게임이 싱글 플레이에서 좋은 평가를 받기도 했으나, 멀티 플레이에서 〈스타크래프트〉를 뛰어넘는 평가를 받은 게임은 없었다.

〈킹덤 언더 파이어〉(좌), 〈삼국지 천명〉(우)

2) 시장의 주류를 차지하고 있던 RPG 장르의 게임들

1990년대 후반에는 비디오 게임기로 출시된 〈파이널 판타지〉의 영향으로 3D 그래픽을 사용한 작품들이 등장하기 시작했으며, 명작이라 평가받을 만한 게임들도 많이 등장하였으나, PC 게임 시장이 악화되기 이전에 출시된 탓에 제대로 평가받지 못한 게임들도 적지 않았다.

패키지 게임 시대 중반의 RPG들
〈스타크래프트〉이후 RTS 게임들이 많이 제작되긴 하였으나, 여전히 가장 많이 제작되는 게임의 장르는 RPG였다. 다른 장르에 비해 RPG의 판매량이 높은 경향이 있었고, 〈창세기전〉과 〈어스토니시아 스토리〉가 거둔 큰 성공이 다른 게임 제작사들로 하여금 RPG 개발을 선택하게끔 하였다.

해외로 수출된 〈서풍의 광시곡〉과 〈드로이얀〉
〈서풍의 광시곡〉과 〈드로이얀〉등, 국내 PC 게임의 수준이 높아지면서 해외로 수출되는 경우도 늘어났다. 그만큼 국내에서 RPG 게임 간의 경쟁이 치열해진 상황에서 한 번 인기를 끈 작품이 차기작 제작으로 이어지는 경우가 많았는데, 〈드로이얀〉의 경우 〈드로이얀 넥스트〉로 이어졌고, 〈코룸〉과 〈창세기전〉도 각각 시리즈로 제작되었다.

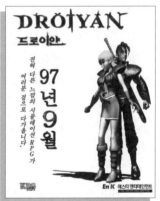

〈서풍의 광시곡〉(좌), 〈드로이얀〉(우)

저주받은 명작 〈레이디안〉과 〈씰〉
가람과 바람의 〈레이디안〉은 액션 RPG로 아름다운 그래픽을 자랑했고, 이후에 출시된 〈씰〉은 정통 RPG로 방대한 스토리를 자

〈레이디안〉(좌), 〈씰〉(우)

랑했다. 그러나 불법복제로 인해, 게임의 완성도와 게이머들의 반응에 비해 상업적인 성공은 거두지 못했다.

〈악튜러스〉

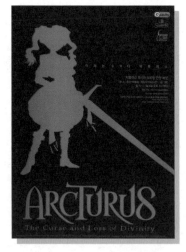

손노리와 그라비티가 제작한 〈악튜러스〉는 한국 PC 패키지 게임 황금기의 끝자락에 출시되어 국내에서 큰 성공을 거두고 외국에 수출되기도 했다. 세기말이라는 배경과 손노리 특유의 개그가 잘 어우러져 독특한 분위기를 만들어냈으며, 실시간 턴으로 진행되는 전투 시스템 역시 박진감을 자아냈다. 또한 이 게임의 그래픽은 3D 배경에 2D 캐릭터가 등장하는 방식으로 구현되었는데, 이 방식은 이후 〈라그나로크 온라인〉이나 일본 게임들에 영향을 주었다.

〈악튜러스〉

3) 인기 있던 타 장르의 게임들

이 시기에 주로 인기를 모았던 장르는 RPG와 RTS였지만 다른 장르의 게임들 중에서도 주목받는 작품들이 있었다. 일본 게임의 한글화 출시는 꾸준히 이루어지고 있었는데, 그중에서도 육성 시뮬레이션 장르가 가장 인기를 끌었고, 이에 영향을 받아 국내에서도 육성 시뮬레이션이나 연애 시뮬레이션 게임들이 개발되었다.

〈캠퍼스 러브 스토리〉

〈아만 전사록〉

연애 시뮬레이션 게임

남일소프트가 개발한 〈캠퍼스 러브 스토리〉는 당시 국내에서 거의 개발되지 않은 연애 시뮬레이션 게임으로, 한국을 배경으로 하였다는 점에서 국내 게이머들에게 좋은 반응을 얻었다. 이후 〈나의 신부〉 등 연애 시뮬레이션 게임을 지속적으로 개발하며 나름대로의 성과를 내었다. 그 외에도 〈프린세스 메이커〉나, 〈탄생〉, 〈졸업〉 등의 영향을 받았다고 할 수 있는 〈장미의 기사〉 등 육성 시뮬레이션과 어드벤처를 혼합한 장르의 게임이 개발되는 경우도 있었다.

시뮬레이션 게임

국산 시뮬레이션 게임은 1994년 초반에 출시된 〈K-1 탱크〉와 낚시 시뮬레이션 게임인 〈낚시광 시리즈〉 외에는 이렇다 할 작품이 존재하지 않았다. 하지만 전략 시뮬레이션은 상당수 개발되어 참신하고 독특한 게임들이 개발되기도 했다. 〈아만 전사록〉은 RPG와 전략 시뮬레이션을 혼합한 게임이었고, 손노리의 〈강철제국〉은 시뮬레이션과 RPG를 혼합한 게임이었다. 미리내는 3D기술을 적용해 대규모 전투를 구현한 〈네크론〉을 개발하였다.

영화, 애니메이션과의 원 소스 멀티 유즈(OSMU)

게임 시장이 확대되면서 장편 애니메이션이나 영화 등의 마케팅을 게임과 연계하여 진행하는 경우가 많아졌다. 〈돌아온 영웅 홍길동〉은 유명한 장편 애니메이션인 '홍길동'을 리메이크한 작품으로 같은 제목의 액션 게임이 개발되었으며, 3D 액션 게임 〈귀천도〉는 같은 제목의 영화의 개봉과 함께 출시되었다. 평소 높은 인기를 끌고 있던 '머털도사'나 '날아라 슈퍼보드' 등의 애니메이션 작품들이 활발하게 게임으로 제작되기도 했다. 특히 〈하얀 마음 백구〉나 〈짱구는 못 말려〉의 경우 높은 판매량을 기록하기도 했다.

그밖에 〈마이러브〉, 〈까꿍〉, 〈어쩐지... 저녁〉, 〈열혈강호〉같이 만화를 원작으로 한 액션 게임이나 RPG 게임들도 많이 개발되었으며, 이러한 흐름은 PC 패키지 게임 시장의 마지막까지 계속 이어졌다.

〈귀천도〉(좌), 〈돌아온 영웅 홍길동〉(우)

〈날아라 슈퍼보드〉(좌), 〈마이러브〉(우)

3. 외환위기와 불법복제, 과도한 게임 번들
(2000~2001)

1997년 말에 시작된 IMF 외환위기는 게임 산업에도 큰 영향을 끼쳤다. 수많은 유통사들이 도산하였으며, 많은 개발사들이 온라인 게임 개발로 전환하는 계기가 되기도 하였다. 불황 속에 전 분야에 걸친 소비가 위축되면서 불법복제가 특히 더 기승을 부리기도 했다. 이러한 분위기와 반대로 'PC방'의 수와 〈스타크래프트〉의 인기는 갈수록 확대되었다.

1) 한국을 덮친 IMF 외환위기

흔히 'IMF'라 부르는 IMF 외환위기는 국내 유통사 및 여러 게임 회사들의 연쇄부도를 일으키는 등, 게임 산업에도 적지 않은 영향을 미쳤다.

게임 회사들의 도산

1997년에는 멀티그램, 네스코, 아프로만 등 1990년대 초중반을 지탱해온 게임유통사들이 연달아 도산하는 사태가 벌어졌으며, 1998년에는 하이콤, ST엔터테인먼트, 만트라가 도산했다. 유통사가 도산하면서 개발사로 자금이 흐르지 않으면서 많은 개발사가 어려움에 처했고, 1999년과 2000년에는 중소 개발사들의 게임은 거의 출시되지 않은 채 기존에 출시되었던 게임들이 번들이나 주얼[1]로 판매되는 경우가 많았다.

발전하는 게임 시장

'인터넷 카페'라는 이름으로 처음 등장한 'PC방'은 이후 모뎀 플레이 등 통신 회선을 사용해 게이머끼리 즐길 수 있는 게임들의 인기를 바탕으로 전국적으로 확산되어갔다. 여기에 IMF 외환위기에서 살아남은 대기업들을 중심으로 게임 시장이 운영되었다. 다만 국내 게임 업체들의 연쇄도산으로 인해 새로운 국산 게임이 거의 개발되지 못해 시장을 지탱하는 게임들은 대부분 외국 게임들이었으며, 일부 온라인 게임 업체들은 이 시기부터 게임 시장의 확대와 함께 성장해가기 시작했다.

2) 번들과 백업 시디

게임 유통사들이 도산하고 게임 회사들의 경영이 악화되면서 게

---

[1] 패키지와 매뉴얼을 최소로 줄여서 시디만 포장하여 판매하는 현태를 말한다.

임 잡지의 부록으로 게임이 제공되는 경우가 늘어갔다. 또한 인터넷을 중심으로 불법복제 게임을 CD-ROM에 레코딩해 판매하는 '백업 시디'의 유통이 늘어났다. 부록으로 제공되는 번들 시디는 잡지사에 게임을 제공하여 수익을 올릴 수 있었기 때문에 불법인 백업 시디에 비하면 나았지만, 게임 회사의 운영에는 큰 도움이 되지는 않았다. 무엇보다 게임이 잡지의 번들로 제공되는 경우가 많아지면서 정품 게임이 출시되더라도 번들로 제공되기를 기다리는 심리가 커져 게임 판매량은 점차 줄어들게 되었고, 그만큼 새로 출시된 게임이 잘 만들어졌더라도 별로 팔리지 않아 얼마 후 잡지 번들로 제공되는 악순환이 반복되기도 했다.

게임 잡지와 번들 시디

IMF 외환 위기에도 불구하고 게임 시장의 양적 규모는 점점 커져갔다. 하지만 번들과 불법복제가 PC 패키지 게임 시장의 발목을 잡았다. 게임업계의 성장과 함께 늘어난 게임 잡지들은 '정품 게임 부록'이라는 이름으로 게임 시디를 제공하였는데, 그 경쟁이 심해지면서 한 잡지가 한 호에 여러 게임을 부록으로 제공하는 경우도 있었고, 발매된 지 몇 달 지나지 않은 게임이 잡지 번들로 제공되는 경우도 많았다.

번들로 제공되는 게임은 국산 게임과 외국 게임을 가리지 않았으며, 자연히 정품 게임의 구매심리를 위축시켰다. 게임이 출시된 지 몇 달 안에 잡지 부록으로 제공되는 상황에서 더 비싼 값을 치르고 정품 게임을 구매할 필요성을 느끼지 못했던 것이다. 이러한 경쟁은 갈수록 심화되었으며 부록 경쟁에 이기지 못한 게임 잡지들이 폐간하는 사례도 발생했다.

백업 시디와 와레즈

또한 저장매체의 발전으로 CD-ROM의 가격이 저렴해지고 인터넷이 발전하면서 백업 시디의 거래가 활발해지고 '와레즈(warez)'라 불리는 불법 공유 사이트를 통해 게임의 무분별한 복제가 이루어지게 되었다. 때문에 게임을 즐기는 사람의 수는 매우 많았으나, 게임 회사의 운영은 개선되지 않는 상황이 벌어졌다. 이는 IMF 외환위기로 경영난을 겪고 있던 게임 제작사들에게 또 다른 타격을 주었다.

이에 게임 제작사들은 불법복제에 따른 피해가 거의 없는 온라인 게임으로 장르를 전환하거나 폐업하는 방법 중 하나를 선택해야 했다. 〈샤이닝로어〉처럼 PC 패키지 게임으로 개발이 진행되다가 온라인으로 개발 방향이 바뀌는 케이스도 있었다. 이 무렵 소프트맥스와 손노리 등 유명 게임사들도 온라인 게임으로의 진출을 모색하게 되었으며, PC 패키지 게임을 개발하던 다른 중소게임사들도 온라인으로 전환하거나, 폐업하는 지경에 이르렀다.

저주받은 걸작들

이 시기에도 꾸준히 게임이 제작되었으나 일부 대작을 제외하면 판매량이 높지 않았다. 게임 자체의 질적인 문제보다는 번들이나 불법복제로 악화된 시장 상황의 영향이 컸으며, 게임이 호평을 받더라도 실제 판매로 연결되지 않는 경우도 있었다. RPG인 〈씰〉의 경우 좋은 평가를 받았음에도 판매량이 1,000장 대에 그쳤으며, 〈화이트 데이〉는 손노리가 최초로 호러 어드벤처 장르에 도전해 높은 완성도로 게이머들에게 극찬을 받았음에도 불구하고 판매는 저조했다. 심지어 손노리가 불법복제에 대해 신고나 고소 등으로 강력히 대응하자 오히려 게이머들에게 지탄을 받기까지 했다.

이 당시 출시된 게임들은 본격적으로 3D 그래픽을 사용하기 시작했다. 3D 배경에 2D 캐릭터를 사용한 〈악튜러스〉는 해외에 수출되어 이후의 외국 게임 개발에 영향을 주었으며, 재미시스템의 〈액시스〉는 국산 로봇 대전 게임의 가능성을 보여주기도 했다. 아울러 〈화이트 데이〉 출시 이후로 3D로 제작된 어드벤처 게임들도 많이 개발되었다.

〈화이트 데이〉(좌), 〈액시스〉(우)

　　PC 게임 개발에서 온라인 게임 개발로
소프트맥스의 〈창세기전 3 파트 2〉는 '아레나'라는 온라인 서비스
를 지원하였으며, '포리프' 등 온라인을 기반으로 다양한 시도를
했다. 기존에 PC 패키지 게임을 개발하던 업체들도 MMORPG를
제작하는 경우가 늘어났다. 2000년대 초중반까지 살아남은 대부
분의 PC 패키지 게임제작사들이 MMORPG를 제작하였으며, 그
중에는 FPS 게임을 개발한 드래곤플라이 같은 케이스도 있었다.

〈포리프〉

4. 최후의 패키지 게임들(2002~2003)

PC 패키지 게임 시장이 상당히 위축된 후에도 마니아층을 보유
한 게임들은 계속 출시되었으나, 외국 게임의 발전 속도를 따라
가지 못해 부족한 완성도로 출시된 게임들은 결국 PC 패키지 게
임 시장의 종지부를 찍는 역할을 하였다.

1) 최후의 RPG들

PC 패키지 게임 시장의 마지막을 지킨 게임들은 RPG의 명가 소
프트맥스의 〈마그나카르타〉와 그리곤엔터테인먼트의 〈천랑열
전〉이었다. 두 작품 모두 출시 전부터 큰 관심을 모았던 작품들이
었으나, 실제 출시 후에는 낮은 완성도로 인해 유저들에게 실망
을 안겨주었으며, 제작사들에게는 PC 패키지 게임 시장을 포기
하게 되는 계기가 되었다.

〈마그나카르타〉

〈창세기전 3 파트 2〉로 〈창세기전〉 시리즈를 마무리한 소프트맥스는 3D RPG라는 새로운 장르로 승부수를 띄웠다. 〈창세기전〉으로 노하우를 쌓은 화려한 CG애니메이션은 유저들의 관심을 끌기 충분했으나, 실시간 렌더링 3D RPG 게임을 구현하기에는 아직 기술력이 부족한 탓이었는지, 출시 후 초반부터 게임을 구입한 유저들이 심각한 버그를 호소하는 경우가 많았고, 출시 전 광고했던 내용들이 정작 출시된 게임에 포함되어 있지 않은 경우도 많아 '만들다 말았다'라는 오명을 얻기도 하였다.

〈마그나카르타〉

결과적으로 이 게임은 흥행에 참패하였으며, 이후 소프트맥스는 PC 패키지 게임 산업에서 손을 뗐다. 〈마그나카르타〉의 후속 시리즈는 플레이스테이션과 XBOX 360 플랫폼으로 발매되기도 했다.

〈천랑열전〉

〈나르실리온〉과 〈씰〉의 개발사인 그리곤엔터테인먼트는 당시 인기 만화인 '천랑열전'을 소재로 사용한 RPG를 제작하였다. 〈나르실리온〉에서 얻은 카툰렌더링 기술을 더욱 향상시켜 좋은 그래픽을 보여주었지만, 〈천랑열전〉 역시 한국 RPG의 고질적인 문제인 버그 문제에 시달렸으며, 이미 PC 패키지 게임 시장 자체가 거의 사라진 상태에서 출시되었기 때문에 그다지 인기를 끌지 못했다. 그리곤엔터테인먼트 역시 〈천랑열전〉 이후로 온라인 게임 제작에 전념하게 된다.

〈천랑열전〉

2) PC 패키지 게임 시장의 마지막을 지킨 게임들

2003년에 출시된 〈천랑열전〉 이후 대작 RPG 게임은 거의 나오지 않았으며, 〈에이스 사가〉나 〈거울 전쟁〉 등 RTS 게임들이 시장의 문을 두드렸지만 모두 성과를 내지 못했다. 이후 개발사들은 대부분 온라인 게임 개발로 전략을 수정하였다. 그나마 오픈마인느월드의 중소 연애시뮬레이션 게임인 〈딸기노트〉와 〈리플레이〉 시리즈를 제작하며 PC 패키지 게임 시장의 후반부를 이끌었다.

기존에 출시된 PC 패키지 게임들이 '주얼 게임' 형태로 판매를 지속하기는 했지만 새로운 게임의 제작은 이루어지지 않았다.

〈리플레이〉

6장. 한국 온라인 게임의 태동

오영욱

1990년대 말의 국내 게임 시장은 PC 패키지 게임이 중심을 이루고 있었지만, 1990년대 초부터 시작된 텔넷 서비스도 지속되고 있었다. '하이텔', '나우누리', '천리안' 등 PC 통신이나 대학 내 사설 BBS에서 활동하던 게임 개발자나 대학생들은 게임에 관한 지식들을 공유하면서 외국 최신 게임들에 대한 정보도 함께 공유하였다. 초기의 온라인 게임이라 부를 수 있는 '머드(MUD) 게임'은 공간적인 한계를 가지고 있던 테이블 RPG와 달리 시간과 공간의 제약을 받지 않고 많은 사람들이 함께 즐길 수 있었지만, 이를 위해서는 네트워크 인프라가 필요했다.

이런 인프라들이 대중적으로 보급되기 전까지는 주로 대학 연구실, 또는 학교 컴퓨터실을 중심으로 머드 게임을 즐겼는데, 이때의 게임들은 외국 게임들을 한글로 번역하여 사설 BBS로 구동하는 것들이었다.

1. 〈단군의 땅〉과 〈쥬라기 공원〉, 머드 게임의 시작

국내 게임 시장에서 처음으로 등장한 머드 게임은 〈쥬라기 공원〉과 〈단군의 땅〉이었다. 외국과 마찬가지로 대학가를 중심으로 확산되기 시작한 머드 게임들은 상용서비스로 전환해 인기를 끌었으며, 머드 게임 붐을 일으키며 이후 수많은 머드 게임들이 개발되는 계기가 되었다.

1) 머드 게임의 시작

외국 머드 게임들이 국내에서 확산된 중심지는 대학 연구실이었다. 연구실에서 밤새 머드 게임을 즐기던 학생들이 직접 머드 게임을 개발하게 되었는데, 이들이 한국의 온라인 게임 1세대 개발자들이다.

머드의 역사

컴퓨터가 대중화되지 않았던 1970년대에 컴퓨터를 가장 쉽게 접할 수 있던 이들은 대학생이었다. 당시 컴퓨터는 아직 일반 대중이 쓰기에는 비싸고 다루기 어려운 물건이었기 때문에 연구와 업무용으로 컴퓨터를 사용하는 대학교에서 컴퓨터를 접할 수 있었던 것이다. 또한 대학교 연구시설들은 가장 먼저 인터넷이 보급된 곳 중 하나이기도 했다.

이러한 배경에서 컴퓨터를 다루는 학생들에게 굉장히 익숙한 놀이문화 중 하나인 RPG[1]를 PC 네트워크망을 사용해 구현하려는 시도가 이루어졌다. RPG가 기본적으로 말로 진행하는 방식의 게임이고, 당시 네트워크 환경에서 텍스트 외의 콘텐츠를 구현하기 어려웠기 때문에 자연스럽게 게임도 텍스트를 기반으로 제작되었다.

게임의 대부분이 여럿이서 던전을 탐험하는 형식이었기 때문에 이 장르의 이름은 'Multi User Dungeon'으로 붙여지게 되었다. 1970년대 말에 시작된 머드 게임은 1980년대부터 굉장히 여러 형태로 확대되었으며, 온라인을 통해 소스코드가 공유되면서 여러 가지 변종들이 만들어졌다.

국내 머드 게임의 유입

당시 외국에서 머드 게임이 대학에 설치된 PC 네트워크망을 중

---

[1] 여기서 RPG는 일반적인 컴퓨터 RPG 게임이 아니라, 흔히 TRPG라 불리는 Table Top Role-Playing Game을 뜻한다. 컴퓨터 대신 게임의 진행을 맡는 '마스터'와 플레이어들이 게임의 룰이 적힌 책을 들고 주사위를 굴려가면서 직접 주인공들의 역할을 수행하는 말 그대로 '역할 수행 게임'이었다. 이런 TRPG 게임들은 이후 비디오 게임의 RPG에도 큰 영향을 주었다.

2   경향신문 1994년 7월 28일자.

3   디쿠머드는 1990~1991년에 제작된 머드 게임으로 덴마크의 코펜하겐 대학 컴퓨터 과학과에서 생성되었다(DIKU는 Datalogisk Institut Københavns Universitet의 약자이다). 1989년에 개발된 AberMUD의 영감을 얻어 만들어졌으며, 대부분의 머드가 그렇듯이 TSR의 TRPG룰인 〈던전스 앤 드래곤스〉(Dungeons & Dragons)의 영향을 크게 받았다. 핵앤 슬래시 게임 형식의 원조 격이며, 다른 머드 게임들이 사회적인 형식을 띠고 있을 때, 주로 모험과 전투에 중심을 둔 게임성을 보여주었다. 위키피디아 참조.

4   흔히 LP Mud라고 부른다. 1989년 Lars Pensjö에 의해 제작된 LP Mud는 (이름이 개발자의 약자다.) 유연한 구조로 약간의 프로그래밍 지식으로 방, 무기, 몬스터 등을 쉽게 만들어 넣을 수 있었다. 위키피디아 참조.

〈단군의 땅〉[5]

5   http://borgus.tistory.com/364

심으로 확산되었는데, 국내에서도 외국과 마찬가지로 대학에 설치된 PC 네트워크망을 중심으로 머드 게임이 확산되었다. 특히 대학 동아리가 중추적인 역할을 했는데, 외국 머드 게임 소스를 개조하거나 부분적으로 한글화해서 대학 네트워크망을 사용해 게임을 운영하기도 했다. 대학 동아리에서 번역한 일부 머드 게임 엔진들이 인기를 끌며 여러 곳에서 서비스되어 큰 인기를 모으기도 했다.

2) 상용 머드 게임의 시작

당시 머드 게임들은 대학생들의 취미 또는 놀이 차원에서 운용되었지만, 여기서 상업적 가능성을 발견한 이들에 의해 머드 게임이 상용서비스되기 시작했다. 초창기 작품인 〈쥬라기 공원〉과 〈단군의 땅〉은 당시 무료로 서비스되던 다른 머드 게임들과 차별화되는 높은 게임성으로 게이머들에게 큰 인기를 끌었다.

〈쥬라기 공원〉

삼정데이타시스템에서 개발하고 데이콤 천리안을 통해 1994년 7월 25일[2]부터 서비스되기 시작한 〈쥬라기 공원〉은 〈바람의 나라〉, 〈리니지〉 등을 개발한 송재경 씨가 개발에 참여하였으며, 국내에서 흔히 사용되던 전투 중심의 'Diku 머드'[3]와 달리 퀘스트 중심의 'LP 머드'[4]를 기반으로 하였다.

〈단군의 땅〉

〈쥬라기 공원〉보다 며칠 늦은 1994년 8월부터 나우콤을 통해 서비스된 〈단군의 땅〉은 고조선과 단군이라는 소재를 사용하여 국내 유저들에게 매우 큰 반응을 이끌어냈다. 〈단군의 땅〉을 개발한 마리텔레콤은 게임에 심취해 학업을 등한시하다가 학업생활을 지속하기 힘들게 된 카이스트 학생들을 중심으로 결성되었다는 특이한 배경을 가지고 있으며, 〈단군의 땅〉 이후에도 꾸준히 네트워크 게임을 개발하였다.

3) 머드 게임 전성시대

〈단군의 땅〉과 〈쥬라기 공원〉이 성공을 거두면서 '하이텔'과 '나우누리' 이외의 통신사업자들이 자사의 서비스에 머드 게임을 추가하기를 희망하면서, 경쟁적인 분위기 속에 더 많은 머드 게임들이 개발되어갔고, 머드 게임의 수준도 차츰 높아져 갔다.

다양한 머드 게임의 등장

사용요금이 분당 15~20원으로 비교적 비싼 금액이었음에도 불구하고 머드 게임은 큰 몰입감으로 인기를 얻었다. 〈오로라 캠프〉, 〈마법의 대륙〉, 〈드래곤 랜드〉, 〈퇴마요새〉 등 여러 머드 게임들이 서비스되었는데, 이 중 〈마법의 대륙〉과 〈드래곤 랜드〉는 정통 판타지 세계관을 구현하였고, 〈오로라 캠프〉는 남극이라는 특이한 소재를 다루었다. 〈퇴마요새〉는 당시 인기를 끌고 있던 소설가 이우혁의 작품『퇴마록』을 소재로 사용하기도 하였다. SF적인 소재를 사용한 〈시간여행자〉나 〈SF 1999〉 같은 작품도 있었는데, 그 외 〈무한대전〉같이 기존에 공개된 소스를 대학교 동아리에서 운영하는 케이스도 있었다.

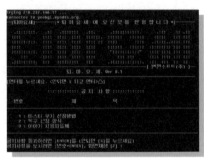

〈오로라 캠프〉 광고(상), 〈퇴마요새〉[6](하)

머드 게임 유행의 끝

〈쥬라기 공원〉과 〈단군의 땅〉의 성공에 힘입어 많은 업체들이 머드 게임 제작에 나섰고, 각종 BBS를 통해 다양한 머드 게임들의 상용서비스가 이루어졌다. 머드 게임 서비스를 통해 얻은 수익을 통신사업자와 분배하는 과정에서 개발사에게 돌아가는 수익이 점차 줄어들긴 했지만, 머드 게임의 높은 인기가 지속되었기 때문에 머드 게임의 개발 역시 활발하게 이루어졌다.

그런데 국가적 차원의 투자가 이루어지며 초고속 인터넷 통신망이 빠르게 보급되면서 상황이 바뀌게 되었다. 네트워크망의 성능이 개선되면서 '머그(MUG)'라 불리는 그래픽 인터페이스 기반의 게임을 모뎀으로 플레이하던 시절에 비해 훨씬 쾌적하게 즐길 수 있게 되었으며, 고사양 PC의 보급으로 게임의 그래픽이 개선되면서 텍스트 기반의 머드 게임보다는 머그를 즐기는 게

---

6 경향신문 1994년 7월 28일자.

이머들이 많아지기 시작했다. 이후 머드 게임은 일부 마니아들에 의해 개조·서비스 되거나 개발되기는 했지만, 상용서비스 되는 머드 게임은 점차 사라지게 되었다.

2. 〈바람의 나라〉와 머그 게임의 시작

1) 그래픽 기반 게임의 탄생

머드 게임 시장은 기존에 출시된 머드 게임들이 높은 인기를 견고하게 유지하는 가운데, 새로운 머드 게임들이 활발히 제작되는 양상으로 형성되었다. 텍스트 기반의 머드 게임은 PC 게임의 화려한 그래픽을 선호하는 게이머들에게 매력적으로 받아들여지지 못하는 측면도 있었는데, 게이머의 저변을 넓히는 차원에서도 머드 게임에 그래픽 요소가 더해지는 것은 자연스러운 일이었다.

머드 게임의 견고한 인기

〈쥬라기 공원〉과 〈단군의 땅〉이 분당 20원의 비교적 비싼 이용료에도 불구하고 높은 인기를 끌면서[7] 온라인 게임 시장은 불법복제 등의 요인으로 수익을 거둘 수 없는 소프트웨어나 게임 소프트웨어와는 달리 확실하게 매출을 얻을 수 있는 시장으로 인식되었다. 이로 인해 수많은 회사들이 머드 게임 개발에 참여했지만 이미 시장을 선점한 머드 게임들의 점유율을 차지하기는 쉽지 않았다.

7 "'단군의 땅'부터 '아이온'까지 게임 시스템 '흥망성쇠'", [경향게임스] 398호.

〈바람의 나라〉의 탄생

초기에는 게임 이외에 여러 소프트웨어 솔루션 등을 개발했던 넥슨은 머드 게임에 그래픽을 더한 머그 게임인 〈바람의 나라〉를 개발했다. 인기 순정 만화 작가인 김진의 동명 작품을 원작으로 제작하여 기존에 출시된 다른 작품들에 비해 한 단계 높은 완성도를 보여준 이 게임은 1996년 4월부터 서비스되기 시작해 머드 게임을 즐기는 게이머들을 빠르게 흡수하기 시작했다.

〈바람의 나라〉

초기의 〈바람의 나라〉는 머드 게임에 그래픽을 도입한 정도였지만, 다른 머그 게임에 비해 유저 간의 커뮤니케이션을 돕는 요소들을 다수 도입했으며, 1998년에는 캐릭터끼리 결혼할 수 있는 시스템을 도입하기도 했다. 1999년 3월에 하루 평균 동시 접속자 수, 최대 동시 접속자 수 기록을 세운 이후 2012년 현재까지 서비스를 계속해오는 동안 여러 가지 기록들을 만들어냈다.

2) RPG 이외 장르의 게임들

RPG 외에도 고스톱, 포커, 당구, 낚시 등을 온라인으로 즐길 수 있는 게임들이 제작되었다. 이러한 게임들은 이후 온라인으로 간단하게 즐길 수 있는 캐주얼 게임 개발에 영향을 주었고, RPG 게임 내에 미니 게임 형태로 사용되기도 했다.

보드 게임

당시 머드 게임의 장르는 대부분 RPG였지만, 그밖의 다른 장르의 게임들도 '머그(MUG)'라는 명칭을 사용하며 온라인 게임으로 개발 되었다. 〈고스톱〉, 〈포커〉, 〈장기〉, 〈바둑〉, 〈당구〉 같은 게임이 대표적이다.

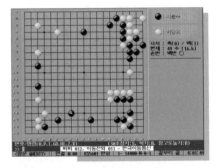

〈하이텔 바둑〉

〈머그 삼국지〉

PC 패키지 게임 시장에서 인기를 끌었던 장르의 게임들이 가능한 범주 안에서 온라인으로 개발되기 시작했는데, 그중에서도 특히 1997년에 서비스를 시작한 애플웨어의 〈머그 삼국지〉는 삼국지의 콘텐츠를 사용하여 실시간으로 전쟁을 체험할 수 있다는 점에서 큰 인기를 끌었다.

삼국이 통일되면 게임월드가 리셋된다는 설정과, 레벨 업을 꾸준히 할 수 있다는 점이 MMORPG와 닮았으며, 부대 단위로 조종을 하며 게이머들끼리 진영별로 연합해 대전을 벌이는 방식으로 진행되는 방식이 독특했다. 이 작품은 1998년에 〈삼국지〉 게임의 원조국가인 일본으로 수출되기도 하였다.

〈머그 삼국지〉

3. 〈리니지〉를 통해 시작된 성인 온라인 게임

1) 엔씨소프트와 〈리니지〉

엔씨소프트가 제작해 1998년부터 서비스하기 시작한 〈리니지〉는 국내 최초 성인 대상 MMORPG로, 이후 제작되는 수많은 게임들의 기준이 되었다.

송재경의 〈리니지〉

〈바람의 나라〉는 높은 인기를 누리고 있었지만 머드 게임에 그래픽을 결합한 형태라는 구조적인 한계가 있었다. 엔씨소프트가 개발한 〈리니지〉는 보다 현실적인 그래픽을 사용하여 성인 게이머들의 좋은 반응을 얻었다. 또한 PK[8]가 불가능했던 〈바람의 나라〉와 달리 PK를 유연하게 적용해 성인 게이머들의 취향을 더 공략하여, 〈리니지〉는 비싼 게임 이용 요금에도 불구하고 많은 유저들을 확보했으며, 서비스를 시작한 첫 해에 '1998년 게임대상'을 수상하였다.

공성전의 업데이트

1999년에는 여러 게이머들이 동시에 협동하며 플레이하는 공성전 등의 콘텐츠를 업데이트하면서 한국 MMORPG의 원형적인 모습을 확립했다. 이후 MMORPG에서 개인적인 플레이보다는 '혈맹'을 중심으로 하는 협동 위주의 플레이가 더욱 중요해졌고, 〈리니지〉의 유저들도 더욱 늘어났다.

8 Player Kill. 줄여서 흔히 'PK'라고 표기되며, 온라인 게임에서 한 유저가 다른 유저의 캐릭터를 죽이는 것을 뜻한다. 초기 〈리니지〉는 마을 밖에서의 PK만을 허용했으며, 캐릭터가 죽으면 보유하고 있던 장비를 땅에 떨어뜨리기도 했다. 과거에는 PK 시스템의 존재 여부가 코어한 MMORPG인지의 여부를 나누는 기준이 되기도 했다.

〈리니지〉 공성전 광고

4. 초기 이후의 머그 게임들

〈바람의 나라〉와 〈리니지〉 이후 많은 온라인 게임들이 제작되었지만, 미리내소프트웨어의 〈망국전기 온라인〉 같이 개발을 중단하는 경우도 있었다. 본격적으로 온라인 게임 시장이 성장한 것은 초고속 통신망이 발전한 이후부터지만, 그 이전부터 기존 PC

게임의 게임성을 네트워크에 접목하려는 시도는 꾸준히 있었으며, 그러한 시도들은 MMORPG 개발에 밑거름이 되었다.

1) 초기 RPG들

초기 RPG들은 〈바람의 나라〉를 즐기는 게이머보다 조금 더 높은 연령층의 게이머를 대상으로 한 판타지 세계관의 게임들이 많았다. 주로 PC 게임의 영향을 받아 기존 머드 게임이나 머그 게임에는 담기지 않았던 게임성을 접목하려는 시도들이 실험적으로 이루어졌다.

〈다크세이버〉

메닉스가 개발한 〈다크세이버〉는 처음에 〈어둠의 성전〉이란 이름으로 서비스 되다가 〈다크세이버〉로 이름을 바꾸었다. 당시 서비스되던 MMORPG들이 대부분 〈디아블로〉 방식의 전투를 도입했던 것과 달리 〈다크세이버〉는 턴제 방식의 전투를 도입하고, 용병을 고용해 한 번에 여러 캐릭터를 움직이는 전략적인 플레이가 가능하도록 해 인기를 끌었고, 이후 차기작 〈네오 다크세이버〉가 출시되기도 했다.

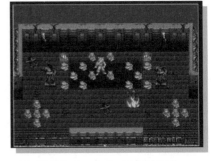

〈다크세이버〉

〈어둠의 전설〉과 〈일랜시아〉

넥슨은 〈바람의 나라〉 이후에도 계속 MMORPG 제작을 이어갔다. 〈어둠의 전설〉과 〈일랜시아〉는 한국적인 소재를 활용한 〈바람

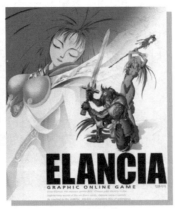

〈어둠의 전설〉(좌), 〈일랜시아〉(우)

9 쿼터뷰(quarter view)는 2D게임에서 대각선 위에서 바라본 시점으로 탑뷰(Top-view)나 사이드뷰(Side-view)보다 사물을 입체적으로 바라볼 수 있기 때문에, 주로 고저가 존재하는 전략게임 특히 SRPG에서 많이 사용되었다.

〈레드문〉 광고

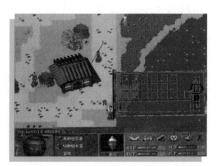

〈영웅문〉

의 나라〉와는 달리 판타지 세계관의 작품이었다. 〈어둠의 전설〉 은 쿼터뷰[9] 방식의 그래픽 인터페이스를 기반으로 파티 플레이와 전투를 강조한 시스템이 특징이었고, 〈일랜시아〉는 높은 자유도 를 바탕으로 전투 외에도 게임에서 할 수 있는 다양한 요소들이 특징이었다.

2) 만화 원작과 무협 게임들

〈리니지〉 이후에 성인 게이머를 대상으로 제작된 MMORPG는 대부분 원작을 바탕으로 하거나 무협을 소재로 다루었다. 청소년 게이머를 대상으로 하는 게임의 경우 판타지를 소재로 하는 경우 가 많았다. 온라인 게임을 즐기는 게이머들의 연령층은 전반적으 로 PC 패키지 게임을 즐기는 게이머보다 높았다.

〈레드문〉

황미나 작가의 만화 원작을 바탕으로 제작되어 1999년 말부터 서비스되기 시작한 〈레드문〉은 〈바람의 나라〉(원작: 김진)와 〈리니 지〉(원작: 신일숙)에 이어, 만화를 원작으로 제작된 게임으로 출시 전 부터 관심을 모았다.

〈영웅문〉, 〈천년〉, 〈미르의 전설〉

1997년 말부터 서비스를 시작해 1998년에 상용화한 〈영웅문〉은 판타지를 소재로 하지 않고 한국을 무대로 한 무협을 소재로 다 루어 〈바람의 나라〉와 함께 인기를 끌었다. 〈영웅문〉은 당시 서비 스 되던 게임들에 비해 '800×600'의 높은 해상도를 자랑하며 국 내 게이머들에게 인기를 끌었다. 2000년에 출시된 무협 게임 〈천 년〉은 꾸준히 인기를 끌며 2012년 현재에도 계속 서비스 되고 있 으며, 액토즈소프트의 〈미르의 전설〉은 국내에서 얻은 좋은 반응 을 바탕으로 중국을 비롯한 여러 국가에 수출되기도 하였다.

〈드래곤 라자〉

만화를 원작으로 제작된 게임 외에 당시 인기를 모으던 판타지 소설을 원작으로 게임이 제작되는 사례도 있었다. 2000년부터 서비스를 시작한 〈드래곤 라자〉는 하이텔에서 선풍적인 인기 속에 연재되었던 이영도 작가의 동명의 판타지 소설을 원작으로 제작된 게임이다. 이 게임은 소설의 팬들을 중심으로 인기를 끌며 2011년까지 서비스 되었다.

3) 새로운 시장에 대한 도전

국내에서 개발되는 MMORPG의 대부분은 PC에 전용 프로그램을 설치하고 이 프로그램을 통해 서버에 접속하여 게임을 즐기는 클라이언트 방식을 사용하고 있었다. 이와 다른 방식으로 게임을 개발하는 시도도 이루어졌는데, 특히 〈아크메이지〉의 경우 '웹 브라우저 게임'이라는 새로운 시도를 하였다.

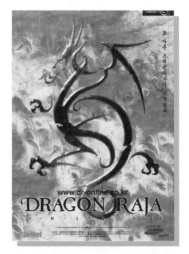

〈드래곤 라자〉

1998년에 〈단군의 땅〉을 출시했던 마리텔레콤이 개발한 판타지 전략 게임 〈아크메이지〉는 별도의 프로그램 없이 웹 브라우저에서 바로 게임을 실행할 수 있었는데, 이후 인터넷과 웹 브라우저가 일반화되면서 더 큰 인기를 끌었다. 실시간으로 진행되는 전투가 매력인 이 게임은 1998년 11월에 정식으로 서비스를 시작해 1999년 5월에는 하루 2만 2,000명이 게임을 즐기는 기록을 남겼다.[10] 특히 미국에서도 큰 인기를 끌며 좋은 평가를 받기도 하였다.

〈아크메이지〉

---

[10] [PC 게임매거진] 1999년 5월호.

5. PC방과 초고속 인터넷망

IMF 외환위기로 가속화된 PC 패키지 게임 시장의 위기는 많은 PC 패키지 게임 개발사들이 온라인 게임 개발로 전환하게 하였다. 아울러 정부 차원에서 추진된 초고속 인터넷 사업과 빠르게 증가한 PC방은 온라인 게임을 즐기기에 적합한 환경을 만들었고, 온라인 게임과 PC방의 상호 상승작용을 통해 온라인 게임이 빠르게 발전하게 되었다.

1) IMF 외환위기와 PC방

IMF 외환위기로 인해 거의 모든 영역이 불황에 빠져있는 가운데 PC방은 고소득 창업 아이템으로 인기를 모았고, 높은 인기를 끌었던 〈스타크래프트〉와 〈디아블로 2〉의 인기에 힘입어 전국적으로 빠르게 증가해나갔다.

IMF 외환위기로 찾아온 불황

IMF 외환위기로 인해 한국은 경제 불황에 빠졌지만 게임 시장은 역설적으로 확대되었다. 하지만 내부적으로 기존의 국내외 패키지 유통사 상당수가 도산을 피하지 못했고, 살아남은 회사들도 대부분 악화된 패키지 게임의 시장성을 피해 온라인 게임 개발로 전환하게 되었다. 당시 온라인 게임은 대부분 이용요금을 먼저 결제해야 플레이할 수 있었기 때문에 패키지 게임에 비해 수익 면에서 좋은 조건이었고, 이것이 여러 개발사들이 온라인 게임을 개발하는 데 영향을 주었다.

PC방의 증가

PC방은 〈스타크래프트〉의 높은 인기와 함께 크게 늘어났다. 이 게임은 게임 제작사가 운영하는 서버인 '배틀넷'을 통해 전 세계의 게임 사용자들과 대전을 벌이거나, 네트워크 플레이를 통해 여럿이 함께 대전을 벌일 수 있었는데, 보다 쾌적한 환경에서 게임을 플레이하기 위해 많은 사람들이 PC방을 찾았다. 〈바람의 나라〉나 〈리니지〉 같은 머그 게임을 즐기려는 사람들도 PC방을 찾았다.

청소년과 성인들이 모두 활발히 이용하다 보니 청소년의 심야 이용이 가능했던 24시간 운영이 사회적 문제가 되었다. 1999년에 청소년 야간 이용 금지 등에 관한 법률이 마련되면서 청소년의 PC방 이용에 제한이 이루어졌지만 PC방에 대한 높은 인기는 변함없이 지속되었다.

2) 초고속 인터넷망의 보급

1990년대 말 정부 차원에서 추진한 정보통신 산업의 일환으로 초고속 인터넷 통신망 구축이 빠르게 이루어졌으며, 그 결과 한국은 세계 최고 수준의 인터넷 속도를 자랑하는, 초고속 인터넷 인프라가 가장 빠르게 보급된 나라가 되었다.

초고속 인터넷망의 보급

1996년에 초고속 인터넷 서비스를 시범적으로 실시했던 한국통신은 점차 서비스 범위를 확대해나갔으며, 1998년부터는 다른 통신 사업자들도 초고속 인터넷 서비스 사업에 참여하기 시작했다. 서비스에 대한 선택의 여지가 넓어진 가운데 일반 가정에 초고속 통신망이 빠른 속도로 보급되기 시작했다.

당시 인기가수를 모델로 사용한 인터넷 광고

가정에서도 게임을 즐길 수 있게 되다

일반 가정에 초고속 통신망이 보급되면서 굳이 PC방에 가지 않아도 집에서 온라인 게임을 즐길 수 있게 되었다. 집에서 편리하게 게임을 즐길 수 있게 되면서 온라인 게임을 즐기는 유저의 숫자가 점점 늘어났다. 당시 가장 인기를 모았던 게임인 〈리니지〉의 경우 1998년에 동시 접속자 수 1,000명에서 1999년 말에 1만 명으로 늘어난 데에서 게임 유저의 증가 속도와 그 규모를 가늠할 수 있다. 이러한 인기는 온라인 게임 장르 전반에 걸쳐 나타났으며, 이후 제작되는 패키지 게임 대부분에 필수적으로 온라인 대전 기능이 포함되었다.

3) PC방의 인기 게임과 프로게임 리그

PC방에서 많은 사람들이 즐겼던 게임들은 주로 외국 게임들이었다. 그중에서도 인기가 높았던 게임들을 종목으로 다루는 프로게임 리그가 출범되었다.

〈스타크래프트〉

PC방에서 가장 큰 인기를 끌었던 게임은 블리자드 사의 〈스타크

〈스타크래프트〉

래프트〉였다. 몇 차례 발매 연기 끝에 1998년에 출시된 〈스타크래프트〉는 시나리오 중심으로 게임을 진행하는 싱글 플레이 외에도 게이머끼리 대전을 벌이는 멀티 플레이로 큰 인기를 끌었다. 특히 PC방을 중심으로 〈스타크래프트〉의 멀티 플레이가 활발하게 이루어졌는데, 이로 인해 PC 게임 잡지에서는 멀티 플레이 전략들을 소개하는 기사를 꾸준히 다루기도 했다. 멀티 플레이에 대한 이러한 관심은 프로게임 리그가 탄생하는 데에 주요한 원동력이 되었다.

〈디아블로 2〉

〈디아블로2〉

국내 RPG들에 큰 영향을 끼쳤던 〈디아블로〉의 후속작인 〈디아블로 2〉 역시 PC방의 인기 종목 중 하나였다. 〈디아블로〉에서도 모뎀 플레이는 가능했지만, 당시에는 통신 인프라가 열악했기 때문에 별로 사용되지 못했다. 〈디아블로 2〉의 멀티 플레이는 쾌적한 통신환경을 갖춘 PC방을 중심으로 활발하게 이루어졌고, 특히 게이머 간의 경쟁을 위주로 하는 〈스타크래프트〉와 달리 협력 플레이가 주를 이루고, 자신의 계정이 서버에 계속 저장되어 장소를 바꾸어도 계속해서 자신의 캐릭터로 플레이할 수 있어 게이머들로부터 호응을 얻었다.

〈레인보우 식스〉

〈레인보우 식스〉

톰 클랜시의 동명 소설을 원작으로 대 테러부대의 활약상을 그린 FPS게임 〈레인보우 식스〉 역시 PC방의 확산과 함께 큰 인기를 끌었던 작품 중 하나였다. 특히 멀티 플레이에 최적화된 여러 가지 맵들이 제공되고, 상대편의 위치를 대략적으로 파악할 수 있기 때문에 한층 더 전략적인 플레이를 할 수 있다는 점과 인터넷 서버를 통해 외국 게이머들과 함께 게임을 할 수 있다는 점이 인기를 끌었다.

6. 게임포털과 함께 열린 캐주얼 온라인 게임의 시대

온라인 게임의 발단은 MMORPG를 통해 이루어졌지만, 온라인 게임 시장의 본격적인 성장은 게임포털과 캐주얼 게임을 통해 이루어졌다. 쉽고 간단하게 즐길 수 있는 게임포털의 웹보드 게임과 캐주얼 게임은 게임을 즐기는 젊은 연령의 남성 게이머들에 비해 상대적으로 게임에 익숙하지 않은 고연령층과 여성층까지도 게임에 참여시킬 정도의 인기를 끌었다.

1) 게임포털의 탄생

쉽고 간단한 게임을 즐길 수 있는 게임포털은 당시 온라인 게임의 주류를 차지했던 MMORPG 이외의 게임을 즐기고자 하는 이들에게서 큰 인기를 얻었다. 1999년 12월부터 서비스를 시작한 한게임을 통해 본격적인 게임포털 시대가 열렸는데, 고스톱, 포커 같은 카드 게임이나 장기나 바둑 같은 보드 게임을 중심으로 인기를 끌며 온라인 게임 시장에서 차지하는 비중이 차츰 높아졌다.

한게임

2) 캐주얼 온라인 게임의 탄생

CCR의 〈포트리스 2 블루〉

1999년 10월부터 서비스를 시작한 CCR의 〈포트리스 2 블루〉는 플레이 방식이 복잡한 MMORPG나 전략 게임과 달리 쉽고 간단하게 플레이 할 수 있는 방식의 대전 게임이다. 게임의 모티브가 되었던 〈스코치드 어스〉 시리즈보다 더 간단하고 쉽게 즐길 수 있는 〈포트리스 2 블루〉는 복잡한 MMORPG를 원하지 않거나, 짧은 시간 동안 간단하게 게임을 즐기고 싶던 유저들에게 큰 인기를 끌었다.

〈포트리스 2 블루〉

엠플레이의 〈퀴즈퀴즈〉

MMORPG 이외의 쉽고 간단하게 즐길 수 있는 게임이 개발되는 흐름이 이어졌는데, 이 중에서도 엠플레이가 개발한 〈퀴즈퀴즈〉

〈퀴즈퀴즈〉

는 퀴즈라는 대중적인 소재를 퀴즈쇼를 진행하는 방식으로 풀어
간 게임으로 특히 여성층에게 큰 인기를 끌었다. 엠플레이가 넥
슨에 인수된 이후에는 〈큐플레이〉라는 이름으로 서비스되었다.

7장. 전자 오락실의 태동과 변천

전홍식

한국 게임 문화에서 '전자 오락실'[1]이라 불리는 아케이드 게임장은 매우 중요한 의미를 갖는다. 아케이드 게임이 다른 장르의 게임과 가장 뚜렷하게 구별되는 점은 게임을 하기 위해 기계에 동전을 넣는다는 것이다. 이 방식 자체는 17세기부터 있어왔지만 현재 일반적으로 통용되는 의미에서의 아케이드 게임은 1971년에 너팅 어소시에이트가 제작한 〈컴퓨터 스페이스〉[2]라는 작품부터 시작되었다. 최초의 컴퓨터 게임인 〈스페이스 워!〉[3]를 참고한 이 게임은 로켓을 조종해서 외계인의 우주선과 싸우는 흥미로운 게임이었지만, 당시에는 게임방식이 어렵게 여겨져 별다른 관심을 끌지 못했다.

아케이드 게임의 대중화를 연 작품은 아타리의 〈퐁〉[4]이었다. 음식점이나 술집 등 사람들이 많이 모이는 곳에 주로 설치된 이 게임은 폭발적인 인기를 끌었고, 이러한 인기가 이어지면서 아케이드 게임만을 설치한 아케이드 게임장이 등장하게 되었다. 이렇게 출발한 아케이드 게임장은 〈스페이스 인베이더〉[5]나 〈갤럭시안〉[6], 〈팩맨〉[7] 등의 인기에 힘입어 대성공을 거두고 급격하게 수를 늘려나갔다.

최근에는 주로 개인용 컴퓨터와 비디오 게임기를 통해 게임을 즐기고, 특히 한국에서는 가정에 널리 보급된 빠른 통신망

---

1 이 용어는 한국에서만 사용되는 용어로 일본에서는 '게임 센터(ゲームセンター)', 미국에서는 '어뮤즈먼트 아케이드(Amusement Arcade)'라고 부른다.

2 Computer Space, 1981, Nutting Associates.

3 Space War!, 1962, Steve Russell 외.

4 Pong, 1972, Atari.

5 Space Invaders, 1978, Taito.

6 Galaxian, 1979, Namco.

7 Pac-Man, 1980, Namco.

최초의 비디오 게임인 〈컴퓨터 스페이스〉 (위키피디아)

을 사용해 온라인 게임을 즐기는 경우가 많아 상대적으로 아케이드 게임이 차지하는 비중은 줄어들었지만, 세계 게임 시장에서 아케이드 게임은 콘솔 게임에 이어 두 번째로 큰 시장규모를 갖추고 있다. 앞서 언급했듯 아케이드 게임은 세계 게임 역사에서 매우 중요한 비중을 차지하며, 근래에 스마트폰을 통해서 출시되는 많은 게임들이 고전 아케이드 게임을 변형한 것임을 고려할 때 아케이드 게임은 지속적으로 게임 시장에 영향을 주고 있음을 확인할 수 있다.

구분	온라인 게임	콘솔 게임	모바일 게임	PC 게임(패키지)	아케이드 게임	전체
세계시장	20,826	48,381	9,806	3,135	25,966	108,113
국내시장	5,758	391	247	8	67	6,474
점유율	27.65%	**0.81**%	2.52%	0.26%	**0.26**%	5.99%

2011년 국내 게임 시장의 세계 시장에서의 비중(매출액기준) (단위: 백만 달러)
출처: [코카포커스] 2012. 14호, 콘텐츠진흥원

1. 아케이드 게임장의 탄생

17세기에 유럽에서 시작되어 19세기에 미국에서 인기를 끌었던 아케이드 게임의 원조라 할 수 있는 '바가텔'은 당구를 캐주얼하게 축소하여 변형한 게임으로서 핀볼의 원형이다.[8] 이후 1920년대 미국에서 도시의 발달과 함께 새로운 놀이 문화로 활성화되기 시작한 놀이공원(Amusement Park)이 등장하면서 게임기 역시 더욱 복잡한 구조를 이룬 다양한 기계식 게임기로 발전하였다. '테이블 축구(Table Football)'는 당시 성공했던 게임 중 하나로, 이밖에도 야구나 하키 같은 다양한 형태의 스포츠를 소재로 한 게임이 등장하였다. 게임기의 인기가 높아지면서 게임기가 놀이공원 외에도 음식점이나 술집 등 사람들이 많이 모이는 곳에 설치되는 경우가 늘어갔다.

1930년대에 이르러 전기 장치가 발전하면서 아케이드 게임

8 금보상·김동현, "역사적 관점으로 본 아케이드 게임의 유형 및 특징에 대한 연구",『한국 게임학회 논문지』제11권 제6호, pp. 149-158.

1920년대에 탄생한 아케이드 게임 중 하나인 '테이블 축구'

에 센서나 효과음 등을 추가해 재미를 더했다. 진공관 센터를 이용한 〈오리 사냥〉(Ray-O-Lite) 같은 게임이 만들어지기도 했는데, 이때부터 기계에 동전을 투입하면 자동으로 게임을 즐길 수 있게 되어, 게임 요금을 받기 위해 기계마다 사람이 지키지 않고 한두 명만으로도 여러 대의 기계를 관리할 수 있게 되었다. 이때부터 동전 게임만으로 구성된 전문적인 게임장[9]이 탄생하여 본격적으로 사람들을 끌어모으기 시작했다.

9 페니 동전을 넣어서 작동시켰다고 해서 '페니 아케이드(Penny Arcade)'라고 불렸다.

1) 동전 놀이 기구의 시대

1930년대부터 본격적으로 유행한 전기식 아케이드 게임의 초기에는 '핀볼'이나 '슬롯머신' 같은 게임들이 유행했지만, 아타리 사의 〈퐁〉이 큰 성공을 거두면서 급격한 변화를 맞이하게 된다.

2) 전자음으로 시작된 변화

"그것은 여전히 틱틱거리는 전자음에 지나지 않았지만, 우리의 귀에는 그것이 천상의 나팔소리처럼 들렸다." (앨런 알콘, 〈퐁〉의 개발자)

1972년 어느 날, 미국 캘리포니아의 한 술집에 새로운 아케이드 게임기가 설치되었다. 그런데 하루도 지나지 않아 개발자들은 기계가 고장 났다는 전화를 받았고, 놀란 마음에 달려간 그들

기계식 동전 오락기를 비치한 페니 아케이드

사람들을 매료시킨 〈퐁〉은 아케이드 게임장에서 처음으로 전자음을 울렸다(위키백과).

은 기계 안에서 동전 통이 가득 차 동전 구멍까지 꽉 막혀 있는 것을 발견했다. 동전 통을 비우고 다시 작동시키자 게임은 문제 없이 작동했고 그 순간 비디오 게임의 역사가 새롭게 시작되었다.

〈퐁〉이 처음 나왔을 때, 사람들은 흑백의 화면 아래에 두 개의 손잡이가 달린 이 기계가 무엇인지 이해하기 어려워했다. 화면에는 두 개의 막대와 하나의 점이 보일 뿐이었고, 막대의 움직임에 따라 한쪽에서 다른 한쪽으로 점이 사라질 따름이었다. 그런데 점이 막대에 부딪쳤을 때 기계 여기저기서 울려퍼지는 전자음[10]이 사람들을 매료시키며 관심을 모았다.

당시 아케이드 게임장의 주력 상품이었던 〈핀볼〉이 1주일에 40달러 정도의 수익을 올렸던 반면에 〈퐁〉이 1주일에 200달러 이상의 수익을 올리자, 아케이드 게임장에서 앞 다투어 〈퐁〉 기계를 자신들의 게임장에 설치했다.[11] 그로부터 얼마 지나지 않아 미국뿐 아니라 세계 전역의 음식점과 술집에서 '틱틱' 하는 전자음이 울려퍼졌고, 동전 통이 가득 찬 것을 고장으로 착각한 업주들의 항의전화가 제작사로 끊임없이 걸려왔다.

3) 선사 톡버싯, 임흑의 게임 전당

〈퐁〉의 성공 이후 〈엘레퐁〉[12], 〈폰트론〉[13](세가) 등 주로 〈퐁〉과 유사

10 〈퐁〉은 전자음을 도입한 최초의 게임이기도 했다.

11 〈퐁〉은 1973년 3월까지 8,000~1만 대 가량이 판매되었고, 총 3만 8,000대에 이르는 판매량을 기록하였다. 참고: http://www.pong-story.com/arcade.htm

12 Elepong, 1973, Taioto.

13 Pontron, 1973, Sega.

한 게임들이 제작되었지만, 아타리 사의 〈스페이스 레이스〉[14]처럼 핸들로 조작하는 레이싱 게임을 비롯해 1970년대 후반 〈스페이스 인베이더〉, 〈갤럭시안〉, 〈아스테로이드〉[15], 그리고 〈팩맨〉과 〈센티피드〉[16] 같은 다양한 게임들이 등장했다. 건 슈팅 게임의 원조 〈카툰건〉[17]처럼 별도의 장비를 사용하는 게임은 체험 게임의 가능성을 보여주기도 했다. 이러한 게임들은 〈퐁〉과 비슷하거나 그 이상의 성공을 거두었고, 그만큼 여러 다양한 게임들이 비슷한 시기에 함께 출시되면서 아케이드 게임장의 수도 더 늘어났다.

　　한국에서 전자 오락실은 1973년에 서울에서 처음으로 정식 허가를 받아 생긴 이후[18], 1970년대 말에 이르러 그 수가 급격하게 증가하였다. 그런데 1980년대 초에는 서울에 위치한 500여 개 전자 오락실에서 단 43개만이 허가를 받아 운영될 정도로 대부분의 전자 오락실들이 허가를 받지 않은 채 운영되었기 때문에 위생이나 치안에 문제가 있었다. 청소년들이 많이 찾고 오래 머무르면서 생기는 문제들로 인해 비행의 장소로서 인식되는 경우도 있었다.[19] 이에 1980년대부터 전자 오락실이 위치한 건물주를 구속하는 등 강력한 방침의 단속을 시작하기도 했지만,[20] 오히려 전자 오락실은 급격하게 늘어나 1983년에는 그 수가 전국에 8,369개에 이르렀다(그중 허가받은 곳은 769개소).[21]

　　1980년대 초반에는 대부분 〈스페이스 인베이더〉, 〈갤러그〉[22] 등의 게임들이 전자 오락실에 설치되어 있었지만, 일부 업

14　Space Race, 1973, Atari.

15　Asteroids, 1979, Atari.

16　Centipede, 1980, Atari.

17　CartoonGun, 1978, SEGA.

18　1997년에 한국PC 게임 개발사연합회에서 내놓은 『1997 게임백서』에서는 1978년에 처음 전자 오락실이 생겼다고 한다. 1973년에 허가받은 전자 오락실에 대한 상세한 내용은 알 수 없으나 당시에 나온 게임의 수를 생각하면 이는 전자 게임 중심의 장소라기보다는 미국 동전식 게임장에 〈퐁〉 등의 전자 게임이 놓인 곳으로 보는 게 타당할 것이다.

19　동아일보 1980년 2월 21일자, "사행심 조장… 학생 주머니 터는 전자 독버섯".

20　경향신문 1980년 2월 21일자, "청소년 유해 업소 단속".

21　매일경제 1983년 5월 2일자, "보사부 무허 전자 오락실 양성화". 최근의 일부 기사에서는 1983년 말에 무허가 업소가 3만 곳이나 되었다는 내용도 있지만, 이후의 숫자 변화 등을 볼 때 지나친 과장이라고 여겨진다.

22　Galaga, 1981, Namco.

한국에서도 급격하게 늘어난 전자 오락실
(동아일보 1980년 2월 21일자)

소에서는 슬롯머신 등의 사행성 기계를 함께 설치하여 영업하기도 했다. 이에 정부는 1983년 7월 8일, 전자 오락실을 성인용과 청소년용으로 구분하여 운영하도록 하고, 청소년용 오락실에는 교육용 소프트웨어를 설치하도록 했다. 아울러 조명 설비 등 영업허가 요건도 강화하였다.[23] 그럼에도 오락실을 규제하는 분위기가 이어져 1986년 말에는 전자 오락실을 더욱 규제하는 내용의 법안이 공중위생법에 포함되었다. 이처럼 무허가 영업과 게임 불법복제 등 전자 오락실의 구조적인 문제와, 특히 그곳을 자주 찾는 청소년과 관련하여 발생한 문제들로 인해 형성된 전자 오락실에 대한 부정적인 인식은 오랜 기간 동안 쉽게 개선되지 않았다.

23 경향신문 1983년 7월 9일자, "전자 오락실 9월부터 이원화".

〈팩맨〉과 여성 게이머

외국에서도 초기의 전자 오락실은 주로 남성들이 이용하는 시설로, 여성들에게는 출입을 꺼리는 혐오시설로 여겨졌다. 이에 남코 사의 개발자인 이와타니 토오루(岩谷徹)는 여성을 끌어들이면 전자 오락실에 대한 부정적인 인식이 나아질 수 있을 것이라는 생각에 여성을 주요 대상으로 하는 게임을 제작하였다.

게임 제작에 활용하기 위해 여성들이 관심을 가질 만한 소재를 찾던 그는 자신의 아내가 평소 디저트에 관한 이야기를 많이 하는 것에 착안하여 '음식 먹기'를 콘셉트로 한 게임을 개발했다.

음식을 먹는 입과 이 모양에서 연상되는 조각이 빠진 피자에서 착안하여 제작한 게임이 〈팩맨〉이었다. 쉽고 간단한 설정과 아기자기한 분위기를 지닌 〈팩맨〉을 즐기기 위해 여성들이 전자 오락실을 찾기 시작하면서 오락실에 대한 인식이 조금씩 바뀌어갔다.

이후 타이토 사의 〈버블 보블〉[24]처럼 귀여움을 콘셉트로 한 게임들이 계속 출시되고, 전자 오락실 환경과 분위기를 깨끗하게 개선하려는 노력을 기울이면서 국내에서도 전자 오락실의 환경이 점차 개선되는 가운데 1980년대 후반부터 여성들이 전자 오락실을 찾기 시작했다.

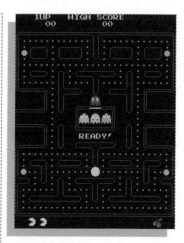

〈팩맨〉은 음식 소재에 밝은 색채로 여성들의 눈길을 끌었다.

2. 전자 오락실의 변화

24 Bubble Bobble, 1986, Taito.

어두운 조명과 탁한 공기 등 열악한 조건을 갖추었던 전자 오락실의 환경은 1980년대 초반 이후 급격하게 개선되며 발전해갔다.

이러한 변화는 〈제비우스〉[25] 같은 다채로운 색상의 화려한 게임과 〈팩맨〉같이 여성들도 쉽게 접근할 수 있는 게임이 제작되어 더 많은 계층이 전자 오락실을 찾게 되었기 때문이기도 하지만, 전자 오락실 운영자들 스스로 환경을 개선하려고 노력했기 때문이기도 하다.

　　게임이 점차 대중적인 인기를 끌게 되면서 밝고 화사한 분위기의 대형 전자 오락실이 시내 중심부에 등장했다. 주로 슈팅 게임이나 액션 게임 외에도 체감형 게임이나 다른 사람과 대전하는 격투 게임, 음악을 활용한 리듬 게임 등 게임의 종류도 다양해졌다. 1990년대 초반에 영세한 규모의 전자 오락실들이 영업을 중단하면서 전자 오락실의 전체 숫자는 줄기 시작했지만, 아케이드 게임의 숫자와 전자 오락실을 찾는 사람들의 수는 더 늘어났다. 차츰 전자 오락실은 친구들과 함께 어울리는 만남의 장소나 데이트 코스로서 인식되었고, 국내 게임제작사들도 아케이드 게임 개발에 참여하기 시작했다.

1) 밝고 화려한 분위기로의 변화

〈제비우스〉나 〈팩맨〉 등의 인기로 전자 오락실에서 게임을 즐기는 사람들이 많아지면서 전자 오락실에도 여러 변화가 일어났다. 일본에서는 세가, 남코 등 게임 유통업체들의 주도로 전자 오락실을 대형화하고, 놀이동산처럼 연출하는 작업이 진행되었다. 밝은 조명과 실내 장식을 도입한 전자 오락실은 평소에 사용하던 '게임 센터'라는 이름 대신 '어뮤즈먼트 시설(어뮤즈먼트 파크 등)'이라 불리게 되었다.

　　전자 오락실이 시내에 들어서기 시작하면서 여성과 어린이, 그리고 가족 단위의 고객층이 증가하는 등, 전자 오락실을 찾는 고객층도 달라졌다. 1990년대 초반을 기점으로 전자 오락실의 점포 수는 줄어들기 시작했지만, 전자 오락실의 이용객과 아케이드 게임의 시장 규모는 급격하게 늘어났다.

　　한국에서도 1994년에 강남역 '원더파크'와 용산 '어뮤즈먼트 21' 등의 대형 전자 오락실이 들어섰는데, 큰 화면과 특화된 좌

25　Xevious, 1982, Namco.

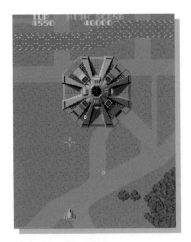

검은 배경 일색의 아케이드 시장에 새로운 변화를 가져온 〈제비우스〉

국산 대전 격투 게임인 〈왕중왕〉

26 Street Fighter II: The World Warrior,
    1991, Capcom.
27 Fatal Fury(餓狼伝説), 1991, SNK.
28 1994, 주식회사 빅콤.

석으로 구성된 체감형 게임기들이 주로 배치되어 놀이동산 분위기를 연출했다.

1990년대에는 〈스트리트 파이터 2〉[26], 〈아랑전설〉[27] 같은 대전 격투 게임이 인기를 끌기도 했다. 이 장르의 가장 큰 특징은 다른 사람이 게임을 플레이 하고 있는 중간에 끼어들어 대전을 신청하는 '난입'이라는 시스템이었다. 대전에서 이겨 자리를 지키고 있는 플레이어에게 새롭게 도전을 해나가는 구조여서 플레이어들에게는 게임에 몰입할 수 있는 계기가 되었고, 비교적 짧은 시간 안에 승부가 결정되기 때문에 자리의 회전율이 높다는 점에서 전자 오락실 운영자들에게서도 환영받았다. 뿐만 아니라 게임을 직접 플레이하지 않더라도 대전을 구경하는 것만으로도 재미를 느낄 수 있었기 때문에 게임을 구경하러 오는 사람들도 많아져서 경기장 같은 분위기가 만들어지기도 했다. 이러한 대전 격투 게임의 인기 속에 국산 대전 격투 게임인 〈왕중왕〉[28]이 개발되기도 했다.

전자 오락실의 대형화와 고급화가 이루어지면서 레이싱 게임이나 사격 게임 등 체감형 게임이 늘어났다. 이러한 게임들은 직접 게임을 즐기지 않더라도 구경하는 것만으로도 재미를 느낄 수 있었기 때문에 더 많은 사람들을 전자 오락실로 끌어들였지만, 비싼 가격과 유지비, 잦은 고장으로 전자 오락실에 많이 설치되지는 못했다.

2) 흥겨운 리듬과 함께 시작된 대중의 관심

1990년대 후반, 온라인 게임이 빠르게 성장하고 전국적으로 PC방이 확산되면서 전자 오락실의 경영이 악화되었다. 이로 인해 전자 오락실의 수가 급격하게 줄기 시작하면서 시내 번화가에 위치한 대형 전자 오락실 정도만이 많은 유동인구에 힘입어 운영을 유지할 수 있었다. 전자 오락실에 설치된 게임들도 마니아층이 있는 슈팅 게임, 대전 격투 게임, 일부 인기 액션 게임에 집중되었다. 이러한 사정은 외국도 마찬가지로, 비디오 게임과 PC 게임을 즐기는 인구가 많아지면서 전자 오락실의 이용객은 계속 줄어들었다.

1996년에 코나미 사가 출시한 리듬 게임 〈비트매니아〉[29]는 이 같은 전자 오락실의 정체기에 새로운 바람을 불러일으켰다. 이 게임은 화려한 음악과 조명으로 사람들의 눈과 귀를 즐겁게 해주며 인기를 끌었다.[30]

코나미 사는 이듬해 댄싱 게임 〈댄스 댄스 레볼루션〉[31]을 출시하며 높은 인기를 이어갔다. 이전까지 주로 타격 음이나 폭파음만 들렸던 전자 오락실이 이제는 흥겨운 음악 소리로 가득 찼고, 이러한 인기에 힘입어 리듬 게임과 댄싱 게임만을 갖춘 중대형 전자 오락실도 생겨났다. 리듬 게임과 댄싱 게임을 종목으로 하는 대회가 개최되기도 하고, TV 등 언론을 통해 게임에 대한 인기가 소개되어 대중의 관심을 끌었다. 이러한 흐름은 전자 오락실에 대한 부정적인 인식을 개선하는 데 이바지했으며, 실제로 전자 오락실이 모임의 장소로도 활용되기 시작했다. 한때 탈선의 온상으로 여겨졌던 전자 오락실이 이제 모임과 놀이의 공간이 된 것이다. 그런데 이러한 붐은 오래가지 못했다. 게임기들이 공간을 많이 차지하는 데다 게임을 잘하기 위해서는 게임 플레이에

〈비트매니아〉. 리듬 게임의 등장으로 전자 오락실은 새로운 분위기를 맞이했다.

29 Beatmania, 1996, Konami.

30 국내에선 국내 개발사 어뮤즈월드에서 제작한 리듬 게임 〈EZ2DJ〉가 더욱 빠르게 퍼져나갔으나, 〈비트매니아〉와의 유사성으로 소송 사태가 벌어지는 결과를 초래하기도 했다.

31 Dance Dance Revolution, 1997, Konami.

펜타비전의 〈디제이맥스 테크니카〉 역시 코나미의 특허 소송 대상이 되었다.

코나미 사와 특허 소송 문제

리듬 게임과 댄싱 게임의 인기가 오래가지 못한 것은 게임의 특성 때문이기도 했지만, 이들 게임을 처음 개발한 코나미 사가 다른 업체의 게임 개발을 막기 위해 특허 소송을 지나치게 많이 제기한 데에도 이유가 있었다. 코나미 사는 리듬 게임과 댄싱 게임에 관한 다양한 특허를 취득했는데, 입력 시스템과 게임 내용에 관한 코나미의 특허 내용을 엄격하게 적용하면 사실상 모든 종류의 리듬 게임과 댄싱 게임은 코나미의 저작권에 저촉되기 때문이다.
코나미는 〈EZ2DJ〉(어뮤즈월드), 〈펌프 잇 업〉(안다미로), 〈디제이맥스 테크니카〉(펜타비전) 같은 국내 게임만이 아니라 〈VJ〉, 〈로큰트레드〉(자레코), 〈기타잼〉(남코)처럼 일본 기업의 게임에 대해서도 지속적인 소송을 제기하였고, 사실상 여러 회사가 아케이드 시장에서 리듬 게임이나 댄싱 게임을 개발하려는 시도 자체를 봉쇄하려는 모습을 보였다.
현재 개발되는 리듬 게임, 댄싱 게임은 아케이드 게임용보다는 Wii 같은 비디오 게임용에 집중되어 있는데, 이는 코나미 사와의 특허와 관련된 소송의 위험을 피하려는 의도도 있다고 볼 수 있다(Wii용 리듬 게임은 Wii 전용 컨트롤러를 사용하기 때문에 코나미 사의 특허와 무관하다).

숙련이 필요했기 때문이다.

3) 저장 기능을 활용한, '나'를 기억해주는 게임

온라인 게임은 국가와 지역 등 장소에 구애받지 않고 게이머들이 함께 게임을 즐기는 동시에 게이머들끼리 다양한 교류를 할 수 있는 커뮤니티로도 기능하며 새로운 재미의 영역을 확장시켰다. 이러한 온라인 게임의 활성화는 전자 오락실이라는 장소를 중심으로 하는 아케이드 게임에도 변화를 가져오게 했다.

　　일본의 전자 오락실에서는 여러 대의 게임기를 네트워크로 연결해서 플레이어들이 함께 게임을 즐길 수 있게 하거나, 게임 진행에 대한 정보를 보관하여 전자 오락실에서도 게임을 이어서 할 수 있게끔 하였다. 튜닝 카트에 자신의 정보를 저장해 진행하는 〈이니셜 D〉 같은 게임으로 게임장에서도 플래이의 연속성을 갖게 되었다.

　　최근에는 '트레이딩 카드 아케이드 게임(TCAG)'이라는 장르가 관심을 모으고 있다. 〈매직 더 개더링〉 같은 트레이딩 카드 게임을 응용한 이 장르는, 별도로 구입한 카드를 사용해 게임을 진행하면서 멋진 동영상과 연출을 더해 실제 카드 게임을 하는 것에 비해 색다른 재미를 제공하며, 네트워크 기능을 통해 멀리 있는 플레이어와 대결을 벌일 수도 있다. 스퀘어-에닉스의 〈드래곤 퀘스트 몬스터 배틀 로드〉[32]를 비롯한 TCAG는 게임 센터뿐 아니라 백화점이나 편의점 등에도 설치되어 사람들이 줄을 서서 즐길 정도로 인기를 끌고 있다.[34]

　　이 장르는 대전 격투 게임처럼 다른 플레이어와 대전을 벌인다는 점에서 인기를 끈다. 플레이어를 몰입하게 하는 것은 물론, 대전을 구경하는 사람들에게 재미를 선사하는 것이다. 일부 전자 오락실에서는 별도의 화면을 준비해서 플레이어 간의 대전 상황을 보여주기도 했는데, 대전을 구경하는 사람들이 이 화면을 보며 플레이어들을 응원하기도 하였다. 이와 같이 전자 오락실에 플레이어들이 함께 모여 게임을 즐기는 방식은 게임의 내용과 형식이 다양해진 상황에서 아케이드 게임만의 장점이라고 할 수 있다.

트레이딩 카드 아케이드 게임

---

32 Dragon Quest: Monster Battle Road, 2007, Square Enix.

33 Initial D Arcade Stage, 2001, SEGA.

34 『닛케이비즈니스』 2012년 2월 9일자.

국내 전자 오락실에서 트레이딩 카드 아케이드 게임은 활성화되어 있지 않다. 대전 격투 게임 〈철권 6〉[35]에는 '나만의 캐릭터'를 만들어 카드에 저장해서 사용할 수 있는 기능이 있는데, 일부 전자 오락실에서 '철권넷'에 접속하여 이들 카드를 사용할 수 있도록 지원하고 있다(최근 정부에서 전자 오락실(아케이드 게임장)에서 네트워크에 정보를 보존하는 기능이나 외부의 카드를 사용하는 것을 법률로 금지하려는 움직임이 있어 아케이드 게임 업계가 반발하고 있다).

튜닝 카드로 정보를 저장할 수 있는 〈이니셜 D 아케이드 스테이지〉

3. 한국의 전자 오락실 현황

[35] Tekken 6(鐵拳6), 2007, Namco.

초창기부터 부정적인 인식 속에 운영되었던 한국의 전자 오락실은 자발적인 개선 노력과 액션·슈팅·대전 격투·체감형·리듬·댄싱 게임 등 다양한 장르의 도입을 통해 대중적인 공간으로 이미지를 제고해왔다. 그러나 '바다 이야기 사태'는 전자 오락실의 상황을 완전히 바꾸어 놓았다. 정부의 관리 및 규제상의 허점과 제도적 문제로 인해 발생한 이 사건으로 인해 전자 오락실의 숫자는 불과 2년 사이에 1/10 가까이로 줄었고, 계속해서 감소 추세에 있다.

무엇보다 큰 문제는 이 사태로 인해 게임에 대한 전반적인 인식이 부정적으로 변했다는 것이다. 그러나 아케이드 게임이 전체 게임의 역사에서 갖는 의미와 영향력, 그리고 전자 오락실의 긍정적인 면을 고려할 때 '바다 이야기 사태'라는 하나의 사건으로 아케이드 게임과 전자 오락실, 나아가 게임에 대해 무조건 부정적인 인식을 갖는 것은 바람직하지 않다.

1) 높은 인기를 지속하고 있는 대전 격투 게임

국내 전자 오락실에서 가장 많은 인기를 끌고 있는 장르는 대전 격투 게임이다. 〈스트리트 파이터 II〉와 〈아랑전설〉의 커다란 성공 이후 캡콤과 SNK의 게임들이 오락실에서 꾸준히 인기를 얻었고, 1990년대 이후 〈버추어 파이터〉와 〈철권〉 시리즈가 3D 대

한국인 캐릭터 중 가장 잘 알려진 김갑환[36]

----

36 〈아랑전설〉 시리즈의 김갑환. SNK와 친분이 있는 빅콤 사의 사장 김갑환 씨의 실명을 그대로 사용한 캐릭터이다. 이후 SNK와의 관계로 인해 이름이 '김(Kim)'으로 변경되었지만, 여전히 SNK 게임의 인기 캐릭터로 꾸준히 등장하고 있다.

37 격투 게임 등 일부 장르의 게임에만 집중하고 카드 시스템 등 새로운 가능성의 도입이 이루어지지 않는 등 여러 제약이 따르는 것도 한 가지 요인으로 생각할 수 있다.

전 격투 게임의 대중화를 이끌었다. 대전 격투 게임에 대한 높은 인기 속에 〈철권〉, 〈소울 칼리버〉, 〈스트리트 파이터 Ⅳ〉 등 외국 게임 제작사가 제작한 게임에 한국인 캐릭터가 등장하기도 했다.

2) 아케이드 게임의 쇠퇴

한국의 전자 오락실 문화는 외국과 거의 유사하게 형성되어 전개되어 왔다. 하지만 현재에는 아케이드 게임이 세계 게임 시장에서 여전히 두 번째 규모를 갖고 있는 데 비해 한국 게임 시장에서는 0.5%에 불과해 많은 차이를 보이고 있다. 이렇게 한국에서 아케이드 게임 시장이 빠른 속도로 침체된 것은 PC 게임, 비디오 게임, 온라인 게임, 그리고 PC방 등 게임을 즐기는 방법과 환경이 다양해진 데에도 원인이 있지만 무엇보다 '바다 이야기 사태' 이후 아케이드 게임에 대한 부정적인 인식이 형성된 것을 큰 원인으로 꼽을 수 있다.[37]

　한국의 전자 오락실은 한때 2만여 개에 이르다 2002년에 1만 3,000개 정도로 감소했지만, 이후 2006년까지 대략 1만 5,000개 정도로 도리어 증가하였다. 이는 당시 관리 및 규제의 문제로 사행성 게임 중심의 성인 오락실이 늘어났기 때문이다. 급격하게 늘어난 성인 오락실은 하나의 주택가 골목에 여럿 생겨나 경쟁을 벌일 정도가 되었고, 이로 인해 발생한 '바다 이야기 사태'는 아케이드 게임뿐 아니라 게임 전체에 큰 파문을 안겨주었다.

　이후 각종 단속과 처벌을 통해 '바다 이야기 사태'는 일단락되었지만 2006년에 1만 5,000개 정도였던 전자 오락실 수가 2년 뒤인 2008년엔 1,600여 곳으로, 1/10 수준으로 줄어든 것도 '바다 이야기 사태'가 아케이드 게임 전반에 걸쳐 영향을 미쳤다는 것을 보여준다. 이 사태로 게임에 대한 부정적인 시각이 심화되었고, 이는 게임에 대한 규제를 더욱 강화시키는 데 영향을 주었다.

　'바다 이야기 사태' 이후 아케이드 게임에 대한 부정적인 인식이 자리 잡게 된 것 못지않은 문제는 새로운 아케이드 게임의 개발이 정체된 것이다. 일부 게임 제작사에서 리듬 게임이나 댄싱 게임을 제작하고 있기는 하지만, 아케이드 게임에 대한 부정적인 인식과 한층 강화된 규제는 새로운 시도를 하기 어렵게 만들고 있다.

제4부
온라인 게임의 성장과
게임 시장의 확대

8장. 한국 온라인 게임의 성장
박수영

9장. 온라인 게임 장르의 다양화
박수영

10장. 비디오 게임과 모바일 게임 – 새로운 시장의 형성
강지웅

11장. e스포츠와 프로게이머
박수영

8장. 한국 온라인 게임의 성장

박수영

1990년대 중·후반을 한국 온라인 게임의 태동기라 한다면, 2000년대 초반은 한국 온라인 게임의 성장기라 할 수 있다. 부분유료화 요금체계 도입, 퍼블리싱 사업 시작, 해외 시장 진출 등을 통해 한국 온라인 게임 산업이 실질적으로 성장했기 때문이다. 이러한 성장의 결과는 온라인 게임 산업에 대한 재투자로 돌아와 국내 온라인 게임의 기술적 발전과 규모의 대형화를 이루어냈다.

1. 한국 온라인 게임 시장의 성장(2001)

2001년은 한국 온라인 게임 역사에서 대단한 의미를 갖는 해이다. 한국 온라인 게임의 성장을 이끌었다고 할 수 있는 양대 요소인 부분유료화[1] 요금체계와 온라인 게임 퍼블리싱 사업이 시작된 해이기 때문이다. 또한 3D MMORPG 장르를 개척함으로써 기술의 진전도 이루었고, 세계적 명성을 지닌 유명 개발자를 영입하면서 전 세계에 국내 게임 제작사의 이름을 알리기도 한 해이기도 하다.

[1] 모든 서비스(상품)에 과금을 하는 것이 아니라 무료로 이용하는 부분과 유료로 이용하는 부분으로 나누어 과금하는 방식. 일반적으로 게임 진행 자체를 제한하지는 않고 캐릭터나 아이템 등을 유료로 판매한다.

1) 부분유료화 과금체계의 시작

〈바람의 나라〉와 〈리니지〉를 필두로 2000년 이전까지의 온라인
게임들은 대부분 요금체계로 월 정액제[2]를 채택하였다. 이 방식
은 '게임을 즐기기 위해 게임을 먼저 구입한다'라는 PC 패키지 게
임의 구입방식과 이어지는 것으로, 게임 제작사들은 확실한 수익
을 확보할 수 있다는 이점이 있었다.

캐주얼 게임이 인기를 끌면서 대부분 월 정액제 방식으로
운영되었던 이용요금 체계가 변화를 맞이하게 되었다. 캐주얼 게
임은 짧은 시간 동안 간단하게 플레이하는 방식이라 정해진 요금
을 내면 시간에 구애받지 않고 게임을 즐길 수 있는 월 정액제 방
식과는 맞지 않았기 때문이다.

이에 〈퀴즈퀴즈〉와 〈포트리스 2〉 등 캐주얼 게임들을 중심
으로 사용자들에게 무료로 게임을 제공하는 대신 PC방 사업주
에게 이용요금을 부과하는 'PC방 유료화 정책'을 시행하였으나,
PC방 업계의 거센 반발로 인해 게임 자체의 인기가 떨어지는 역
효과가 발생했다.[3]

한때 대학 수학능력시험 문제를 적중시키며 큰 화제와 인기
를 끌었던 〈퀴즈퀴즈〉는 떨어지는 인기를 반전시키기 위한 최후
의 수단으로 2000년 세이클럽에서 시도했던 '채팅은 무료로 하되
아바타를 꾸미기 위한 아이템은 유료로 구입'하도록 하는 부분유
료화 모델을 온라인 게임에 최초로 도입했다.[4]

게임의 홍보와 구매 유도를 목적으로 게임의 일부를 미리
플레이할 수 있도록 하는 '데모웨어(Demoware)'[5]라는 방식이 PC 패
키지 게임에서 사용된 적은 있었으나, 게임 전체를 무료로 하면
서 게임 아이템만을 유료로 판매하는 부분유료화 모델은 당시 대
단히 혁신적인 방식이었다. 때문에 도입 당시 업계에서는 성공
에 회의적이었고 유저들 역시 유료 아이템으로 인해 게임 플레이
에 차등이 생기는 것을 우려하여 크게 반발했다. 그러나 유료 아
이템의 도입은 결국 유저들에게 받아들여졌다. 게임을 무료로 할
수 있게 되자 동시접속자 수가 크게 증가하였고 그에 따라 수익
성이 크게 증가하는 효과를 거두자 부분유료화 모델은 성공적인

2 매달 고정된 금액을 지불하여 서비스를 이용하는 방식

〈퀴즈퀴즈〉는 최초로 부분유료화 아이템을 도입한 게임이다.

3 "온라인 게임, 문자에서 문화까지", [이버즈], 2009. 8. 14.
4 "아이템 특집 I : '부분유료화' 역사와 시스템 변천사", [경향게임스], 2009. 6. 20.
5 '쉐어웨어(Shareware)', '평가판' 혹은 '체험판'이라고도 한다. 사용자가 소프트웨어의 일부 기능, 게임의 일부 내용을 사용할 수 있는 것으로, 구매여부를 결정하기 전에 한번 사용해 보는 의미를 갖는다. 보통 사용 기능과 기간에 제약이 있다.

요금체계로 자리 잡을 수 있게 되었다.

〈퀴즈퀴즈〉의 부분유료화 성공으로 이후 많은 게임들이 부분유료화를 도입하기 시작했다. 초기에는 캐주얼 게임들 위주로 도입되다가 2002년에 〈다크세이버〉가 MMORPG 최초로 부분유료화를 도입한 후,[6] 많은 대작 MMORPG들도 수익성 악화를 개선하고 동시접속자 수를 증가시키기 위해 부분유료화를 도입하였다.

6 "게임사, 어떻게 돈버나 (하)", [PNN], 2008. 6. 5.

〈다크세이버〉(좌)는 MMORPG 중 가장 먼저 부분유료화 모델을 도입하였으며, 〈라그나로크〉(우)는 정액제 게임 중 최초로 부분유료화 아이템을 판매하였다.

부분유료화의 효과가 대단히 크다는 것이 확인되면서 월 정액제를 안정적으로 운영하고 있는 게임도 부분유료화 모델을 추가로 도입하기에 이르렀다. 월 정액제를 운영하고 있던 〈라그나로크〉는 2007년 4월, 국내 온라인 게임 최초로 게임 내에서 유료 아이템을 판매하기 시작했으며,[7] 2008년에는 정액제로 운영하는 서버와 별도로 부분유료화 서버인 '바포메트 서버'를 오픈하여 큰 효과를 거두기도 하였다.[8]

7 "PC방 점유율로 본 그라비티, 이유 있는 하락", [게임어바웃], 2008. 3. 17.
8 "라그나로크 온라인, 무료서버 '바포메트' 오픈", [뉴스와이어], 2008. 4. 29.

이후 부분유료화 모델을 사용하는 게임들이 연예인 캐릭터를 도입하거나 선불카드를 발행하는 등, 내용과 방법 면에서 부분유료화 모델을 발전시켰고, 이에 외국 게임 제작사들도 부분유료화 모델에 관심을 가지고 도입하기 시작했다. 2008년 [Forbes]에서는 부분유료화 모델을 '21세기형 수익모델'이라며 극찬하였고, 소니·MS·EA·액티비전·블리자드 등 세계 주요 게임 제작사들 역시 적극적으로 부분유료화 모델을 도입하기에 이른다.[9]

9 "전 세계 게임업계는 지금 부분유료화 '열풍'", [지디넷코리아], 2010. 3. 15.

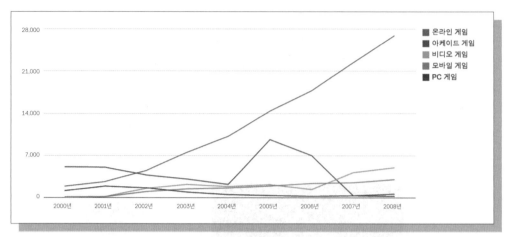

게임플랫폼별 매출액 그래프 (출처: 2001~2009 『대한민국 게임백서』)

	온라인 게임	아케이드 게임	비디오 게임	모바일 게임	PC 게임
2000년	22.91%	61.38%	1.48%	0.32%	13.91%
2001년	26.86%	50.67%	1.62%	1.43%	19.42%
2002년	36.14%	30.19%	12.48%	8.02%	13.16%
2003년	49.34%	20.40%	14.58%	9.54%	6.13%
2004년	61.92%	13.66%	11.34%	9.83%	3.25%
2005년	50.43%	33.82%	7.65%	6.79%	1.32%
2006년	61.70%	24.34%	4.74%	8.30%	0.92%
2007년	75.12%	1.18%	14.09%	8.44%	1.17%
2008년	75.03%	1.75%	13.99%	8.50%	0.73%

게임플랫폼별 비중표 (출처: 2001~2009 『대한민국 게임백서』)

    실수를 통해 만들어진 발명품처럼 부분유료화 모델 역시 처음부터 의도된 것은 아니었지만 그 성과는 실로 놀라운 것이었다. 무료로 게임을 플레이할 수 있기 때문에 게임에 대한 진입장벽이 낮아졌으며, 이로 인해 더 많은 유저가 확보되었고 매출도 늘어나게 되었다.

    2001년에 부분유료화 모델이 도입된 이후 온라인 게임 산업은 2002년과 2003년에 걸쳐 각각 69%, 67%의 폭발적인 성장률을

기록했다. 이러한 매출 증대는 한국 게임 산업이 온라인 게임 중
심으로 재편되는 계기가 되었다. 2000년에 22.9%였던 온라인 게
임의 국내 게임 플랫폼 중 점유율은 2008년엔 75%으로 성장했다.

2) 퍼블리셔의 등장

게임 산업이 점차 발전하면서 게임 개발의 규모가 확대되었고,
이러한 규모를 감당하기 위한 개발 인력의 확충도 요구되었다.
또한 제작되는 게임의 수가 많아지면서 게임 마케팅 비용도 상승
했다. 결과적으로 게임을 개발하는 데 드는 비용이 예전에 비해
매우 늘어났는데, 이는 중소 규모의 개발사에게는 부담스러운 변
화였다.

한편 1999년 말부터 서비스를 시작한 한게임이나 넷마블
같은 게임 포털은 다른 게임 포털들과의 경쟁에서 우위를 점하기
위해 자사가 서비스하는 포털에 더 많은 게임들을 수록하고자 했
다. 그러나 많은 수의 게임을 동시에 직접 개발하기는 어려웠기
때문에 개발 비용이 필요한 제작사들에게 자금을 지원하고, 자사
의 포털을 통해 서비스하면서 대신 수익을 분배하는 '퍼블리싱'
방식을 도입했다.

웹보드[10] 기반의 캐주얼 게임을 서비스해 많은 수의 회원과
거대한 자금을 갖춘 넷마블은 2001년 10월 〈라그하임〉을 시작으
로 퍼블리싱 사업에 뛰어들어 성공을 거두며 퍼블리싱 사업의 가
능성을 보여주었다. 이에 따라 한게임, 엔씨소프트, 웹젠 등도 퍼
블리싱 사업에 진출하여 본격적인 경쟁을 펼치게 되었다.[11]

퍼블리싱 사업은 게임 개발사 입장에서는 출시 후 수익을
나눠야 한다는 부담이 있지만, 퍼블리셔 측에서 개발 자금의 지
원뿐 아니라 마케팅까지 담당해주기 때문에 다른 고민 없이 개발
자체에만 힘을 쏟을 수 있다는 장점이 있었다.

퍼블리셔 입장에서는 투자한 게임이 실패할 수 있는 위험
이 있지만 자사의 게임 포털 서비스 라인업에 더 다양한 게임을
확보하여 포털 경쟁력을 높일 수 있을 뿐 아니라 게임을 통해 발
생하는 수익도 기대할 수 있다는 장점이 있었기 때문에 퍼블리싱

10 온라인에서 하는 보드 게임. 고스톱,
포커, 장기, 바둑 등을 일컫는다.

11 "'온라인 게임 10년사 (7)'",
[경향게임스], 2004. 4. 12.

방준혁

넷마블 창업자. 2000년 3월 여덟명의
게임 개발자들과 함께 넷마블을 설립해
국내 최초로 온라인 게임 퍼블리싱 사업을
성공시키며 넷마블을 온라인 게임 업계의
선도 업체로 키워냈다. 현재 넷마블을
인수한 CJ E&M에서 게임부문 총괄 상임
고문을 맡고 있다.

넷마블은 〈라그하임〉의 성공 이후 본격적으로
퍼블리싱 사업을 전개한다.

사업은 개발사와 게임 포털 모두가 윈-윈(win-win) 할 수 있었다. 퍼
블리싱 사업은 개발과 서비스의 선순환 구조를 이끌어내며 이후
한국 온라인 게임 산업의 발전을 이끄는 원동력이 되었다.

3) 3D MMORPG의 등장

1998년에 출시된 〈리지니〉의 성공 이후 수많은 MMORPG[12]들이
범람했지만, 대부분 〈디아블로〉나 〈리니지〉를 답습한 경우에 지
나지 않아 좋은 평가를 받지는 못했다. 그러나 2001년부터 기술
력을 바탕으로 3D 그래픽을 적용한 MMORPG들이 등장하기 시
작하면서 한국 온라인 게임 시장은 새로운 활력을 띠게 된다.

국내 최초 3D MMORPG인 〈뮤〉는 당시의 네크워크 기술
력으로는 불가능할 것이라 여겨졌던 3D MMORPG를 단 세 명의
개발자만으로 완성하는 놀라운 성과를 거두었다. 게다가 출시 첫
달에 지난 3년간의 개발비를 모두 회수할 만큼 상업적으로도 큰
성공을 거두었다. 덕분에 개발사인 웹젠은 이 게임을 통해 코스닥
등록에 이어 국내 게임 회사로는 최초로 나스닥에 상장하는 데 성
공했다.[13] 이 엄청난 성공 스토리는 세간의 관심을 끌기에 충분하
여 뮤 개발자 3인의 성공 스토리를 다룬 책 『성공의 방정식』이 출

13 "IT 기업의 숨은 족보 이야기 14 웹젠",
[PC사랑], 2009. 7. 12.

김남주, 조기용, 송길섭

미리내소프트 출신의 이 삼총사는 웹젠을 설립하고 국내 최초의 3D MMORPG인 〈뮤〉를 제작해 큰 성공을 거두었다. 이들의 성공 스토리는 드라마와 책으로 제작될 정도로 큰 화제를 모았으나, 이후의 갈등으로 결별하고 현재는 모두 웹젠을 나와 각자의 길을 걷고 있다.

14 인터넷을 기반으로 운영되는 프로그램이나 게임의 정식 버전이 출시되기 전, 프로그램상의 오류를 점검하고 사용자들에게 피드백을 받기 위해 미리보기 형식으로 제공하는 서비스를 '베타 서비스'라 한다. 베타 서비스를 누구나 이용할 수 있도록 공개한 것을 '오픈 베타 서비스'라 하며 한정된 사용자만 이용할 수 있도록 폐쇄적으로 서비스하는 것을 '클로즈드 베타 서비스(Closed Beta Service)'라 한다.

뮤 3인방의 성공은 큰 화제를 몰고 왔으며, 이들의 성공을 소재로 한 드라마가 제작되기도 했다.

〈라그하임〉은 Full 3D MMORPG 세계를 만들어 냈다.

간되고, TV 드라마 '삼총사들'이 제작되기도 했다.

비록 상용화 시기는 늦었지만 〈뮤〉보다 석 달 늦은 2001년 8월에 오픈 베타 서비스[14]를 실시한 〈라그하임〉 역시 3D MMOR-PG 시장을 확대하는 데 기여했다. 〈뮤〉가 2D 배경과 3D 캐릭터를 조합하여 3D 환경을 구현했던 것에 비해 〈라그하임〉은 캐릭터와 배경을 모두 3D로 구현하였고, 카메라 시점도 조절할 수 있는 완전한 풀(Full) 3D 환경을 만들어냈다.

같은 해 12월에 오픈 베타 서비스를 실시한 〈라그나로크〉는 앞서 등장한 〈뮤〉와 〈라그하임〉과는 달리 3D 배경에 2D 캐릭터를 조합한 2.5D 방식으로 제작되었다. 만화풍의 아기자기한 그래픽을 가졌던 〈라그나로크〉는 여성 유저들에게 큰 인기를 끌었다.

4) 엔씨소프트의 리처드 개리엇 영입

2001년 5월 전 세계 게임 업계를 깜짝 놀라게 하는 뉴스가 보도
되었다. 국내에서는 유력한 게임 업체였지만 외국에서는 인지도
가 높지 않았던 엔씨소프트가 세계 3대 RPG 시리즈 중 하나인
〈울티마〉를 제작한 리처드 개리엇을 영입한 것이었다.[15]

당시 〈리니지〉의 성공으로 많은 자금을 확보하였지만 인지
도가 낮아 미국 같은 대형 시장으로의 진출에 어려움을 겪던 엔씨
소프트는 리처드 개리엇이라는 스타 개발자를 영입함으로써 기
업 인지도를 쌓는 데 성공하였고, 이를 바탕으로 〈길드워〉의 개발
사인 아레나넷을 인수하고 〈시티 오브 히어로즈〉를 퍼블리싱하
는 등 해외 진출 성과를 거두게 된다. 이는 외국에서 엔씨소프트
라는 회사의 인지도를 높였을 뿐 아니라 외국의 한국 게임 업체를
바라보는 시각을 긍정적으로 바꾸는 효과를 거두기도 하였다.

그러나 리처드 개리엇의 〈타뷸라라사〉는 크게 실패하였고,
이후 엔씨소프트와의 갈등으로 2008년 11월 퇴사한 이후 법적 분
쟁이 일어나게 되었다. 때문에 천문학적인 금액을 투자한 엔씨소
프트의 개리엇 영입은 실패였다는 의견이 주를 이루지만, 한국
온라인 게임 산업의 관점에서는 국내 업체들이 외국 대형시장에
서 인지도를 쌓는 효과를 얻었다는 점에서는 의의를 갖는다고 할
수 있다.

15 중앙일보, "엔씨소프트 '스톡옵션
1,100억'", 2004. 6. 24.

천문학적인 금액이 투입된 리처드 개리엇의 영입은 실패라는 평을 받았다.

2. 세계로 뻗어 나가는 한국의 MMORPG(2002)

2000년에 대만에 진출해 대만의 국가 전산망을 마비시켜 현지 사업자인 감마니아가 대만 게임업계 최초로 데이터센터를 구축하게 할 만큼[16] 성공을 거둔 〈리니지〉 이후 국내 MMORPG의 외국 진출 성공 사례는 2002년에도 계속되었다. 〈미르의 전설 2〉는 중국에서 큰 성공을 거둔 게임으로서 게임 한류를 일으켰다는 평을 받았고, 〈라그나로크〉는 대만, 홍콩에 이어 일본까지 진출하여 한국 MMORPG의 위상을 드높이는 데 일조하였다.

이러한 성과들은 물론 그 자체로도 훌륭하지만 이후 많은 국내 게임 개발사들이 적극적으로 외국 진출을 모색하도록 하는 좋은 자극제가 되었다는 점에서 더 큰 의미를 갖는다고 할 수 있다. 실제로 온라인 게임을 포함한 국내 게임의 전체 수출액은 2001년 1억 3,047만 달러에서 2007년 7억 8,100만 달러로 증가해 불과 6년 만에 무려 여섯 배나 급성장하였다.[17]

2001년 중국에서 정식 서비스를 시작한 〈미르의 전설 2〉는 1년 만에 동시접속자 수 35만 명을 기록해 동시접속자 수[18] 세계 신기록을 달성했고, 2004년 중국 게임 시장 점유율 64%, 2005년 동시접속자 수 70만 명, 2008년 누적회원 2억 명 등 신기록 행진을 이어나갔다.[19] 이러한 엄청난 성공에 힘입어 〈미르의 전설 2〉의 현지 서비스 업체인 샨다는 중국 온라인 게임 업계 최초로 나스닥에 상장하기에 이른다.[20]

〈미르의 전설 2〉는 중국 게임 시장에서 선풍적인 인기를 끌었다.

16   "리니지 해외 진출 10년, 제2의 전성기 맞아", [게임포커스], 2010. 12. 22.

17   『2002년 게임백서』와 『2008년 게임백서』를 비교. 2007년 수출액 중 95.5%가 온라인 게임.

18   특정 시점을 기준으로 게임을 동시에 즐기는 사용자의 숫자, '동접'이라고도 한다.

19   "위메이드의 역사 '미르의 전설2' 7주년, 그 과거와 미래", [머드포유], 2008. 4. 30

20   "중국 최초 나스닥 상장 게임사 휘청인다", [게임어바웃], 2006. 7. 27.

박관호

위메이드 창업자. 1996년 액토즈소프트의 개발팀장으로 근무하며 〈미르의 전설〉을 개발하였고, 2000년 위메이드를 설립하여 〈미르의 전설 2〉를 개발해 큰 성공을 거두었다. 이후 〈창천 온라인〉을 개발하기도 하였으며 현재 위메이드 개발총괄 및 CEO를 역임하고 있다.

김학규

그라비티를 설립하여 손노리와 함께 PC 패키지 게임인 〈악튜러스〉를 개발하였고 이후 온라인 게임인 〈라그나로크〉를 개발하였다. 그라비티를 나온 후 IMC를 설립하여 〈그라나도 에스파다〉를 개발하였다. 현재 IMC의 CEO를 역임하고 있다.

〈라그나로크〉는 게임만이 아니라 애니메이션 같은 상품으로도 인기를 끌었다.

2001년 오픈 베타 서비스를 거쳐 2002년에 정식서비스를 시작한 〈라그나로크〉는 이전에 개발했던 PC 패키지 게임 〈악튜러스〉의 그래픽 엔진을 업그레이드해 2D 캐릭터와 3D 배경을 혼합한 아기자기하고 귀여운 만화풍의 그래픽으로 구현되었다. 다양한 이모티콘과 노점상 시스템 등 커뮤니티 기능을 바탕으로 여성을 새로운 유저층으로 확보하였다.[21]

〈라그나로크〉는 국내에서도 성공을 거두었지만 해외에서 더 큰 성과를 거두었다. 2002년에 대만, 홍콩, 일본에 진출하여 큰 성공을 거둔 이후 지속적으로 외국 진출에 힘써 2010년에 이르면 66개국에 수출하는 성과를 거두게 된다.[22] 또한 게임을 소재로 한 애니메이션도 제작되어 일본 TV에 방영되었고, 원작인 만화 역시 24개국에 수출되는 기염을 토했다.[23] 덕분에 모회사인 그라비티는 국내 게임 회사 최초로 나스닥에 직상장하는 기록을 남길 수 있었다.[24]

21 "여성에게 사랑 받는 온라인 게임?", [게임스팟코리아], 2009. 5. 15.

22 "66개국 수출 '라그나로크' 게임 한류 이끈다", 조선일보 2010년 3월 22일자.

23 "가장 많이 수출한 국산만화는 '라그나로크'", [오마이뉴스], 2007. 3. 14.

24 "그라비티, 나스닥에 직상장", [경향게임스], 2005. 2. 15.

3. 블록버스터 MMORPG의 등장(2003)

2003년부터 대규모 인원과 자본이 투입된 블록버스터 온라인 게임이 등장하게 되었다. 대표적인 게임이 제작비만 100억이 투입된 〈리니지 2〉로, 블록버스터 온라인 게임의 시작[25]을 알린 작품

25 "엔씨소프트 '3D 게임 신화' 9년 만에 다시 쓸까", 중앙일보 2011년 9월 21일자.

이자 2000년 중반부터 대작 MMORPG들이 쏟아지는 발판을 마련한 작품이다.

3D 그래픽으로 개발된 〈리니지 2〉는 혈맹이나 공성전 같은 전작의 장점을 이어받았을 뿐 아니라 퀘스트나 전쟁·정치·경제 활동 부분도 강화하였다. 초반에는 퀘스트를 통해 게임을 익히고, 이후 게임에 익숙해지면 다른 유저들과 함께 전쟁·정치·경제 활동들을 할 수 있는 게임의 시스템은 초심자와 고수 모두 골고루 만족시키면서 전작에 이어 큰 성공을 거두었다.

〈리니지 2〉는 대규모 인원을 투입하고 성공적으로 프로젝트를 완수하였다는 점, 후속작으로서 성공하였다는 점, 전작이 형성한 시장을 빼앗지 않고 공존하였다는 점 등에서 의미 있는 기록을 남겼다.

〈리니지 2〉의 성공으로 블록버스터 MMORPG의 시대가 열렸다.

배재현

엔씨소프트의 창립 멤버 중 한 명. 〈리니지〉 개발에 참여하였으며 〈리니지 2〉 개발을 총괄하였다. 현재는 엔씨소프트의 최고 프로듀싱 책임자로 〈블레이드앤소울〉을 개발하고 있다.

2001년, 온라인 게임 아이템 현금 거래 중개 사이트가 등장하자 게임 아이템을 거래해 경제적 이득을 취하려는 사람들이 급속도로 늘어나기 시작했다. 이들은 더 효율적인 아이템 획득을 위해 오토 프로그램[26]을 사용하기 시작했는데, 이는 게임의 수명을 단축시키는 문제가 있었을 뿐만 아니라 게임 내 밸런스와 경제를 크게 뒤흔들어 오토 프로그램을 사용하지 않는 일반 유저들에게도 피해를 주었다.

26 MMORPG 같은 장르에서 사용자가 직접 조작을 하지 않고도 사냥 같은 게임 플레이를 자동으로 할 수 있게 하는 별도의 외부 프로그램.

때문에 오토 프로그램으로 인한 피해를 방지하기 위해 다
양한 시도들이 이루어졌는데, 이 중 주목할 만한 것이 '피로도 시
스템'이었다.[27] 〈A3〉는 오토 프로그램을 막기 위해 2003년에 세계
최초로 게임 내에 피로도 시스템을 도입하였는데, 게임의 과몰입
을 예방하는 의외의 효과를 인정 받게 되었다. 덕분에 〈A3〉는 게
임 과몰입 예방 사례로 꼽히게 되었고,[28] 피로도 시스템은 이후 많
은 게임에서 게임 과몰입을 예방하기 위한 목적으로 사용되었다.

[27] "A3, 오토 프로그램 사용 금지",
[큐머드], 2003. 8. 4.

[28] "게임 열전, 포트리스에서 아이온까지",
[게임샷], 2010. 3. 17.

〈A3〉는 최초의 게임 과몰입 예방 사례로
기록되었다.

9장. 온라인 게임 장르의 다양화

박수영

2000년대 초반이 국내 온라인 게임이 산업의 외적 성장을 이룬 시기였다면, 2000년대 중반은 국내 온라인 게임이 장르의 다양성을 기반으로 산업의 내적 성장을 이룬 시기였다고 할 수 있다. 〈카트라이더〉로 시작된 캐주얼 게임의 붐은 〈프리스타일〉, 〈오디션〉, 〈스페셜포스〉 등, 스포츠·음악·FPS(First Person Shooter, 1인칭 슈터) 등 다양한 장르로 이어지며 국내 온라인 게임의 성장을 이끌었다.

한편 다양한 장르의 게임들이 제작되는 가운데 MMORPG의 제작 경향에도 변화가 있었다. 〈리니지 2〉 이후 시작된 온라인 게임의 대작화와 다른 게임들과 차별화되기 위한 특색화가 그것이다. 이 두 가지 경향은 상반된 결과를 가져왔는데, 개발에 거액의 제작비가 투입된 〈RF 온라인〉, 〈아크로드〉, 〈썬〉, 〈제라〉, 〈그라나도에스파다〉, 〈라그나로크 2〉 등의 게임들은 별다른 성과를 거두지 못한 반면, 다른 게임들과 차별화되는 새로운 시도를 한 〈마비노기〉, 〈열혈강호〉는 좋은 반응을 얻으며 선전했다.

2000년대 후반에 이르면서 온라인 게임 시장의 흐름은 다시 변하게 된다. 캐주얼, 스포츠, 리듬, FPS 등 비 MMORPG의 경우 먼저 출시된 게임들의 강세가 지속되면서 신작 게임들이 큰 호응을 얻지 못하는 반면, MMORPG의 경우 오랜 기간 침체를 겪었던 신작 게임들이 조금씩 힘을 발휘하기 시작한 것이다.

1. 온라인 게임 장르 다양화의 시작(2004~2005)

2004년과 2005년은 한국 온라인 게임 장르의 다양화가 본격적으로 이루어진 시기라 할 수 있다. 출시 후 이른바 '국민게임'으로 등극하며 기존 MMORPG가 주도하던 온라인 게임 시장에서 캐주얼 게임의 점유율을 높여 다양한 장르가 자리 잡을 수 있는 발판을 마련한 〈카트라이더〉는 온라인 게임 내 장르의 다양화가 시도된 최초의 사례라 할 수 있다.

한편 이 시기 MMORPG의 제작경향에는 변화가 이루어졌는데 2003년 〈리니지 2〉의 성공 이후 이루어진 '대작화'와 기존의 게임과의 차별성을 강조한 '특색화'의 경향이 그것이었다. 이 두 가지 경향은 그 결과에서 대조적인 차이를 보였는데 기존 게임들과의 차별성을 강조한 게임들은 선전한 반면, 대규모 자본을 투자한 대작 게임들은 별다른 성과를 거두지 못했다.

1) 캐주얼 게임

〈퀴즈퀴즈〉나 〈포트리스 2〉 등 2000년대 초반에도 캐주얼 게임이 제작된 바 있으나 본격적인 장르로서 출발이 이루어진 것은 2004년에 출시된 레이싱 게임 〈카트라이더〉부터라고 할 수 있다. 기존에 출시된 레이싱 게임들이 실제 레이스를 사실적으로 재현하는 것을 목적으로 제작되어 게임을 조작하는 방법이 다소 복잡했던 것과 달리, 이 게임은 레이싱의 빠른 속도감은 유지하되 그 외의 요소들은 최대한 간단하게 구성하여 진입 장벽을 낮추었다. 여기에 아이템 같은 요소를 이용해 기존 레이싱 게임들과 구별되는 색다른 재미를 갖추어서 평소 레이싱 게임을 즐기지 않던 사람들뿐만 아니라 온라인 게임 자체를 즐기지 않던 여성들까지 게임에 끌어들이면서 대성공을 거두게 된다.

〈카트라이더〉는 캐주얼 게임의 시대를 연 게임이다.

기존 레이싱 게임들의 주류를 따르지 않았던 점과 인기 시리즈인 닌텐도의 〈마리오 카트〉와의 유사성 때문에 출시 초기에는 좋지 못한 평가를 받기도 했으나, 출시 첫 해 국내 동시접속자 수 22만 명을 돌파하는 기염을 토했고,[1] 2005년부터 온게임넷을

1 "카트라이더는 어떻게 여성유저를 사로잡았나", [게임메카], 2011. 7. 5.

통해 프로 리그를 진행하면서 명실상부한 '국민게임'으로 자리 잡게 되었다. 〈카트라이더〉를 즐기는 여성 유저들이 많아지자 '커플 PC방'이 유행하기도 하였으며,[2] 〈카트라이더〉의 성공으로 레이싱 게임에 대한 관심이 높아지면서 많은 국산 레이싱 게임이 제작되었는데, 〈카트라이더〉를 넘어서는 성공을 거두지는 못했다.

2004년 〈카트라이더〉보다 먼저 출시된 〈팡야〉는 골프라는 스포츠 종목을 소재로 했지만 스포츠 게임보다는 캐주얼 게임으로서 인기를 끌었다. 귀엽고 깜찍한 캐릭터와 골프의 규칙을 아기자기하게 응용한 게임성을 갖춘 〈팡야〉는 국내에서 얻은 인기를 바탕으로 일본에 진출하고, 이후 PSP 버전과 Wii 버전으로 개발이 되는 등의 성과를 거두기도 했다.

2) 스포츠 게임

초기의 스포츠 게임들은 캐주얼 게임 〈카트라이더〉처럼 쉽고 간단하게 즐길 수 있는 형태로 제작되었으나, 서비스를 지속하면서 스포츠팬들을 만족시킬 수 있도록 현실 스포츠의 사실성을 갖추어 가는 형태로 변화해갔다.

시기적으로 〈팡야〉보다 늦긴 했지만 본격적인 스포츠 게임의 시대를 연 것은 2005년에 출시된 〈프리스타일〉이라 할 수 있다. 프리스타일 농구를 소재로 한 이 게임은 사실성을 추구하던 기존의 스포츠 게임과 달리 간단한 조작으로도 화려한 프리스타일 동작을 구사할 수 있는 방식으로 제작되었다.

농구에 대한 배경지식이 없어도 기본적인 게임 규칙만 이해하면 게임을 플레이할 수 있었고, 덩크슛 등 화려한 기술들도 간단한 조작으로 할 수 있었다. 여기에 레벨이 오를수록 캐릭터의 능력치가 상승하고 더욱 다양한 기술을 사용할 수 있는 RPG적인 시스템이 더해져 큰 호응을 얻었다. 그리하여 〈프리스타일〉은 가장 성공한 온라인 농구 게임으로 자리매김하는 동시에 스포츠 게임 장르의 가능성 또한 보여주었다.

2   "PC방, 커플 데이트 장소로 '각광'",
     [뉴스미션], 2006. 4. 21.

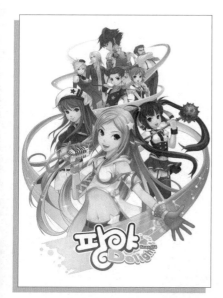

〈팡야〉는 일본에서의 성공을 바탕으로 비디오 게임기 버전으로도 발매되었다.

〈프리스타일〉은 스포츠 게임의 시대를 열었다.

3) 음악 게임

2000년대 초반 전자 오락실에서 〈비트매니아〉, 〈댄스 댄스 레볼루션〉, 〈펌프〉, 〈EZ2DJ〉 등의 리듬 게임과 댄싱 게임으로 인기를 끌었던 음악 게임 장르는 2004년 말 〈디제이 맥스〉, 〈캔뮤직〉, 〈오디션〉 등의 작품으로 온라인 게임에도 자리를 잡게 되었다. 초기에는 대중적인 인기를 끌지 못하였으나, 2005년에 이르러 〈오디션〉과 〈디제이 맥스〉가 꾸준히 인기를 끌고 〈오투잼〉, 〈알투비트〉등이 가세하면서 인기를 더해 갔다.

이 중 〈오디션〉의 경우 처음에는 국내에서 큰 인기를 끌지 못하다가 중국 시장에서 돌풍을 일으킨 뒤 그 효과로 국내에서 큰 인기를 끌게 되었고, 이를 바탕으로 다시 해외에 수출이 되는 독특한 사례를 남겼다. 〈오디션〉은 쉽고 간단한 조작 덕분에 진입 장벽이 낮고, 게임을 같이 하는 다른 플레이어들과 음악을 들으며 친목 활동을 할 수 있어 특히 여성 유저들에게 큰 인기를 끌었다. 이후 커플 맺기를 비롯해 친목활동에 관련된 다양한 이벤트를 강화해 커뮤니티를 잘 활용한 게임으로 자리 잡게 되었다.

〈디제이 맥스〉(좌)는 꾸준한 인기를 얻으며 음악 게임의 가능성을 보여줬다.
〈오디션〉(우)은 중국에서의 인기를 바탕으로 국내에서 다시 인기를 얻은 독특한 사례이다.

4) FPS, TPS 게임

1990년대 말 〈레인보우 식스〉와 2000년대 초반 〈카운터 스트라이크〉가 성공을 거두었으나 아직 대중적인 인기를 모은 국산 FPS 게임은 없었다. 그러던 중 〈카운터 스트라이크〉의 개발사 밸브와 PC방 사이에 라이선스 문제로 인한 분쟁이 일어나자 〈카운

3 "휴가 시즌 막바지, 게임이용량 큰 폭
상승", [게임트릭스], 2004. 8. 9.

터 스트라이크〉는 침체기를 맞게 되고,[3] 2004년에 출시된 〈스페
셜포스〉가 그 빈자리를 차지하게 된다.

　　국내 최초로 온라인 FPS 게임 〈카르마 온라인〉을 제작했던
드래곤플라이가 그 제작경험을 바탕으로 개발한 〈스페셜포스〉는
〈카운터 스트라이크〉의 게임성을 잘 살렸을 뿐 아니라 경험치를
쌓아 계급을 올리는 요소를 도입하고, K-2 소총 같은 한국산 무기
를 반영하는 등의 노력으로 〈카운터 스트라이크〉의 대체자가 되
었고 FPS 장르뿐 아니라 전체 온라인 게임 시장에서도 최고의 자
리를 차지하였다. 무려 71주 연속으로 PC방 순위 1위를[4] 기록한
한 〈스페셜포스〉는 이후 온라인 게임에서 FPS가 주요한 장르로
자리 잡게 하는 데 기여했다.

4 "스페셜포스, 연속 71주 1위 건재함
과시", [머드포유], 2006. 9. 18.

　　FPS 게임 외에 TPS 게임도 마니아 층을 형성하고 있었다.
2004년 〈스페셜포스〉보다 조금 이른 시기에 출시되었던 〈건즈 온
라인〉은 3인칭 슈터라는 당시로서는 생소한 구성 외에도 칼을 이
용한 근접 전투, 대시나 벽타기 같은 독특한 이동 기술 등을 활용
해 색다른 재미를 선보였다.

〈스페셜포스〉(좌)는 처음으로 성공을 거둔 한국 FPS라고 할 수 있다.
〈건즈 온라인〉(우)은 독특한 게임성으로 마니아층을 형성하였다.

5) 캐주얼 RPG

MMORPG의 게임 플레이가 점차 방대하고 복잡해지는 경향 속에 쉽고 간편하게 즐길 수 있는 게임에 대한 요구가 커져감에 따라 '캐주얼 RPG'가 등장했다. 이 장르의 게임들은 2D 횡 스크롤 방식[5]으로 낮은 진입장벽을 내세우는 대신 액션성을 확보해 저연령층 게이머들에게 큰 인기를 끌었는데, 이후 지속적인 업데이트를 통해 대작 MMORPG 못지않은 방대한 콘텐츠를 확보하며 경쟁력을 강화했다.

2003년 출시된 〈메이플스토리〉는 횡 스크롤 방식의 쉬운 게임성과 직관적인 인터페이스, 귀여운 캐릭터와 RPG 장르로서의 기본을 갖춘 구성을 바탕으로 저연령층 유저들에게 큰 인기를 끌었다. 덕분에 〈메이플스토리〉는 서비스를 시작한 2년 만에 동시접속자 수 20만 명을 기록하게 되었고, 이후 지속적인 업데이트를 바탕으로 꾸준한 성장을 거듭하여 2008년에 이르러 국내 회원 수 1,800만 명이라는 기록을 세우게 된다.[6]

〈메이플스토리〉는 국내뿐 아니라 해외에서도 화려한 성공을 거두었는데, 일본, 중국 등 아시아 시장을 넘어 북미 지역에서 회원 수 700만 명을 기록했고,[7] 2008년에는 무려 60개국에 진출해 서비스하게 되었다.[8] 또한 게임의 성공을 바탕으로 원 소스 멀티 유즈(OSMU: One Source Multi Use) 사업[9]도 활발히 전개했는데, 휴대용 게임기인 NDS와 모바일, 애니메이션, 만화책, 카드 게임 등으로도 콘텐츠를 확장하여 좋은 반응을 얻었다.

2005년 출시된 〈던전앤파이터〉는 〈메이플스토리〉와 비슷한 횡 스크롤 방식의 RPG로, 3D 그래픽이 대세였던 당시 게임 시장의 흐름과 달리 2D 그래픽 게임으로 제작되었지만 기존 게임들과 차별화되는 시원시원한 액션감을 강조해 큰 성공을 거두었다. 출시 후 1년도 안 되어 회원 수 100만 명, 동시접속자 수 5만 명을 기록한 〈던전앤파이터〉는 2007년엔 누적회원 500만 명, 동시접속자 수 15만 명을 기록하는 성장세를 이어간다.

〈던전앤파이터〉 역시 일본·대만·중국 등 외국에 진출해 좋은 성과를 거두었는데, 특히 중국에서 매우 큰 성공을 거두었다.

5 캐릭터의 앞뒤 움직임에 따라 게임 화면이 좌우로 흘러가는 방식. 슈퍼마리오 같은 플래포머(Platformer: 플랫폼 사이를 뛰어다니는 게임) 장르에서 많이 사용되었다. 대비되는 개념으로 '종 스크롤'이 있으며 〈1945〉 같은 비행 슈팅 게임 장르에서 많이 사용되었다.

6 "5주년 맞은 '메이플스토리' 게임의 역사 쓰고 있다", [베타뉴스], 2008. 4. 29.

7 "수출효자 게임 ①: 넥슨, 해외 발판으로 '1조 원 기업'", [이데일리], 2011. 8. 19.

8 "메이플스토리 전 세계 60개국 수출 달성", 아시아투데이, 2008년 4월 3일자.

9 하나의 콘텐츠를 활용하여 게임, 음반, 애니메이션, 캐릭터 상품, 장난감, 출판 등 다양한 방식으로 판매하여 부가가치를 극대화하는 방식.

10 "던전앤파이터, 중국 동시접속자 100만 돌파", [디스이즈게임], 2008. 12. 12.

중국에서 서비스를 시작한 첫해인 2008년 동시접속자 수 100만 명을 기록했고, 그해 '최고 온라인 게임상'을 수상하며 중국에서 가장 인기 있는 게임으로 등극하게 된다.[10]

〈메이플스토리〉(좌)는 다양한 사업으로 진출하여 OSMU의 성공적인 사례를 남겼다.
〈던전앤파이터〉(우)는 당시의 제작흐름과 다른 2D 게임이었지만 큰 성공을 거두어 놀라움을 주었다.

6) MMORPG

2000년 중반의 국내 MMORPG 시장은 최초의 국산 블록버스터 MMORPG인 〈리니지 2〉와 2005년 상용화를 시작하자마자 전 세계적인 반향을 일으킨 〈월드 오브 워크래프트〉가 이끌어가고 있었다. 이 두 게임의 강력한 영향력 때문에 이른바 '대박을 터트리는' 다른 MMORPG가 한동안 등장하지 못했다. 다만 자신만의 특색을 살려 유저들에게 어필한 게임들은 안정적으로 자리를 잡을 수 있었고, 국내에서 성공을 거두지 못했지만 외국에 진출해 인정을 받은 게임들도 있었다.

2004년에 출시된 〈마비노기〉는 자신만의 특색을 살려 시장에 성공적으로 자리 잡은 대표적인 작품이다. '생활형 MMORPG'라는 콘셉트를 가진 〈마비노기〉는 사냥이나 공성전같이 전투 위주로 진행되는 기존 MMORPG와 달리 아르바이트, 음악 연주, 캠프파이어 같은 다양한 활동을 통해 게임을 즐길 수 있어 많은 마니아층(특히 여성 유저들)을 확보할 수 있었다.[11] 더불어 일본 유저들에게도 좋은 반응을 얻으며 일본 진출 한 달 만에 동시접속자 수 1만 명을 기록하고,[12] 이후 해마다 최고 동시접속자 수를 갱신하는 인기를 끌었다.[13]

11 "마비노기 동시접속자 3.2만, 월매출 15억", [게임샷], 2004. 11. 26.

12 "넥슨, 마비노기 판타지 라이프 일본 장악", [뉴스와이어], 2005. 5. 30.

13 "넥슨 〈마비노기〉, 일본 서비스 5주년 기념 유저 초청 행사 진행", [데일리게임], 2010. 4.

2005년에 상용화를 실시한 MMORPG 〈열혈강호〉는 게임 소재로 판타지가 주를 이루던 시기에 무협을 소재로 선택해 성공한 게임이다. 많은 팬을 보유한 원작만화의 코믹함을 잘 살려낸 이 게임은 가볍고 명랑한 분위기와 무협의 특징인 화려하고 빠른 액션으로 인기를 끌며 오픈 베타 서비스 한 달 만에 동시접속자 수 7만 명을 기록했다.[14] 또한 외국에서도 좋은 성과를 거두었는데, 중국과 일본에 진출한 지 1년 만에 동시접속자 수 45만 명을 기록하는 성과를 거두었다.[15]

14 "열혈강호 온라인 동시접속자 7만 돌파 '쾌속 질주'", [오마이뉴스], 2004. 12. 30.
15 "열혈강호 1주년, 한중일 동시접속자 45만", [게임샷], 2005. 11. 25.

〈마비노기〉(좌)는 생활형 MMORPG라는 콘셉트로 여성층에게 많은 사랑을 받았다.
〈열혈강호〉(우)는 코믹한 무협장르로 기존 게임과 차별화를 두어 큰 성공을 거두었다.

2. FPS, 스포츠 게임의 선전과 대작 MMORPG의 실패(2006~2007)

2004년에는 〈카트라이더〉를 위시한 캐주얼 게임이 온라인 게임 시장을 주도했으며, 2005년에는 〈스페셜포스〉부터 〈서든어택〉과 〈스페셜포스〉로 이어지며 FPS가 시장을 주도했다. 스포츠 게임 장르도 선전하였는데, 국민적 인기를 누리는 야구와 축구를 소재로 한 게임들이 여럿 출시되었다. 2004년부터 지속된 블록버스터 MMORPG의 제작 경향이 계속 이어지며 이 시기에 이른바 '빅 3'로 불리는 게임들이 큰 관심을 모았는데 모두 기대한 만큼의 성적은 거두지 못했다.

1) FPS 게임

2005년에 오픈 베타 서비스를 실시하고, 2006년에 상용화된 〈서든어택〉은 기존에 출시된 같은 장르의 다른 게임들에 비해 쉬운 인터페이스를 제공해 초심자들도 쉽게 게임에 적응할 수 있게 하고, 효율적인 리스폰 시스템[16]과 난입 시스템[17]을 제공해 유저들이 오래 기다리지 않고 편리하게 게임 플레이에 집중할 수 있도록 배려했다. 이를 통해 기존에 인기를 끌던 〈스페셜포스〉를 제치고 온라인 FPS 게임의 선두를 차지한 〈서든어택〉은 이후 104주 연속 PC방 순위 1위를 차지했다.[18]

2) 스포츠 게임

2006년에 출시된 최초의 온라인 야구 게임인 〈신야구〉는 〈프리스타일〉이 농구를 캐주얼하게 풀어냈듯 야구를 캐주얼하게 풀어내어 성공을 거두었다. 이후 제작된 〈마구마구〉와 〈슬러거〉는 〈카트라이더〉 이후에 제작된 레이싱 게임들이 실패했던 것과 달리 〈신야구〉와 함께 인기를 끌며 온라인 야구 게임 장르를 확장시켰다. 특히 〈마구마구〉는 온라인 게임의 성공을 바탕으로 2009년과 2010년에 프로야구 네이밍 스폰서가 되어 현실 야구와 온라인 야구 게임이 긍정적인 관계를 맺는 가교 역할을 했다.

〈서든어택〉은 쉬운 게임 플레이로 진입장벽을 낮추어 인기를 끌었다.

16 온라인 FPS 게임은 대부분 시간을 정해두고 유저들끼리 대결을 해 더 많은 공격을 성공시키는 쪽이 이기는 방식으로 진행된다. 이때 공격을 당할 경우 쓰러졌다가 다시 게임에 참여하는 것을 '리스폰'이라고 한다. 게임에 따라 한 번 쓰러지면 정해진 시간이 끝날 때까지 게임에 참여할 수 없거나, 일정 시간이 지난 다음에 참여할 수 있다.

17 온라인 게임에서는 대부분 게임을 같이 할 유저들이 모인 다음에 함께 게임을 시작하는데, 이 경우 나중에 접속한 사람은 게임 도중에 참여할 수 없다. 난입 시스템은 게임이 시작한 이후에 접속한 사람도 게임에 참여할 수 있게 하는 시스템이다.

18 "아이온, 최장기간 1위 기록 경신 일주일 남기고 '테라'에 무릎", 헤럴드경제, 2011년 1월 17일자.

〈신야구〉(좌)와 〈마구마구〉(우)는 온라인 야구 게임의 성공 시대를 열었다.

야구 외에 축구를 소재로 한 게임도 인기를 끌었다. 오랜 기간 동안 피파 시리즈를 제작하며 경험을 축적한 EA와 서버 기술력을 갖춘 네오위즈가 합작한 〈피파 온라인〉은 2006년 출시 후 월드컵의 인기에 힘입어 독일 월드컵 기간 동안 동시접속자 수 18

만 명을 기록하는 큰 성공을 거두며 최고의 온라인 축구 게임으로 등극했다.[19] 또한 〈피파 온라인〉의 인기에 힘입어 만들어진 후속작 〈피파 온라인 2〉는 후속작이 성공하기 힘든 기존 온라인 게임의 흐름과 달리 성공을 이어가며 온라인 축구 게임의 선두를 유지했다.

　〈피파 온라인〉의 성공은 국내 개발사와 해외 개발사가 합작에 성공했다는 점에서도 큰 의미를 갖는다. 2006년 〈피파 온라인〉의 성공 이후 네오위즈와 EA는 협력적인 관계를 발전시킬 수 있었고, 이를 바탕으로 네오위즈는 2007년에 EA로부터 1억 달러의 투자를 이끌어낼 수 있었다.[20] 이는 국내 개발사의 개발력을 해외에서도 인정받았다는 것을 의미하는 것으로 이후 넥슨과 밸브, 드래곤플라이와 액티비전 및 이드소프트와의 합작[21] 등 해외 개발사와 협력하는 사례들로 이어졌다.

3) MMORPG

2003년 〈리니지 2〉의 성공 이후 수많은 대작 MMORPG들이 시장에 쏟아져 나왔다. 2004년에는 〈포트리스〉로 '국민게임' 칭호를 얻었던 CCR의 〈RF 온라인〉과 막강한 게임 포털 '한게임'을 운영하는 NHN의 〈아크로드〉가 경쟁 구도를 형성하며 관심을 끌었으나,[22] 출시 후 기대한 만큼의 결과를 얻지는 못했다.

〈피파 온라인〉

〈리니지 2〉 이후 대작 경쟁을 벌였던 〈RF 온라인〉(좌)과 〈아크로드〉(우)는 아쉽게도 기대했던 성과를 거두는 데 실패하고 만다.

19 "피파 온라인 2, 최고 동시접속자 18만 기록", [베타뉴스], 2010. 7. 6.

20 "피파 온라인 2, 최고 동시접속자 18만 기록", [베타뉴스], 2010. 7. 6.

21 "네오위즈, EA와 지분 투자 계약 및 온라인 게임에 대한 전략적 제휴 체결", [디스이즈게임], 2007. 3. 20.

22 "'RF온라인' vs '아크로드', 차기 게임판 '황제'는 바로 나!", [경향게임스], 2004. 6. 14.

2006년에는 3개의 블록버스터 MMORPG가 경쟁을 벌이게 되었는데, 그 작품들은 〈뮤〉를 개발했던 웹젠의 〈썬〉과 〈바람의 나라〉를 개발했던 넥슨의 〈제라〉, '〈라그나로크〉의 아버지'라고 불리는 김학규 PD가 설립한 IMC의 〈그라나도 에스파다〉였다. 성공한 MMORPG를 제작한 경험을 지니고 있는 제작사들 간의 경쟁이었기 때문에 이 작품들은 '빅 3'로 불리며 매우 뜨거운 반응을 불러일으켰다.[23] 그러나 세 작품 모두 출시 후 게임성에 대한 냉정한 평가와 함께 별다른 성과를 거두지 못했다.[24]

23 "빅3 그라나도 제라 썬, 모두 2월 오픈 베타", [게임샷], 2006. 2. 1.
24 "'빅3' 초라한 퇴장", 스포츠서울, 2006년 7월 26일자.

2년 만에 다시 불붙은 대작 경쟁의 성적표는 초라했다.

'빅 3'가 퇴장한 이듬해인 2007년에 〈라그나로크〉의 후속작 〈라그나로크 2〉가 출시되어 블록버스터 MMORPG로서 다시 큰 기대를 모았다. 그러나 2004년과 2006년의 게임들과 마찬가지로 〈라그나로크 2〉 역시 시장으로부터 냉담한 반응을 받았다. 수많은 버그와 서버 불안정 등이 실패의 원인이었으며, '아직 완성되지 않은 게임이 섣불리 시장에 나왔다'는 평을 받았다.[25]

물론 이 시기 출시된 모든 MMORPG들이 실패한 것은 아니었다. 〈로한〉이나 〈R2〉처럼 좋은 성적을 거둔 작품들도 분명 있었으나, 비슷한 시기에 스포츠 게임이나 FPS 게임 등 다른 장르들이 거둔 성적이나 온라인 게임 시장을 주도했던 예전의 MMORPG에는 미치지 못했다. 그 원인으로 다음 세 가지를 꼽을 수 있다.

첫째, 당시 전 세계적으로 인기를 끌고 있었던 블리자드 사의 MMORPG 〈월드 오브 워크래프트〉가 새로 제작된 MMOR-PG가 경쟁할 수 없을 정도로 너무나 강력했다.

전작의 인기에 큰 기대를 모았던 〈라그나로크 2〉는 혹평을 받는 데 그친다.

25 "그라비티, '라그 2' 악몽이 되살아나다?", [디지털데일리], 2010. 9. 3.

둘째, 기존에 출시되었던 MMORPG가 오랜 기간 동안 서비스를 진행하며 여러 콘텐츠를 축적한 데 비해 새로 제작된 MMORPG는 콘텐츠의 양적인 면에서 불리함을 가질 수밖에 없었다.

셋째, 게임을 플레이하면서 유저들 간의 커뮤니티가 형성되는 것은 MMORPG의 주요한 특성 중 하나인데, 이러한 커뮤니티는 유저들이 게임을 지속적으로 플레이하는 동시에 다른 게임으로 쉽게 이동하지 못하는 요인이 되었다.

이러한 요인들로 인해 온라인 게임 시장에서는 더 이상 새로운 MMORPG가 성공하지 못하는 것 아니냐는 불안감이 감돌기도 했다.

3. 기존 게임의 강세와 신작의 약세, MMORPG의 부흥(2008)

MMORPG 이외의 장르에서 〈서든어택〉(2006)과 〈피파 온라인 2〉(2007)를 제외한 신작이 성공한 경우가 거의 없었는데, 이러한 경향은 2008년에도 계속되었다. 〈서든어택〉의 성공 이후 신작 개발이 FPS 장르에 편중되고 높은 성과를 거두는 신작 게임이 나타나지 않으면서 국내 온라인 게임 업계에 위기론이 형성되기 시작했다.[26] 다만 수많은 블록버스터 작품들의 실패로 오랜 기간 침체를 겪었던 MMORPG는 2008년에 출시된 게임들이 선전을 거듭하고 하반기에 등장한 〈아이온〉이 대성공을 거두면서 분위기 반전에 성공했다.[27]

1) 기존 게임의 강세와 신작 게임의 약세

기존에 출시된 게임들이 높은 인기를 유지하는 가운데 새로 출시된 게임이 이를 넘어서지 못하는 흐름이 2007년에 이어 2008년에도 계속되었다.[28] 〈메이플스토리〉[29]나 〈던전앤파이터〉[30] 같은 기존 게임들이 점차 인기를 더해가는 반면, 신작 게임들은 좀처럼

26 미디어미래연구소, "2008년, 한국 게임업계의 재도약 원년 될까?", 2008. 4. 5.

27 "아이온, 동시접속자 28만에 426억 매출, 엔씨 1분기 실적발표", [인벤], 2009. 5. 11.

28 "하반기 신작 게임, PC방을 구원할 수 있을까?", [아이러브PC방], 2008. 10. 20.

29 "'메이플스토리'는 신기록 제조기", AM7, 2011. 7. 13.

30 "던전앤파이터, '중국 동시접속자 210만 명 돌파'", [베타뉴스], 2009. 9. 2.

힘을 발휘하지 못한 것이다.

이는 PC 패키지 게임이나 비디오 게임과 구별되는 온라인 게임만의 구조적 특성 때문인데, 싱글 플레이를 중심으로 하여 게임을 한 번 클리어하면 수명이 끝나는 PC 패키지 게임이나 비디오 게임과 달리, 온라인 게임은 패치를 통해 지속적으로 콘텐츠를 추가할 수 있기 때문에 게임의 수명이 길어질 수 있다. 또한 온라인 게임을 플레이하는 유저들이 형성하는 커뮤니티는 게임을 계속하게 하는 요인이 되어 새로운 게임을 플레이하는 기회를 줄어들게 한다.

이러한 요인들은 먼저 출시된 게임들에게는 더 많은 유저를 확보해갈 수 있는 요인으로 작용했으나, 새롭게 제작된 게임들에게는 성공을 가로막는 장애요인으로 작용하면서 업계 전반에 위기감을 형성하였다.

2) MMORPG의 부흥

온라인 게임 전반에 걸쳐 신작이 약세를 보이는 흐름이 이어지는 가운데 MMORPG의 분위기는 조금씩 반전되기 시작했다. 상위권 순위를 오래 유지하진 못했지만 〈아틀란티카〉[31], 〈창천〉[32], 〈십이지천 2〉[33], 〈프리우스〉[34]가 각각 서비스 초기에 선전하며 그 가능성을 보인 데 이어, 2008년 하반기에 출시된 〈아이온〉[35]이 큰 성공을 거두면서 MMORPG 시장의 부흥 가능성을 보여준 것이다.

천계, 마계, 용계의 대립이라는 설정과 전직, 비행전투, RvR, 사상 최고 수준의 자유도를 보여준 캐릭터 커스터마이징, 크라이엔진을 이용한 놀라운 그래픽 등을 선보인 〈아이온〉은 그 완성도를 바탕으로 그동안 새로운 블록버스터 MMORPG를 기다려온 유저들의 기대를 충족시키며 단숨에 시장을 석권했고, 이후 107주 동안 연속으로 PC방 순위 1위를 차지했다.[36]

〈아이온〉의 성공은 기존에 서비스되고 있는 〈리니지 1〉과 〈리니지 2〉의 인기에 영향을 주지 않으면서 성공했다는 점[37]과 당시까지 〈월드 오브 워크래프트〉를 앞서지 못했던 국산 MMORPG가 처음으로 1위를 차지하였다는 점,[38] 그리고 MMORPG 장르에

31 "아틀란티카, 동시접속자 3만 돌파 '유저 충성도 높다!'", [게임스팟코리아], 2008. 1. 21.

32 "창천온라인, 정식서비스 1주년 기념 이벤트 실시", [아이러브PC방], 2009. 2. 18.

33 "십이지천 2, 연일 접속자 폭주로 서버 포화", [디스이즈게임], 2008. 4. 23.

34 "십이지천 2, 접속자 폭주로 서버 포화", [디스이즈게임], 2008. 4. 23.

35 "'프리우스 온라인' '십이지천 2' 동시접속자 4만~7만 흥행돌풍", 스포츠경향, 2008년 10월 30일자.

36 "순위분석. 계속되는 신작의 부진, 아이온 '나홀로 톱 10'", [게임메카], 2009. 1. 7.

37 "엔씨소프트, '리니지'와 '아이온'은 올해에도 효자", [아이뉴스24], 2011. 2. 10.

38 "Cover Story: 와우, 아이온!", 중앙일보, 2009년 1월 8일자.

대한 가능성이 아직 남아있음을 확인시켜주어 새로운 게임들이
계속 개발될 수 있게 하였다는 점에서 의의를 갖는다.

〈아이온〉은 국내 대작 MMORPG 부흥의 신호탄이
되었다.

10장. 비디오 게임과 모바일 게임 - 새로운 시장의 형성

강지웅

1. 비디오 게임

1) 한국 비디오 게임 시장의 성립

PS2의 정식발매와 한국 비디오 게임 시장의 설립

한국 게임 산업에서 비디오 게임 시장은 2001년까지 파편적으로 형성되어 왔다. '패미컴', '메가 드라이브', '슈퍼패미컴', '세가 새턴' 등이 정식으로 수입되어 유통된 바 있고, LG·삼성·현대 등 대기업들이 게임 시장에 참여하기도 했다. 그러나 소프트웨어의 높은 소비자 가격과 제한적인 유통, 기존에 만연해 있던 불법복제 소프트웨어의 사용으로 인해 비디오 게임 시장이 원활하게 형성되어 지속되지 못했다.

이러한 한국 비디오 게임 시장의 사정과 달리 외국 비디오 게임 시장은 발전을 거듭하며 치열한 경쟁이 이루어지고 있었다. 특히 '플레이스테이션(Playstation)', '드림 캐스트(Dreamcast)', '닌텐도 64(Nintendo 64)'를 두고 벌어진 소니와 세가, 그리고 닌텐도의 하드웨어 경쟁에서 세가가 시장에서 물러나고, 그 자리에 마이크로소프트가 비디오 게임 시장 진출을 선언하면서 새로운 경쟁구도가 성립되었다. 그리고 2001년 소니는 '플레이스테이션 2'를, 마이크

PS2(좌), Xbox(중), GameCube(우)

로소프트는 '엑스박스'를, 닌텐도는 '게임 큐브'를 발표하면서 새로운 격돌이 시작된다.

이러한 배경 속에서 2002년 2월, 소니 컴퓨터 엔터테인먼트(SCE, Sony Computer Entertainment)가 한국에 '소니컴퓨터엔터테인먼트 코리아(SCEK)'를 설립하고 '플레이스테이션 2(PlayStation 2, 이하 PS2)'를 공식 유통하기 시작했으며, 같은 해 12월, 마이크로소프트가 세중게임박스를 통해 '엑스박스(Xbox)'를, 닌텐도가 대원씨아이를 통해 '게임 큐브(GameCube, 이하 GC)'를 유통하면서 한국 게임 산업에 비디오 게임 시장이 본격적으로 형성된다.

새롭게 형성된 비디오 게임 시장이 과거와 가장 큰 차이를 보이는 부분은 적극적인 유통에 있다. 플랫폼 홀더가 직접 유통을 맡거나 전문 유통업체(마스터 디스트리뷰터)와의 협력을 통해 전국 단위 유통망을 형성하고 적극적인 홍보와 마케팅을 시도하였으며, 외국어로 제작된 작품들의 자막, 음성, 주제곡 등을 한글화해 게임을 플레이하면서 언어의 차이로 인해 겪는 어려움을 줄이고자 노력했다.

	기종	발매일	국내발매일	유통형태	유통사
소니	PS2	2000. 3. 4	2002. 2. 22	직접	SCEK
마이크로소프트	Xbox	2001. 11. 5	2002. 12. 23	대행	세중게임박스
닌텐도	GameCube	2001. 9. 14	2002. 12. 14	대행	대원CI

비디오 게임기 발매시기와 형태

비디오 게임 시장의 폭발적 성장

2002년 비디오 게임의 공식적인 유통이 시작된 이래 2003년부터 비디오 게임 시장이 본격적으로 성장하기 시작했다. 국내 유통사들의 출범과 해외 유통사들의 국내 진출이 이어지면서 게임 타이틀의 발매량이 지속적으로 증가하였고, 국내 게임 개발사들이 비디오 게임 제작에 참여하기 시작했으며, 비디오 게임 전용 온라인 서비스가 시작되고, 비디오 게임방이 늘어나기 시작했다. 2003년에는 2002년 7월에 한글화하여 발매되었던 NAMCO 사의 〈철권 4〉의 판매량이 10만 장을 넘어서는 기록을 세우면서 비디오 게임 시장의 저변이 확대되었음을 나타내는 동시에 앞으로의 성장에 대한 기대감을 높였다.

국내 게임 개발사의 비디오 게임 개발도 활발하게 이루어졌다. 2002년 6월 조이캐스트가 PS1용 게임 〈매닉 게임 걸〉(Manic Game Girl)을 출시했으며, 2003년 1월에는 씨드나인 엔터테인먼트가 최초의 국산 PS2 게임 〈토막: 지구를 지켜라 완전판〉을 출시하였다. 이밖에 액시스 엔터테인먼트의 〈AXEL IMPACT〉(2004), 시네픽스의 〈아쿠아 키즈〉(2004), 안다미로의 〈Pump it up: The Exceed〉(2004) 등이 출시되었다.

〈매닉 게임 걸〉(좌), 〈토막: 지구를 지켜라 완전판〉(우)

2004년 10월, PS2의 국내 보급 대수가 100만 대를 넘어서면
서 비디오 게임 시장의 성장세를 다시금 확인하게 된다. 또한 같
은 해 소프트맥스의 PS2용 게임 〈마그나카르타: 진홍의 성흔〉이
일본에서, 판타그램의 Xbox용 게임 〈킹덤 언더 파이어: 크루세
이더〉가 북미지역과 유럽에서 좋은 반응을 얻었다. 당시 국내 시
장은 경제 불황으로 인해 내수경기 침체를 비롯한 여러 제약들이
있었지만, 이와 같은 외국시장 진출을 통해 비디오 게임 시장의
발전가능성에 대한 기대를 갖게 했다.

〈마그나카르타〉(좌), 〈킹덤 언더 파이어〉(우)

포터블 게임기의 등장과 차세대 게임기 개발에 대한 기대
2002년 이후 한국의 비디오 게임 시장도 해외 비디오 게임 시장
의 영향을 거의 동시에 받게 되었다. 2003년부터 각 플랫폼 홀더
는 포터블 게임기에서 새로운 경쟁을 시작하고, 이와 더불어 기
존 비디오 게임기의 차세대 게임기를 개발하는 계획을 발표했다.
　새로운 플랫폼과 하드웨어에 대한 기대감이 커졌고 이로
인해 기존 비디오 게임 시장이 다소 침체되었지만, 카메라로 움
직임을 인식하여 게임을 플레이하는 PS2의 주변기기 '아이토이
(EyeToy)'와 이를 활용한 게임들이 출시되어 호응을 얻는가 하면,
게이머들이 일이십 년 전에 플레이했던 게임들을 다시 출시하는

'레트로(retro)' 게임들이 출시되어 게이머들의 추억을 자극하는 등 여러 갈래의 새로운 흐름들이 이어졌다.

이와 함께 하드웨어의 성능을 개선한 새로운 모델을 출시하고, 기존에 출시된 모델의 가격을 인하하며, 큰 인기를 끌었던 유명작의 후속작을 시리즈로 이어서 제작하는 등 기존 게이머들을 유지하고 새로운 게이머들을 진입시키려는 노력도 지속되었다.

2) 성능의 진보와 새로운 게임방식의 등장

새로운 하드웨어의 출시

2002년부터 국내에서 시작된 PS2와 Xbox, 그리고 GC의 경쟁은 최종적으로 PS2의 승리로 끝났다. 하드웨어의 보급, 출시된 소프트웨어, 한글화된 타이틀의 양을 비롯해 국내 비디오 게임 시장에서의 활동과 실제로 거둔 성과 면에서 PS2가 모두 앞섰던 것이다.

이러한 배경에서 소니, 마이크로소프트, 닌텐도는 새로운 차세대 게임기 개발이라는 새로운 경쟁에 돌입하게 된다. 특히 2006년 7월, 닌텐도가 한국지사 '한국 닌텐도'를 설립해 모든 플랫폼 홀더가 직접 유통을 관리하는 경쟁구도가 형성되면서 더욱 치열한 경쟁을 예고했다.

차세대 게임기는 공통적으로 하드웨어의 성능을 발전시켜 게임의 처리 속도, 그래픽과 사운드 등의 요소들을 개선해 게임에서 더 많은 표현을 할 수 있도록 한다. 마이크로소프트의 '엑스박스 360(Xbox 360)'과 소니의 '플레이스테이션 3(PlayStation 3, 이하 PS3)'는 각각 이전 기종인 Xbox와 PS2에 비해 하드웨어의 성능이 비약적으로 발전하였고, 고해상도 영상을 제공하며, 온라인 서비스인 'Xbox Live'와 'PSN(PlayStation Network)'을 구축하여 게이머들 간의 네트워크 플레이 등 다양한 콘텐츠를 제공하는 기반을 마련하였다.

새로운 하드웨어 경쟁의 시작을 연 것은 마이크로소프트의 Xbox 360이다. 소니와 닌텐도가 PSP와 NDS로 포터블 게임기 시장에서 경쟁하고 있는 동안 마이크로소프트는 가장 먼저 차세

PS3(좌), Xbox 360(중), Wii(우)

대 게임기 개발에 착수, 2005년 11월 22일에 'Xbox 360'을 출시하였다. 국내에는 2006년 2월 24일에 출시했다.

소니는 PS3를 2006년 11월 11일에 출시하고, 국내에는 2007년 6월 16일에 출시했다. 닌텐도는 PS3와 Xbox360과 달리 컨트롤러를 직접 움직여 게임을 플레이하는 새로운 컨트롤 방식의 'Wii'를 2006년 11월 19일에 출시하고, 국내에는 2008년 4월 26일에 출시했다.

새로운 게임방식, 새로운 경쟁구도

차세대 게임기들은 월등하게 발전한 성능을 바탕으로 더욱 다양한 소재와 표현의 게임을 즐길 수 있게 했다. 그리고 여기에 게임을 더욱 다채롭게 즐길 수 있는 요소들을 추가하고자 노력했다. 온라인을 적극 활용해 게이머들 간의 네트워크 플레이를 지원하고, 체험판을 제공하거나 게임 소프트웨어의 다운로드 판매를 제공해 다양하게 비디오 게임을 즐길 수 있는 환경을 구축했다.

이전부터 이어져온 블록버스터 게임의 제작 경향은 더욱 견고화되었는데, 갈수록 하드웨어의 성능이 발전하면서 보다 다양한 기술의 구현과 표현이 가능해져 게임의 제작규모도 그만큼 커지게 되었다. 제작규모가 커졌다는 것은 그만큼 실패의 위험도 늘어났음을 뜻하는데, 이러한 위험을 줄이기 위해 하나의 게임을 여러 종류의 플랫폼에 동시에 출시하는 '멀티 플랫폼' 전략이 점차 일반화되었다.

　　이전에는 특정 게임이나 게임 시리즈가 한 플랫폼에서만 독점적으로 출시되어 특징적인 브랜드를 형성하거나, 해당 플랫폼의 구입을 유도하는 분위기가 있었으나 멀티 플랫폼 전략으로 인해 이러한 경향은 많이 줄어들게 되었다. 하지만 플랫폼 간의 하드웨어와 소프트웨어의 경쟁 외에도 온라인 서비스 등 콘텐츠 경쟁이 이루어지면서 비디오 게임 시장의 경쟁구도는 오히려 더 다각화되었다.

3) 비디오 게임의 온라인 전략과 한국 시장에서의 전개

　온라인이라는 화두
온라인을 통해 다른 게이머들과 함께 네트워크 플레이를 하거나, 온라인으로 게임 소프트웨어를 구입해 전송받아 플레이하는 등의 아이디어는 예전부터 부분적으로 시도된 바 있다. 이러한 온라인 요소가 본격적으로 사용된 것은 PS2와 Xbox 때부터이다. 이 기기들은 비단 게임을 즐기는 것뿐만 아니라 CD, DVD 등을 감상할 수 있는 멀티미디어 기기로서도 설계되었다.

　　이는 궁극적으로 이 기기들이 거실에서 필요로 하는 모든 기능들의 중심 역할을 수행하는 것을 목적으로 하는 것이었으며, 각 플랫폼 홀더들은 이러한 목표 아래 온라인을 통한 게이머들 간의 네트워크 플레이 외에도 다양한 서비스를 구축하였다. 때문에 전 세계적으로 앞선 수준으로 인터넷 회선이 보급된 한국의 비디오 게임 시장에서 온라인 서비스가 활발하게 사용될 것이라는 기대를 모으기도 했다.

　　이러한 배경에서 PS2는 2003년 7월 3일 'PS2 온라인 서비스'를 시작했으며, Xbox는 2003년 10월 30일 'Xbox Live' 서비스를 시작했다.[1] 하지만 처음의 기대와 달리 PS2의 경우 온라인 플레이를 지원하는 게임 소프트웨어가 지속적으로 보급되지 못하고, Xbox의 경우 하드웨어 보급이 충분하지 못해 큰 호응을 얻지는 못했다.

　　여기에 PC 온라인 게임에 사용자가 집중되어 있는 한국 게

1　PS2의 경우 2002년 초기 출시 모델에는 네트워크 어댑터가 포함되지 않았으나, 2003년 7월부터 출시된 모델에는 기본으로 장착되었으며 네트워크 어댑터를 별도로 판매하여 이전 모델도 온라인 서비스를 활용할 수 있도록 지원하였다. Xbox의 경우 초기 출시 모델부터 네트워크 어댑터와 하드 디스크가 기본으로 장착되어 있었다.

임 산업의 구조적인 요인도 작용했다. 하지만 온라인의 중요성이 게임 전 분야에 걸쳐 강조되고 있는 만큼 온라인 서비스의 필요성에 대한 게임계 전반의 공감대가 높게 형성되어 있었고, 차세대 게임기의 개발을 앞두고 각 플랫폼 홀더들이 공통적으로 온라인 서비스를 핵심적으로 강조했기 때문에 온라인 서비스에 대한 기대는 지속되었다.

온라인의 본격적 구현

비록 초기부터 성공을 거두지는 못했지만 각 플랫폼 홀더의 온라인 전략은 완성에 가까운 내용으로 구성되어 있었다. 크게 다섯 가지로 구분할 수 있는데 첫째, 여러 게이머들이 온라인을 통해 온라인 멀티 플레이를 하도록 지원하고, 둘째, 이전 플랫폼에서 출시되었던 게임들을 다운로드하여 플레이할 수 있도록 제공하고, 셋째, 현재 플랫폼에서 출시되는 게임들을 다운로드하여 플레이할 수 있도록 제공하고, 넷째, 온라인 서비스 사용자끼리 이메일을 주고받거나 메시지를 주고받을 수 있게 하고, 다섯째, 음악을 듣거나 영상을 감상할 수 있도록 하는 것이다.

이러한 전략들은 2006년부터 시작된 차세대 기기들의 경쟁에서부터 실질적으로 구현되었다. 기술상의 문제 또는 콘텐츠 부족 등 원활하지 못했던 부분들을 보완하고, 음악·영상 등을 제공하는 채널과 의사소통하기에 편리한 인터페이스를 제공함으로써 게임을 즐기는 방법을 다양하게 만드는 것은 물론, 게임 외의 즐길거리들을 제공하였다.

또한 각 플랫폼 홀더들은 차별화된 노력들을 더하기도 했다. Xbox 360의 경우 '라이브 아케이드' 채널을 통해 인디 게임을 판매하는 등 게이머들에게 다양한 종류의 게임들을 제공하였으며, 각종 채널 사업자들과의 적극적인 서비스 제휴를 통해 온라인 서비스 안에서 보다 많은 활동을 할 수 있도록 했다.

PS3의 경우 온라인 서비스 내 유저 간에 게임과 커뮤니케이션을 즐길 수 있는 'PlayStation Home'이라는 가상 세계 서비스를 제공하였으며, 2008년에는 통신사업자 KT의 IPTV 서비스인 '메가TV'와의 결합상품을 출시하여 저렴한 가격으로 기기를 보급하고 IPTV의 다양한 콘텐츠를 확보하려는 노력을 기울였다.

Wii는 과거의 출시작들을 제공하는 '버추얼 콘솔'과 게이머의 아바타를 제작하여 활용하는 Mii, 뉴스와 커뮤니케이션 채널 등을 포함한 온라인 서비스 'Wii 웨어'를 제공하는 등 다른 플랫폼과 유사한 전략을 취하였다. 그런데 하드웨어 지역 코드 제한으로 인해 국내 정식 출시된 게임만을 즐길 수 있는 상황에서 외국에 출시된 게임들에 비해 국내에 정식 출시된 게임의 수가 절대적으로 부족해 다른 두 플랫폼에 비해 온라인 서비스가 활발하게 사용되지는 않았다.

4) 불법복제와 중고거래가 게임 산업에 미친 영향

2002년 이래 정식으로 시장이 형성된 이후 비디오 게임 시장은 지속적으로 성장했으나 기대만큼의 폭발적인 성장을 이루지는 못했다. 그 이유로 크게 세 가지를 꼽을 수 있는데, 불법복제, 중고거래 그리고 병행수입이다. 불법복제는 하드웨어를 개조하여 임의로 복제한 미디어로 게임을 플레이하는 방식이며, 중고거래는 한 번 구입한 타이틀을 중개상인에게 되팔거나, 다른 구매자가 되판 게임을 구입하는 방식이다. 병행수입은 해외발매 타이틀을 수입할 때 하나의 유통사가 권리를 갖는 관행과 달리, 원 저작자와 계약을 맺을 경우 복수의 유통사가 권리를 갖는 것을 뜻한다.

서로 다른 원인에 따라 각기 다른 문제점들이 발생하였는데, 불법복제의 경우 게임 판매량의 감소를 초래했다. 중고거래도 이에 기여했다고 할 수 있는데, 중고거래를 하는 과정에서 발생하는 이익은 게임 제작사들에게 돌아가지 않기 때문이다. 병행수입의 경우 주로 게이머들에게 인지도가 높은 작품이나, 유명 제작사의 작품을 대상으로 주로 이루어졌는데, 이 경우에도 게임 유통을 통해 얻을 수 있는 수익이 분산된다.

결과적으로 이러한 요인들은 새로운 게임의 제작과 유통에 대한 시장의 의지를 감소시키는 결과를 만들었다. 가장 대표적인 사례로 외국 게임이 국내에 유통되는 과정에서 한글화가 이루어지는 경우가 급격하게 줄어든 것을 꼽을 수 있다. 이는 국내에서의 판매에 대한 기대가 그만큼 낮아졌기 때문이며, 이는 외국 게임의 국내 유통에 대한 의지 감소로 이어져 외국 게임의 출시 자체가 줄어들게 되었다.

하지만 이러한 불법복제, 중고거래, 병행수입의 문제는 비단 한국 게임 시장만의 문제는 아니다. 외국 게임 시장에서도 꾸준히 발생하고 있는 문제이며 특히 중고거래는 국가마다 법적·문화적으로 상이한 해석이 이루어지며 논쟁이 진행되고 있는 사안이기도 하다. 또한 이러한 문제들은 단순히 게임의 판매에만 관계된 것이 아니라, 게임의 적정 가격·게임을 주로 즐기는 계층 등 다양한 사항들에 대한 성찰과 토론을 요구한다. 때문에 이러한 문제들에 관해 보다 종합적인 논의를 바탕으로 합의를 이끌어내고자 하는 노력이 이루어질 필요가 있다.

5) 새로운 재미의 창출: 기술의 발전과 결합

비디오 게임 시장의 경쟁은 새로운 재미의 영역을 창출하는 측면으로도 이루어지고 있다. 이를 통해 게임을 하지 않았던 사람들에게는 게임을 즐길 수 있는 기회를 제공하고, 기존의 게이머들에게는 익숙한 방식이 아닌 새로운 방식으로 게임을 즐길 수 있는 기회를 제공해 전체적으로 게임 시장의 지형을 넓힐 수 있기 때문이다.

닌텐도의 Wii는 이러한 관점에서 가장 주목할 만하다. 동작을 인식하는 모션 컨트롤러를 게임에 도입해 게임패드를 사용하지 않고도 게임을 플레이할 수 있는 이 기기는, 직관적인 게임 조작을 제공함으로써 그동안 상대적으로 비디오 게임에 접근하기 쉽지 않았던 여성이나 고령층의 사람들을 게임으로 끌어들이는 데 성공했다.

마이크로소프트는 Xbox 360에 '키넥트(Kinect)'를 도입했다. 카메라를 이용해 동작을 인식하는 방식을 도입함으로써 게이머의 몸 전체를 컨트롤러로 사용하도록 했고, 이 기술을 응용한 타이틀을 출시해 전 세계적으로 폭발적인 호응을 이끌어냈다.

2004년에 카메라로 동작을 인식해 게임을 플레이하는 '아이토이(EyeToy) 카메라'와 몇 가지 타이틀들을 출시해 큰 호응을 얻은 바 있는 소니는 차세대 게임기 플랫폼에서는 가장 늦게 동작 인식을 게임 플레이에 적용한 'PS Move'를 2010년에 출시했다.

'Kinect'(좌)와 'PS Move'(우)

이처럼 각 플랫폼 홀더들은 더욱 뛰어난 성능의 하드웨어와 풍부한 소프트웨어를 개발하는 경쟁 외에도 새로운 재미의 영역을 창출함으로써 새로운 사용자층을 발굴하려는 노력들을 하고 있다. 이는 게임의 영역에서만 이루어지는 경쟁이 아니라, 각 가정의 거실에서 비디오 게임이 엔터테인먼트의 중추적인 기능을 하는 것을 최종 목표로 이루어지는 경쟁이기 때문에 앞으로 더욱 흥미롭고 치열하게 전개될 전망이다.

2. 포터블 게임

'휴대용 게임'이라 불리기도 하는 포터블(Portable) 게임은 국내에서 그리 큰 시장을 형성하지는 못했지만, 지속적으로 포터블 게임기를 개발해오면서 부분적으로 국내에 정식 유통을 했던 바 있는 닌텐도 사가 오랫동안 중심을 지켜왔다. 2001년, 국내 개발사인 ㈜게임파크가 순수 기술로 개발한 포터블 게임기 'GP32'를 출시하기도 했으나 기대에 비해 큰 반향을 일으키지는 못했다.

국내 게임시장에서 본격적으로 포터블 게임 시장이 형성된 것은 2005년 5월, 소니가 '플레이스테이션 포터블(PlayStation Portable,

이하 PSP)'을 출시하고 닌텐도와 경쟁하게 되면서부터이다. 표면적으로는 닌텐도와 소니 양사의 대결이었지만 구체적으로는 닌텐도의 닌텐도(Nintendo)DS(이하 NDS), 게임보이 마이크로(GameBoy Micro)와 소니의 PSP라는 서로 다른 특성을 지닌 포터블 게임기들 간의 경쟁이었다.

1) 서로 다른 지향점을 향한 경쟁

게임보이 마이크로와 NDS, 그리고 PSP는 포터블 게임기로 분류되지만 서로 다른 지향점을 가지고 있었다. 먼저 2005년 12월 20일에 국내에 정식 발매된 게임보이 마이크로는 이전에 출시되었던 '게임보이 어드밴스(GameBoy Advance, 이하 GBA)'를 소형화한 기기로, 닌텐도 사의 대표적인 게임인 〈슈퍼마리오〉 탄생 20주년을 기념하여 출시되었다. 게임 기능 외에도 음악과 동영상을 감상할 수 있는 기능이 있었지만, 기존 닌텐도 포터블 게이머들을 주요 대상으로 제작된 기기이기 때문에 게임 기능이 가장 많이 부각되었다.

왼쪽부터 NDS, PSP, GameBoy Micro

소니가 2005년 5월 2일에 정식 출시한 PSP는 포터블 기기임에도 불구하고 비교적 높은 사양을 지니고 있고, 게임기능뿐 아니라 음악·영상 감상 등 종합 엔터테인먼트 기기의 성격을 가지고 있어 출시 전부터 많은 관심을 모았다.

최초 국산 PSP 게임 〈글로레이스: 판타스틱 카니발〉(SCEK) 외에도 국내 게임 개발사들의 PSP 게임 개발이 다른 플랫폼에 비해 비교적 많이 이루어졌는데, 특히 〈불카누스〉(제페토), 〈어스토니시아 스토리 R〉(손노리), 〈디제이맥스 포터블〉(펜타비전)은 외국으로도 수출되어 좋은 반응을 얻기도 했다.

〈불카누스〉(좌)와 〈디제이맥스 포터블〉(우)

또한 동영상을 감상할 수 있는 PSP의 특성을 활용한 인터랙티브 애니메이션 〈은하자양강장 무타쥬스〉(시네픽스)와 온라인 게임 〈댄스배틀 오디션〉과 아케이드 게임 〈펌프잇업 익시드〉를 PSP용으로 개발한 〈댄스배틀 오디션 포터블〉(레드 엔터테인먼트)과 〈펌프잇업 익시드 포터블〉(안다미로)이 출시되기도 했다.

두 개의 게임 화면과 터치스크린 방식을 도입한 NDS는

〈은하자양강장 무타쥬스〉(좌)와 〈펌프잇업 익시드 포터블〉(우)

2004년 12월 29일에 정식 출시되었다. 새로운 조작방식과 인터페이스를 응용한 다양한 게임들로 게이머들의 관심을 모았고, 특히 국내에서는 유명 연예인을 광고모델로 기용한 닌텐도의 홍보전략과 〈매일매일 DS 두뇌 트레이닝〉(한국닌텐도)과 〈터치 딕셔너리〉(대원미디어) 같은 실용적인 타이틀들이 평소 게임을 즐기지 않았던 이들의 관심까지 끌면서 큰 호응을 얻었다.

　　국내개발사들도 다른 포터블 게임기와 차별화되는 NDS의 독특한 조작방식과 인터페이스를 한국적인 소재와 내용에 적용한 게임을 개발하였다. 대표적으로 〈DS 고스톱〉(씨티게임엔터테인먼트)이나 〈한국인의 상식력 DS〉(스튜디오나인), 그리고 한국 최초 NDS 게임이기도 한 〈아이언 마스터: 왕국의 유산과 세계의 열쇠〉(바른손크리에이티브)를 꼽을 수 있다.

〈매일매일 DS 두뇌 트레이닝〉(좌)과 〈아이언 마스터〉(우)

　　한편 〈라그나로크 DS〉(그라비티)나 〈메이플스토리 DS〉(넥슨) 같이 유명 온라인 게임이 NDS용으로 개발되어 출시되기도 했으며, 〈하루 10분 약점극복 + 200 토익 DS〉(스코넥엔터테인먼트), 〈한검 DS〉(아이언노스) 등 교육용 타이틀도 개발되었다. 특히 〈아라누리〉(삼지게임즈)는 국내 기술만으로 제작된 NDS 전용 최초 Full 3D 게임으로, 기획 단계부터 게임 개발사가 교육기관과 함께하여 교육적 기능의 성격도 지닌 게임이었다.

　　게임보이 마이크로, PSP, NDS는 포터블 게임기라는 하나의 시장 안에서 경쟁을 펼쳤지만 구체적으로는 서로 다른 지향점을 가지고 있었다. 게임보이 마이크로가 간단하고 간편하게 즐길

〈라그나로크DS〉(좌)와 〈아라누리〉(우)

수 있는 기존 포터블 게임의 재미를 지향했다면, PSP는 비디오 게임기인 플레이스테이션을 휴대용으로 즐기는 것 외에도 동영상이나 음악을 감상하고 인터넷 브라우저로도 활용할 수 있는 종합 멀티미디어 기기를 지향했다. NDS는 PSP의 기능을 모두 갖추고는 있으나 두 개의 화면과 터치 인터페이스를 활용한 플레이를 강조함으로써 게임을 즐기는 새로운 방식을 확장하고자 했다. 그리고 이렇게 서로 다른 지향점들은 결과적으로 포터블 게임을 즐기는 게이머의 범위를 확장시키는 데 기여했다.

2) 의미 있는 시도, 'GP32'

한국 게임 시장의 초창기부터 게임 소프트웨어를 직접 개발하려는 움직임은 있어왔지만 상대적으로 하드웨어를 직접 개발하려는 움직임은 드물었다. 그러한 가운데 2001년 11월 23일, ㈜게임파크가 국내 기술로 개발한 포터블 게임기 'GP32'를 출시했다. 이 기기는 16비트 컬러와 3.5인치 LCD, 스테레오 스피커로 구성되어 당시 출시된 포터블 게임기 중 가장 뛰어난 성능을 지니고 있었다. 또한 무선대전 기능을 지원하고, PC와 직접 연결할 수 있는 USB 포트를 갖추어 다양한 방법으로 기기를 활용할 수 있는 장점을 지니고 있었다.

1994년에 PC로 출시되어 큰 인기를 끌었던 작품을 리메이크한 〈어스토니시아 스토리 R〉(손노리), 게이머들로부터 비중 있는 인지도를 지니고 있는 독립 게임 개발자 '별바람'이 주축으로 활

한국 최초 포터블 게임기 'GP32'

동하는 '별바람 크리쳐스'가 제작한 〈그녀의 기사단: 강행돌파〉, 1993년에 PC로 출시되었던 육성 시뮬레이션 게임을 이식한 〈프린세스 메이커 2〉 등, 총 18개 게임들과 함께 출시되었으나 결과적으로 시장의 좋은 반응을 이끌어내지는 못했다.

이후 ㈜게임파크는 게임파크와 게임파크홀딩스로 분리되어, 각각 'XGP'와 'GP2X'를 개발하였다. 'XGP'는 게임 기능에 초점을 맞춘 기기로 3D 그래픽을 지원하는 것 외에도 DMB 방송 시청과 음악과 동영상 재생을 지원하는 등, 멀티미디어 기기로서의 기능도 갖추어 PSP나 NDS와 경쟁을 벌일 수 있을 것으로 기대되었다. 이에 반해 'GP2X'는 음악과 동영상 재생 같은 멀티미디어 기능에 초점을 맞춘 기기로 게임 기능은 오픈소스를 기반으로 한 에뮬레이터 방식으로 지원할 예정이었다. 이는 당시 유행했던 PMP의 기능을 강조해 대중적인 관심을 끌면서 'GP32' 출시 당시 호응을 얻었던 유럽을 중심으로 활동하는 아마추어 개발자들의 참여를 유도하고자 하는 것이었다.

'XGP'는 개발상의 이유로 출시되지 못하였으며, 'GP2X'는 2005년 11월 10일에 출시되었다. 그러나 'GP32'와 마찬가지로 좋은 반응을 이끌어내지는 못했다. 출시 초기에 하드웨어의 결함이나 소프트웨어 버그들이 적지 않게 발견되면서 불안정한 출발을 했고, 여기에 지속적인 게임 소프트웨어 제작이 뒷받침되지 않은 탓이었다.

게임파크홀딩스는 이후에도 개발을 지속해 2009년 4월 30일, 'GP2X Wiz'를 출시했다. 이전 모델의 성능을 보완하고 향상

'XGP'와 'GP2X'

시킨 것 외에도, 포터블 게임기 최초로 플래시 게임을 지원하였
다. 이전 모델과 마찬가지로 오픈소스 정책을 동일하게 유지하면
서 더 많은 개발자들의 참여를 유도하기 위해 앱스토어와 커뮤니
티 로 활용할 'FunGP'라는 이름의 사이트를 운영할 계획을 밝히
고, 이를 위한 개발자 센터를 오픈하였다. 이 기종은 2009년 2월
"요즘 초등학생들이 많이 가지고 있는 닌텐도 게임기를 우리도
개발할 수는 없느냐?"라는 대통령의 언급으로 포터블 게임기에
대한 관심이 높아지면서 출시 전부터 화제가 되었으며, 또한 플랫
폼 육성에 관한 국가적인 지원에 대한 논의를 만들어내기도 했다.
　　그러나 'GP2X Wiz' 역시 이전과 마찬가지의 이유로 상업
적으로 유의미한 성공을 거두지는 못했다. 더욱이 'GP2X'를 출
시했을 때와 달리 포터블 게임기 시장은 PSP와 NDS가 많은 비
중을 차지하고 있었고, 스마트폰이 출시되어 포터블 게임과 모바
일 게임 시장 모두에 영향을 미치고 있었다. 이후 게임파크홀딩
스는 2010년 8월 18일, 후속 기종인 '카누(Caanoo)'를 출시했다. 진
동기능, 중력 센서, 아날로그 패드를 지원하고 액정 화면을 확대
시키는 등 성능의 향상을 꾀하고, 앱스토어와 커뮤니티 역할을
하는 'FunGP' 서비스를 오픈하였다. 그런데 이렇게 여러 가지 시
도를 하였음에도 불구하고 결과는 같았다.
　　'GP32'로부터 시작된 일련의 시도들은 무엇보다 플랫폼을
형성하려 했다는 점에서 중요한 의미를 갖는다. 플랫폼이 형성되
면 그 안에서 게임 제작사들이 게임 소프트웨어를 개발하고 게이
머들이 이를 플레이하는 선순환이 이루어지는데, 그 중심에 하드

'GP2X Wiz'(좌)와 'Caanoo'(우)

웨어가 있기 때문이다. 때문에 게임 하드웨어를 개발하여 성공시
킨다는 것은 비단 하나의 시장을 만드는 것뿐 아니라, 하나의 브
랜드를 구축한다는 것을 의미하기도 한다. 그러한 점에서 준수한
성능을 갖추고 시장의 흐름과 변화를 읽어낸 여러 가지 시도를
했던 'GP32'와 그 이후의 과정들은 비록 결과 면에서 아쉬움을
남기지만 그 시도만큼은 매우 높이 평가할 만하다.

3) 스마트폰의 등장과 플랫폼의 재편

PSP와 NDS를 중심으로 형성된 국내 포터블 게임 시장은 두 가
지 이유에서 크게 성장하지 못했다. 하나는 게이머들의 다양한
요구에 걸맞은 게임 소프트웨어가 충분히 출시되지 못했으며, 다
른 하나는 과도한 불법복제 때문이었다. 가장 심각한 원인은 불
법복제였다. 과도한 불법복제로 인해 게임 소프트웨어가 정상적
으로 판매되지 않았고, 결과적으로 게임 소프트웨어 출시가 줄어
드는 결과로 이어졌다. 상황이 이렇다보니 국내 게임개발사들의
참여도 시간이 지날수록 점차 줄어들었다.

이렇게 한동안 침체되었던 포터블 게임 시장은 스마트폰의
등장과 함께 새로운 국면을 맞게 되었다. 특히 2009년 11월 애플
사의 '아이폰(iPhone)' 출시는 모바일 게임 시장은 물론 포터블 게
임 시장에도 많은 영향을 주었다. 스마트폰은 음성통화와 문자메
시지 기능 외에도 음악과 동영상 재생 등 각종 멀티미디어 기능
은 물론 터치 스크린과 위치인식 기능, 그리고 무선 인터넷 기능
을 기본적으로 갖추고 있어 포터블 게임기로서도 활용될 수 있었
다. 여기에 편리하게 다양한 소프트웨어를 사고팔 수 있는 '앱스
토어[2]'가 성공적으로 운영되면서 많은 개발자들이 개발에 참여하

2 스마트폰에서 활용할
수 있는 소프트웨어를
'어플리케이션(Application)'이라
하는데, 줄여서 '앱(App)'이라고
부르기도 한다. '앱스토어(AppStore)'는
애플 사의 소프트웨어를 사고팔 수
있는 장을 뜻하지만, 어플리케이션
마켓 전체를 가리키는 고유명사로
사용되고 있다.

고 그만큼 앱스토어에 등록된 소프트웨어가 많아지는 선순환이 이루어졌다.

게임기를 휴대하면서 쉽고 간편하게 게임을 즐길 수 있다는 점에서 스마트폰은 포터블 게임기와 대단히 유사한 기능을 지니고 있기 때문에, 스마트폰의 성장은 포터블 게임기 시장의 감소와 연결된다. 더욱이 유통사보다 개발자에게 더 많은 이윤이 돌아가고, 개발자 누구나 참여할 수 있으며, 이렇게 등록된 소프트웨어들을 편리하게 구입해 플레이할 수 있는 '앱스토어'는 특히 개인 개발자나 소규모 개발사들에게 큰 기회이기도 하다.

이러한 흐름 속에 포터블 게임기는 게임기로서의 기능을 강화시키는 방향을 선택하였다. 소니 사는 비디오 게임기 '플레이스테이션 3' 수준의 그래픽과 처리속도로 성능을 높인 '플레이스테이션 비타(PlayStation Vita)'를 개발했다. 아울러 닌텐도 사는 하드웨어의 성능만으로 3D 그래픽을 구현한 '닌텐도 3DS(Nintendo 3DS)'를 개발해 새로운 재미의 영역을 개척하였다.

'PS Vita'(좌)와 'Nintendo 3DS'(우)

3. 모바일 게임

국내 모바일 게임은 휴대전화에 포함되어 있는 번들 프로그램으로 시작하였다. 간단한 내용과 규칙으로 짧은 시간 동안 즐길 수 있는 게임들이 주로 수록되었다. 그런데 휴대전화의 성능이 차츰 발전하면서 연락 기능 이상의 역할을 하게 되고, 2000년대에 들어서면서 전 연령대에 걸쳐 폭넓게 사용자가 증가하면서, 게임에 대한 수요가 커지게 되자 모바일 게임 개발에 참여하는 업체들도 늘어나게 되었다.

1) 휴대전화 이용자의 확대와 제한적인 환경의 개선

모바일 게임은 다른 플랫폼에 비해 제작기간이 짧고, 상대적으로 적은 인력과 비용으로 게임을 개발할 수 있기 때문에 게임 개발에 참여하기 쉽다는 장점이 있지만, 그로 인해 게임 개발사가 아닌 업체에서도 모바일 게임 개발에 참여해 시장 규모에 비해 게임 개발사의 수가 지나치게 많아지거나, 경기에 따라 개발 참여의 정도가 쉽게 영향을 받는다는 단점도 있다.

2000년대 초반에는 휴대전화 단말기의 성능이 전반적으로 낮고, 게임을 전송 받거나 플레이하면서 발생하는 통신요금이 비싸며, 휴대전화 제조사마다 서로 다른 플랫폼을 사용하고, 모바일 게임 유통이 3개 주요 이동통신사 위주로 운영되어 게임 개발사가 안정적으로 수익을 얻기 힘들다는 한계를 갖고 있었다.

그러나 휴대전화의 보급이 확산되면서 여성을 중심으로 이용자가 폭넓게 증가하고, 해외 진출을 할 정도의 우수한 게임들이 만들어지고, 이전까지 모바일 게임 시장의 성장을 저해하던 요소들이 차츰 개선되면서 모바일 게임 시장은 점차 성장해나가게 되었다.

특히 2003년부터 다음, 네이버, 한게임 등 인터넷 포털 사이트들이 모바일 게임 유통에 참여하면서 인터넷을 통해 모바일 게임을 구입할 수 있게 되었다. 이를 통해 게이머는 모바일 게임을 구입할 때 발생하는 정보 통신료를 절감할 수 있게 되었다.

또한 서로 다른 휴대전화 단말기의 규격을 통일한 WIPI (Wireless Internet Platform for Interoperability)가 표준화되어 2005년 4월부터 출시되는 모든 단말기에 의무적으로 WIPI를 탑재하게 됨으로써 게임 개발사들이 휴대전화 단말기마다 다른 규격과 성능에 구애받지 않고 게임을 개발할 수 있게 되었다.[3] 이를 통해 게임 개발사들은 게임을 개발한 이후에 휴대전화 단말기에 맞추어 게임화

[3] 이전까지는 SKVM, GVM, BREW, Ez-JAVA 등 이동통신사마다 다른 플랫폼을 사용했다. 때문에 게임 개발사들은 게임을 개발한 이후에 휴대전화 단말기의 액정화면 크기나 해상도, CPU의 성능들에 맞추어서 게임을 재구성하는 등 게임 개발 이외의 서비스에 많은 노력을 기울여야 했다.

면 해상도나 처리 속도 등을 변경하는 수고를 덜 수 있게 되었다.

2) 3D 모바일 게임과 포터블 게임기

휴대전화 사용자가 늘어나면서 휴대전화 단말기의 성능경쟁이
치열하게 이루어지게 되었다. 액정화면이 흑백에서 컬러로, 저해
상도에서 고해상도로 바뀌었고, 음향의 출력도 훨씬 풍부해졌다.
처리속도 역시 빨라져 휴대전화의 구동이 쾌적하게 이루어지게
되었다.

이러한 휴대전화 단말기 성능의 발전을 통해 더욱 다양한 게
임들이 개발될 수 있는 기반이 마련되었다. 수많은 개발사들이 참
여하는 모바일 게임 시장에서 게임 개발사들은 다양한 소재와 기
법을 도입한 게임을 개발하면서 차별화를 시도했다. 이러한 시도
에서 기술 개발도 중요한 비중을 차지하는데, 그중에서 3D 모바
일 게임의 개발이 2003년 중반부터 활발하게 이루어졌다. 2003년
10월에 출시된 삼성전자 SPH-X9300 단말기에 내장된 〈로스트
플래닛〉(리코시스)을 시작으로, 〈크레이지 버스〉(컴투스), 〈하이퍼 배
틀〉(게임빌), 〈댄스 팩토리〉(웹이엔지코리아) 등의 게임들이 출시되었다.

3D 모바일 게임에 대한 관심은 '3D 게임폰'이라 불리는 3D
게임 전용 단말기의 제작으로 이어졌다. 이동통신사 SKT와 KTF
는 2005년 4월과 각각 3D 게임을 구동할 수 있는 성능의 게임폰
을 개발하고, 3D 게임 전용 서비스인 'GXG'와 'GPANG'을 출범
시켰다. 그러나 다양하지 않은 게임폰의 종류, 부족한 게임 소프
트웨어 수, 일반 휴대전화 게임들에 비해 높은 가격 때문에 성공

최초 3D 게임 내장 단말기 'SPG-X9300'(좌)과 게임 〈로스트 플래닛〉(우)

을 거두지 못했다.

게임 개발사 입장에서도 3D 게임은 일반 모바일 게임에 비해 더 많은 개발비용이 들기 때문에 수익성 차원에서 개발에 참여하는 데 부담으로 작용했다. 더구나 당시는 PSP와 NDS 등 게임에 최적화된 성능의 기기와 다양한 게임들을 보유하고 있는 포터블 게임기가 출시되거나 출시를 앞두고 있는 상황이었기 때문에 게이머들의 관심이 분산된 탓도 있었다.

3D 모바일 게임 전용 게임폰

3D 모바일 게임의 부진과 달리 일반 휴대전화 단말기를 중심으로 한 모바일 게임 시장은 지속적으로 성장해나가고 있었다. 대규모 개발비가 투자된 대작 게임이 개발되기도 하고, 전작의 성공을 바탕으로 시리즈를 이어가는 브랜드 게임도 늘어갔다. 아울러 다른 플랫폼에서 성공을 거둔 유명 게임들이 모바일 게임으로 이식되기도 했다.

장르 면에서는 캐주얼 게임이 인기를 끌었다. 그중에서도 컴투스의 〈미니게임천국〉, 〈타이쿤 시리즈〉, 게임빌의 〈놈〉, 〈프로야구 시리즈〉는 누적 다운로드 수가 100만 건을 넘을 정도의 큰 인기를 끌었다.

이렇게 모바일 게임 시장이 성장하면서 보다 많은 업체들이 시장에 참여하게 되었고, 모바일 게임 유통에 퍼블리싱 방식이 도입되었다. 게임개발사–이동통신사로만 이루어졌던 관계가 개발사–퍼블리셔–이동통신사로 재편되었고, 이를 통해 게임 유통이 보다 효율적으로 이루어지고 안정적인 수익분배가 이루어질 수 있게 되었다.

    모바일 게임의 외국 시장 진출도 퍼블리셔를 중심으로 이루어졌으며, 그 성과를 바탕으로 컴투스 사가 2007년 7월, 한국 모바일 게임 업체 최초로 코스닥에 상장하기도 했다.

컴투스의 〈미니게임천국〉(좌)과 게임빌의 〈놈〉(우)

3) 스마트폰 출시와 새로운 기회

모바일 게임 시장은 두 가지 맥락에서 가능성과 한계를 지니고 있었다. 휴대전화 단말기의 성능이 발전하고 휴대전화 보급이 확산되며, 게임에 대한 사용자들의 수요가 증가하면서 모바일 게임 개발과 사용 환경이 점진적으로 개선되어왔다는 점은 가능성에 해당한다. 그러나 모바일 게임이 점차 고사양화·대용량화되고, 게임 플레이에 네트워크 접속을 도입하는 방향으로 모바일 게임의 추세가 옮겨가고 있음에도 불구하고 여전히 높은 통신요금은 사용자들로 하여금 모바일 게임을 충분히 즐기는 데 걸림돌로 작용했다. 이에 모바일 게임을 이용할 경우 통신요금을 할인해주는 전용 요금제 등의 대안이 마련되기도 했지만, 사용자들의 부담을 완전히 덜어주지는 못했다.

    그러던 중 애플 사의 아이폰을 비롯한 다양한 스마트폰들이 국내에 출시되면서 모바일 게임 시장도 새로운 전기를 맞이하게 된다. 특히 근거리 통신망(Wi-Fi) 기능을 활용해 무선인터넷을 부담 없이 사용할 수 있게 됨으로써 통신요금을 절감할 수 있게 되었다. 여기에 스마트폰 전용 소프트웨어를 사고팔 수 있는 '앱스토어'가 활성화되면서 다양한 게임 소프트웨어가 개발되는 기반이 마련되었다.

'앱스토어'는 두 가지 면에서 장점을 가지고 있었는데, 하나는 소프트웨어를 판매한 수익이 앱스토어 서비스 제공자보다 개발자에게 더 많이 돌아간다는 것이고, 다른 하나는 사용자들이 본인의 결제정보를 등록해두고 간편하게 소프트웨어를 구입할 수 있다는 것이다. 이러한 시스템은 게임 개발사는 물론 인디 게임 개발자들에게도 게임 개발에 참여할 수 있는 기회가 되었으며, 그 결과 게이머들은 다양한 게임들을 간편하게 접할 수 있게 되었다.

스마트폰의 국내 출시 후 이루어진 이러한 변화들을 통해, 모바일 게임의 개발동향도 일반 휴대전화 게임 개발에서 스마트폰 게임 개발로 점차 옮겨가게 되었다. 이 과정에서 기존 모바일 게임 개발사들의 참여 외에도, 새로운 아이디어로 다양한 시도를 하는 개인 개발자 또는 소규모 개발사들의 시장 참여도 활발하게 이루어지기 시작했다.

스마트폰이 출시되기 이전부터 외국 시장에 진출해 활동해 온 국내 모바일 게임 개발사들은 시장의 변화하는 흐름에 맞추어 스마트폰 게임 시장에도 적극적으로 참여했다. 게임빌의 경우 〈제노니아〉(Zenonia) 시리즈를 꾸준히 이어가고, 〈베이스볼 슈퍼스타즈〉, 〈터치믹스〉(TouchMix) 등의 게임들을 출시하여 좋은 반응을 얻었다. 컴투스의 경우 〈홈런 배틀 3D〉를 필두로 〈슬라이스 잇!〉(SLICE IT!), 〈헤비 건너 3D〉(Heavy Gunner 3D) 등의 게임들을 출시하며 좋은 반응을 얻었다.

게임빌의 〈제노니아〉(좌)와 컴투스의 〈홈런 배틀 3D〉(우)

11장. e스포츠와 프로게이머

박수영

〈스타크래프트〉가 선풍적인 인기를 끌며 전국적으로 PC방이 증가하면서 PC방을 중심으로 〈스타크래프트〉 대회가 열리기 시작했는데, 이는 한국이 e스포츠(e-Sports) 종주국이 되는 밑거름이 되었다. 수익성 때문에 PC방 대회는 오래 지속되지 않았지만, 시합을 중계하는 케이블 방송이 시작되면서 폭발적인 인기를 끌면서 프로 게임 리그의 출범으로까지 이어졌다. 개인 리그로 출발한 게임 리그는 이후 프로게임단 창단과 함께 팀 리그가 더해지면서 그 규모가 확대되었다. 2004년 부산 광안리에서 개최된 프로게임 리그 결승전에 10만 명이 넘는 관중들이 모여 화제를 낳고 청소년들이 선망하는 직업으로 프로게이머가 꼽히기도 하는 등 e스포츠가 하나의 문화로서 관심을 받게 되었다.

그러나 e스포츠는 태생적 문제로 인해 명확한 한계를 가지고 있었다. e스포츠가 〈스타크래프트〉라는 종목에 지나치게 편중되어 있었고, e스포츠의 시작이 개발사인 블리자드 사와의 충분한 협의를 거쳐 이루어진 것이 아니었기 때문에 저작권과 관련하여 문제가 발생할 수 있는 여지가 남아 있었기 때문이다.

1. e스포츠의 출현(1998~1999)

외국에서는 e스포츠의 시작을 〈퀘이크〉나 〈레드얼럿〉 같은 게임들의 랜파티(Lan-Party)[1]로 보는 견해도 있으나, 국내에서는 게임의 네트워크 플레이가 PC방을 중심으로 활성화되었기 때문에 PC방을 중심으로 개최된 게임대회들이 국내 e스포츠의 시초라고 할 수 있다.

1) e스포츠의 기원

외국에서는 e스포츠의 기원을 1990년대 중반에 개최된 게임쇼에서 이벤트성으로 열렸던 대회를 꼽는데, 이 당시는 주로 〈둠〉이나 〈퀘이크〉 같은 FPS 게임이 종목으로 선택되었다. 이러한 대회가 e스포츠로서의 체계를 갖춘 것은 1997년 E3에서 열린 '레드 애니힐레이션 퀘이크 토너먼트'부터라 할 수 있다.

1990년대 중반 미국과 유럽에서 진행된 대회들은 주로 오프라인 랜파티 형식으로 개최되었는데, 이 대회들이 1997년에 나란히 출범한 세계 최초의 프로게임 리그인 PGL(The Professional Gamer's League)과 CPL(Cyberathelete Professional League)의 기반이 되었다.

두 리그는 프로 리그라는 방향은 같았으나 진행 방식에 큰 차이가 있었다. PGL이 대회 대부분을 온라인에서 치르고 결선만 오프라인에서 진행했던 반면, CPL은 모든 대회를 오프라인에서 진행했다. 이러한 진행 방식의 차이는 결국 리그의 존폐를 가르는 요인이 되었는데, 온라인 중심이었던 PGL은 도태되고, 오프라인 중심이었던 CPL은 살아남게 된다.[2]

2) 프로게이머의 등장과 프로게임단의 출범

1998년 말, 신주영(본명 박창준)이 한국인 최초로 블리자드 래더 토너먼트에서 우승하면서 국내에 처음으로 '프로게이머'라는 용어가 소개되었다. 그는 '국내 1호 프로게이머'로 알려졌는데, 이는 그가 블리자드 사의 공식 대회에서 우승한 이유도 있지만, PGL에 등록된 최초의 한국인 프로게이머였기 때문이기도 하다.[3]

[1] '랜파티'는 미국에서 시작된 게임문화의 일종으로, 여러 사람들이 랜으로 연결된 컴퓨터들이 있는 한 장소에 모여 게임의 네트워크 플레이를 함께 즐기는 것을 뜻한다. 경우에 따라 컴퓨터와 먹을거리를 지참하는 경우도 있었고, 랜파티에 참석하기 위해 아주 먼 거리를 달려오는 경우도 있었다.

[2] 『2008년 게임백서』 3부 1장, "e스포츠 동향".

[3] "e스포츠, 격동의 10년 발자취 (1): 프로게이머의 탄생", [더게임스], 2009. 3. 13.

또한 신주영은 1998년 말에 임영수, 김창선 등 다섯 명의 선수들과 함께 청오정보통신의 PC방 프랜차이즈인 슬기방의 후원을 받아 '청오 SG'(슬기방)라는 게임단을 결성했는데, 이는 연습실과 숙소를 갖춘 한국 최초의 프로게임단이었다.

신주영

1998년 블리자드 사의 〈스타크래프트〉 세계 래더 토너먼트 1위를 차지하고, 한국인 최초로 미국 PGL에 등록된 국내 제1호 프로게이머이다. 프로게임단 '청오 SG'를 창단하여 활약하였다.

신주영을 통해 국내에 '프로게이머'라는 용어가 소개되었다면, 이 용어의 인지도를 높인 인물은 이기석이다. 국내 최초 게임 리그인 KPGL에서 1, 2회 연속 우승했을 뿐만 아니라, 신주영에 이어 블리자드 래더 토너먼트에서도 우승하면서 국내 최고의 자리를 차지한 이기석은 그 유명세를 바탕으로 당시 KT의 인터넷 서비스인 '코넷(KORNET)'의 TV 광고 모델로 출연해 '프로게이머'에 대한 대중적인 인식을 확장시키는 데 기여했다.[4]

4 "e스포츠, 격동의 10년 발자취 (2): KPGL과 '쌈장'", [더게임스], 2009. 3. 13.

이기석

KGPL 1, 2회 우승과 〈스타크래프트: 브루드워〉 시즌 2 래더 대회 우승을 하면서 종목 최강자로 등극했다. TV 광고에도 출연해 프로게이머라는 직업을 일반인에게 알리는 데 기여했다.

3) 오프라인 대회의 시작

국내에서 PC방을 중심으로 개최되었던 〈스타크래프트〉 대회는 초기엔 게임비 면제나 소정의 상금이 제공되는 방식으로 치러졌는데, 1998년 말과 1999년을 거치면서 'KPGL(Korea Professional Gamer's League)'과 '넷클럽' 같은 전국규모의 대회로 확대되었다.

국내 최초의 전국대회인 KPGL은 PC방을 대상으로 신청 접수를 받아 예선을 거쳐 오프라인 본선을 치렀는데, 이 대회의 1, 2회를 모두 우승한 이기석은 스타가 되었고 더불어 대회 역시 큰 호응을 얻었다. 한편 1,000만 원이라는 당시로선 파격적인 금액 을 우승상금으로 내걸었던 대회인 넷클럽은 1회 대회 우승자로 신주영을 배출했지만 경영상의 어려움으로 인해 2회 대회를 끝 으로 중단되었다.[5]

1999년, KPGL이 갑작스럽게 리그를 중단하면서 오프라 인 게임 리그가 큰 위기를 맞이했으나, 2000년에 KPGL의 뒤 를 이어 이게임스에서 운영한 'KGL(Korea Game League)'과 배틀탑 에서 운영한 'KIGL(Korea Internet Game League)', PKO에서 운영한 'PKO(Progamer Korea Open)' 등의 리그가 활성화되면서 오프라인 게 임 리그의 명맥이 이어질 수 있었다.

5 "e-스포츠 7년사 (1)", [경향게임스], 2004. 5. 10.

2. e스포츠의 발전(2000~2002)

2000년에 이르러 국내 e스포츠의 초석을 다졌던 오프라인 게임 리그들이 경영난을 이유로 중단되자 다수의 프로게임단이 해체 되었다. 하지만 케이블 방송사에서 주최하는 대회가 다시 인기를 끌면서 게임리그는 케이블 방송사 주도로 재편되며 새로운 도약 을 맞이하게 된다.

프로게임 리그가 TV를 통해 중계되면서 자연히 프로게이 머들이 TV에 출연하게 되었는데, ID 'SlayerSBoxer'를 사용하는 임요환을 시작으로 스타 프로게이머가 등장하기 시작했다. 한편 e스포츠의 초창기였던 탓에 부실한 게임단 운영으로 피해를 입 는 프로게이머들의 사례가 늘어나면서, 프로게이머의 권익을 보 호하기 위한 단체인 한국프로게임협회가 설립되었다.

1) 게임 방송국의 출현과 발전

1999년에서 2000년 초반까지 오프라인 게임 리그들이 활성화되어 2000년 즈음에는 한 해 동안 약 80여 차례의 대회들이 진행되었다. 그런데 2000년 후반부터 벤처 거품이 빠지면서 후원이 줄어 게임 리그 진행사들이 급속도로 몰락했고, 프로게임단들도 상당수 해체됐다. 게임 리그 진행사들이 부담해야 할 운영비는 늘었지만 홍보효과나 수익사업이 그에 미치지 못했기 때문이었다.[6]

오프라인 게임 리그들이 중단되어가던 시기에 만화전문 케이블 채널이었던 온미디어의 '투니버스'는 1998년 8월에 '예측98 사이버 프랑스 월드컵'이라는 프로그램으로 〈피파〉를 중계한 것을 시작으로 게임 중계방송을 제작하였고, 1999년 3월에 'KPGL배 하이텔 게임넷 리그'로 첫 〈스타크래프트〉 게임 중계방송을 제작했다.

이 방송이 큰 호응을 얻자 투니버스는 정식으로 게임 방송 리그를 편성해 '99 PKO(Progamer Korea Open)'을 방송한다.[7] 이 방송에 쏟아진 게임 팬들의 관심을 확인한 온미디어는 2000년 7월에 정식으로 세계 최초의 게임전문 케이블 채널인 '온게임넷'을 개국했다. 이후 여러 게임 방송채널들의 개국이 이어지면서 프로게임 리그의 중심은 방송사 쪽으로 이동하게 되었다.

2000년대 초반 'GhemTV', 'GGTV' 등 많은 게임 전문 케이블 방송사가 개국했지만 온게임넷과 발맞춰 성장한 곳은 처음 'Gembc'라는 이름으로 개국한 'MBC게임'뿐이었다. 지상파 방송 MBC의 케이블 방송이었던 MBC게임은 한국 프로게임협회

6 "e스포츠, 격동의 10년 발자취 (9): 리그사들의 몰락", [더게임스], 2009. 3. 20.

7 "e-스포츠 7년사 (5): 게임방송국의 역사", [경향게임스], 2004. 6. 14.

온게임넷은 세계 최초의 게임전문 케이블 방송이라는 기록을 세웠다.

MBC 게임은 처음에 'Gembc'라는 이름을 사용하였다가 2003년에 개명하였다.

KPGA 공식 리그를 개최함으로써 빠르게 성장할 수 있었고, 온게임넷과 함께 양대 게임 방송사 체제를 구축했다.

2) 스타 프로게이머와 게임 캐스터의 등장

게임 방송이 인기를 끌면서 온게임넷 스타리그 최초 우승자인 '푸른 눈의 마법사, Grrrr' 기욤 패트리나 가을 시즌에 우승한 '가림토' 김동수 등 스타 프로게이머들이 등장하기 시작했다. 그중에서 최고의 스타는 단연 '테란의 황제' 임요환이었다.

임요환

한빛소프트배 스타리그, 코카콜라배 스타리그, KPGA 투어 1차 리그에서의 우승 등 양대 방송사 우승, WCG 2001, 2002 2연패 등의 활약을 펼치며 '테란의 황제'로 불렸다. 뛰어난 실력뿐만 아니라 보는 이로 하여금 감탄을 자아내는 기발한 전략과 승부근성, 잘생긴 외모 등으로 큰 인기를 누렸다.
그는 스타 프로게이머로서 활약한 것 외에도 대기업의 e스포츠 진출과 공군 게임단 창설 등에도 영향을 끼쳐 e스포츠 역사에 큰 발자취를 남겼다.

임요환은 당시 〈스타크래프트〉에서 가장 약한 종족으로 평가받던 테란을 주 종족으로 사용해 예상을 뛰어넘는 뛰어난 전략으로 게임 팬들의 시선을 단숨에 사로잡았다. 그는 느린 이동속도 때문에 게이머들이 별로 사용하지 않는 유닛인 '드롭십'을 활용해 놀라운 플레이를 선보였으며, 테란 종족 중에서도 가장 약한 유닛이라 할 수 있는 '마린'으로 저그 종족의 강력한 지상 유닛인 '럴커'를 잡아내는, 당시로서는 신기에 가까운 컨트롤 능력을 보여주었다. 또 누가 봐도 이기기 어려울 것 같은 경기를 끈기로 극복해내는 모습 등으로 팬들의 탄성을 자아냈다.

임요환은 그 독보적인 실력으로 테란 종족으로 온게임넷

스타리그에서 2연속 우승을 거두었을 뿐 아니라 세계 e스포츠 대회인 '월드사이버게임스'(WCG)에서도 최초로 2년 연속 우승을 차지하는 등 각종 대회를 휩쓸며 '황제'라는 별명을 얻게 된다.

e스포츠 최고의 스타였던 임요환의 팬클럽 회원수는 60만 명에 이르렀고, 그 인기를 바탕으로 영화·드라마·오락 프로그램에도 출연했다. 〈스타크래프트〉에 관한 다수의 책을 집필하였고, 대기업의 e스포츠 진출과 세계 최초 군부대 게임단인 공군 게임단이 창설되는 데에 큰 역할을 하였다.

임요환 외에도 스타 프로게이머들이 여러 명 있었다. 임요환과 라이벌 구도를 형성하며 '폭풍'이라는 별명으로 불렸던 저그 종족의 홍진호, 압도적 경기력으로 '천재'라 불렸던 이윤열, 약세로 평가받는 프로토스 종족으로 임요환을 꺾은 '영웅' 박정석은 임요환과 함께 '4대 천왕'으로 불렸다.

게임 캐스터와 해설자들도 스타 프로게이머들과 함께 인기를 얻었다. 정일훈(캐스터), 엄재경(해설자), 김태형(해설자)으로 구성된 3인방은 맛깔나는 중계로 인기를 모았으며, 이후 정일훈 캐스터와 교체된 전용준 캐스터가 '엄-전-김 트리오'를 형성하면서 인기를 이어갔다.

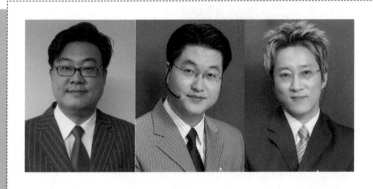

엄재경, 전용준, 김태형

'엄-전-김 트리오'로 유명한 이 트리오는 게임 캐스터와 해설가로서 게임 중계방송의 인기를 모으는 데 큰 역할을 하였다. 특히 이들이 만들어낸 프로게이머들 간의 라이벌 관계나 프로게이머의 성장 스토리, '가을의 전설' 같은 명칭들은 시청자들이 게임 중계방송을 보는 재미를 더욱 풍성하게 해주었다.

게임 캐스터와 해설자는 단순히 게임의 상황을 전달하는 것을 넘어서 프로게이머들 간의 라이벌 구도와 경기 바깥의 이야기들을 e스포츠 경기와 함께 풀어냄으로써 게임 중계방송을 더욱 흥미롭게 만들어냈다.

3) 협회의 설립

1999년부터 오프라인 게임 리그가 활성화되며 여러 프로게임단이 창설되었으나 부실한 운영으로 인해 프로게이머의 연봉 및 상금이 제대로 지급되지 않는 등의 문제가 발생했다. 이에 프로게이머의 권익을 보호하고 프로게이머를 직업군으로 인증하기 위한 단체를 만들기 위한 움직임이 생겼는데, 그 결과 한국프로게임협회가 설립되었다.

1999년 7월에 첫 발기인 모임을 가진 한국프로게임협회는 2000년 2월에 문화관광부로부터 정식으로 설립허가를 받아 (사)21세기프로게임협회라는 명칭으로 출범식을 치렀고, 당시 한빛소프트의 대표이사였던 김영만 회장이 초대 협회장으로 취임했다.[8]

8 "e-스포츠 7년사 (3)", [경향게임스], 2004. 5. 30.

김영만

LG소프트 출신의 김영만 회장은 LG소프트를 거쳐 1999년에 한빛소프트를 설립하였다. LG소프트에서 수많은 패키지 게임을 유통하였는데 그중에서도 가장 큰 성과를 낸 게임은 〈스타크래프트〉였다. 한국프로게임협회장을 맡으면서 e스포츠의 저변을 넓히는 데 큰 역할을 했다.

출범 이후 협회는 다방면에 걸친 활동을 시작했다. 프로게이머 워크숍을 개최해 국내에서 활동하는 프로게이머들을 한 데 모으고, 프로게이머 인증 제도를 추진했다. 아울러 문화관광부로부터 프로게이머 등록 제도를 승인 받아 게임대회를 공인하고, 협회 주최의 대회들도 개최하기 시작했다.

이러한 협회의 활동을 통해 e스포츠 업계는 안정된 환경을

초기 협회의 활동은 e스포츠 업계가 자리 잡는 데 큰 공헌을 했다.

마련할 수 있었다. 프로게이머 등록 제도가 시행되면서 그동안 프로게이머들이 원했던 각종 세금 혜택 및 구단과의 계약관계가 개선되는 길이 열렸고, 프로게이머 소양교육을 통해 프로게이머를 체계적으로 양성했으며, 프로게이머를 위한 대학 특례 입학, 프로게이머 활동 후 유관 직업군으로의 진출, 게임대회와 리그의 활성화, 국산 게임 산업을 육성하기 위한 노력 등의 사업을 추진했다.

e스포츠 용어의 시작[9]

현재 많은 사람들의 입에 오르내리고 있는 'e스포츠'라는 용어는 1990년대 말경에 생겨났다. 해외 언론에서 e스포츠(Electronic Sports)로 간간이 불리던 것을 국내에서는 1999년 전자신문에서 e스포츠 섹션을 구성하면서 처음 쓰기 시작했고, 2000년 초 21세기 프로게임협회 창립 행사에서 당시 문화부 장관이던 박지원 장관의 축사에 거론되면서 주요 매체들을 통해 e스포츠란 단어가 점차 쓰이기 시작했다.

이후 온게임넷 등의 케이블 방송을 통해 게임대회가 중계되면서 e스포츠라는 용어는 점차 대중화됐다. 한편 2004년 12월에는 문화부의 e스포츠 발전 정책비전 선포식 발표자리에서 e스포츠를 '게임을 이용한 대회 및 유관 주체들의 문화적·산업적 활동'이라고 정의하기에 이른다.

9 "e스포츠, 격동의 10년 발자취 (7): 프로게임협회 창설", [더게임스], 2009. 3. 13에서 직접 인용.

10 "WCG 10년 역사의 자취", [데일리 e스포츠], 2011. 3. 8.

4) WCG 출범

'월드사이버게임스(World Cyber Games)'는 세계에서 가장 큰 규모의 국제 게임대회로, 'e스포츠의 올림픽'으로 불린다. 2000년 'WCG 챌린지 대회'를 시범적으로 개최한 후 2001년부터 본격적으로 개최된 이 대회는 3회까지 한국에서 개최된 후, 2004년 4회 대회부터 매년 세계 각국을 돌며 개최되었다.[10] WCG는 게임을 매개로 전 세계 게이머들이 하나의 장에서 만나는 기회가 됨으로써 e스포츠의 가능성을 보여주었다는 의의를 갖는다.

WCG는 세계 최초의 e스포츠 국제대회이다.

3. e스포츠의 성장(2003~2007)

프로게임단을 중심으로 한 팀 체제가 자리를 잡아가면서 프로게임 리그가 팀 리그와 프로 리그로 진행되면서 더욱 풍성하게 진행되었다. 특히 2004년에 부산 광안리에서 열린 프로 리그 결승전에 10만 명의 인파가 관객으로 몰리면서 사회적인 이슈가 되었고, e스포츠의 높은 인기와 가능성을 확인한 대기업이 e스포츠에 참여하고, 공군 게임단이 창설되는 등 e스포츠의 가시적인 발전이 이루어졌다. e스포츠가 발전하면서 다양한 종목이 새로 추가되었는데, 그중 〈카트라이더〉 리그는 〈스타크래프트〉에 버금가는 인기를 끌었다.

1) 프로 리그의 시작과 발전

초창기 프로게이머들은 특별한 소속 없이 개인적으로 활동하는 사례도 많았으나, 평소 연습상대를 구하기 어렵고, 혼자서는 풍부한 전략을 수립하기 어렵다는 문제 등으로 인해 점차 팀을 결성해 활동하게 되었다. 2002년 즈음 결성된 팀들의 수가 많아지면서 팀 단위 리그의 필요성이 대두되었고, MBC게임과 온게임넷이 각각 팀 리그를 출범시켰다.

MBC게임은 2003년 2월에 최초의 팀 단위 리그인 '계몽사배 KPGA 팀 리그'를 출범시켰다. 온게임넷은 2003년 3월에 팀 단위 리그인 'KTF EVER컵 온게임넷 프로 리그'를 출범시켰다. 2003년에 각 대회별로 리그를 진행했던 프로 리그는 2004년에 3라운드로 구성된 연 단위 리그로 발전했다.

팀 리그의 진행방식은 근래에 많이 사용되는 방식인 이긴 선수가 계속 남아 다음 선수를 상대하는 것이 아니라, 경기에서 이긴 선수가 다음에 출전할 상대팀 선수를 지목하는 권한만을 갖는 방식으로 진행되었다. 널리 알려진 '올킬' 방식은 제2회 대회인 '라이프존 KPGA 팀 리그'에서부터 적용되었는데, 이때부터 단 한 명의 선수가 상대팀 전원을 제압하는 '올킬' 사례들이 등장했다.[11]

11 "Memories of 팀리그 1: 팀리그의 시작, 계몽사배부터 라이프존배까지", [포모스], 2008. 5. 27.

MBC 팀 리그와 온게임넷 프로 리그는 각기 다른 리그 방식으로 인기를 끌었다.

광안리에 모인 10만 관중은 이후 e스포츠 발전에 큰 밑거름이 되었다.

2004년 프로 리그 결승전이 열린 당시 광안리에 모인 10만 명의 관중들은 e스포츠를 넘어 사회적으로 큰 충격을 주었는데, 이는 이후 SK텔레콤과 팬택앤큐리텔 등 대기업들이 게임단 창단을 추진하고, 정부에서도 e스포츠 지원사업을 실시하는 계기가 되었다.[12] 그리고 이때부터 광안리는 e스포츠의 '성지'가 되어 이후 매년 프로 리그 결승전이 광안리에서 개최되었을 뿐 아니라, 다른 많은 e스포츠 관련 행사들도 광안리 해수욕장에서 열리게 되었다.

2005년부터 MBC게임의 팀 리그가 폐지되고 새로 온게임넷과 MBC게임의 통합 리그가 출범했다. 이때부터 프로 리그는 통합 프로 리그로서 연단위로 진행되었다. 2005년부터 2007년까지는 전기 우승팀과 후기 우승팀이 통합 챔피언전에서 최종 우승팀을 가리는 방식으로 진행되었으며, 2008년부터는 전·후기가 통합되어 진행되었다.

2) 대기업의 프로 리그 참여와 공군 게임단의 출범

프로게임 리그가 점차 많은 인기를 얻어가면서 홍보효과를 얻을 수 있다는 가능성을 인식한 대기업들이 프로게임단을 창설하거나 스폰서가 되는 형태로 e스포츠에 참여하기 시작했다.[13]

당시 KTF, SK텔레콤과 삼성전자를 제외한 대부분의 프로게임단이 안정적인 스폰서를 구하지 못해 열악한 환경 속에서 게임단을 운영해왔다. 그런데 2004년 이후 팬택앤큐리텔, CJ, 화승, STX, 웅진 등이 기존 프로게임단을 인수하는 형태로 창단하였고, 신한은행은 연단위로 프로 리그와 스타리그의 스폰서로 참여했다. 이러한 대기업의 참여는 프로게임 리그의 규모가 확대되고 한층 안정적으로 운영될 수 있는 계기가 되었다. 이러한 안정적인 프로게임단의 지원은 프로게이머들의 경기력 향상으로 이어져 e스포츠의 인기가 더욱 높아질 수 있었다.

e스포츠의 열기는 대기업의 참여에 이어 공군의 게임단 창단으로까지 이어졌다. 대한민국 공군은 공군에 대한 이미지 제고와 사기 진작을 위해 2007년 4월 3일 세계 최초로 군 e스포츠 팀

12 "2004년 게임 10대 뉴스: 프로 리그 광안리 10만 관중 운집", 조선일보, 2004년 12월 28일자.

13 "'차세대 본좌는 나의 것' … '게임 강호'에 짙은 전운", 중앙일보, 2008년 3월 10일자.

인 '공군 ACE(Airforce Challenges e-Sports)'를 창단한다. 2006년 4월에 프로게이머를 전산특기병으로 선발하겠다고 발표해 강도경, 조형근, 최인규 등 세 명의 프로게이머를 선발했던 공군은 임요환을 포함한 총 여덟 명의 선수로 공군 ACE를 창단하고 2007년 프로 리그부터 참여했다.

공군 ACE는 프로게이머와 e스포츠 팬들 모두에게 큰 환영을 받았다.

　　공군 게임단의 창단은 그 전까지 군대에 입대를 하면 프로게이머 생활을 중단해야 했던 프로게이머들에게 프로게이머 생활을 계속할 수 있는 기회가 되는 동시에, 팬들의 입장에서 공백 없이 프로게이머의 활동을 계속 지켜볼 수 있는 기회이기도 했기 때문에 프로게이머와 팬 모두에게서 환영을 받았다. 공군 게임단은 그 자체로 매우 독특한 사례였기 때문에 여러 기록을 남겼는데, 세계 최초로 창단한 군 e스포츠 팀이라는 기록은 기네스북에 등재되기도 했다.[14]

14 "'세계 최초 군(軍) 프로게임단' 공군ACE 기네스북 올랐다", 조선일보, 2009년 4월 22일자.

3) 국내 e스포츠 리그

국내 e스포츠의 역사는 사실상 〈스타크래프트〉 리그의 역사라고 할 수 있다. 때문에 종목을 다양화해 한 종목으로 편중된 e스포츠를 개선하고자 많은 노력을 기울였지만 대부분 별다른 성과를 보이지 못했다.

　　처음 〈스타크래프트〉 리그가 활성화되기 시작할 때만 해도 〈에이지 오브 엠파이어〉, 〈피파〉, 〈카운터 스트라이크〉, 그리고 국산 게임 〈킹덤 언더 파이어〉 등이 종목으로 채택되었으나 모두 활성화되지 못했다. 이후 블리자드 사의 또다른 RTS 게임 〈워크래프트 3〉도 잠시 인기를 끌었으나 역시 활성화되지 못했다.

　　2000년대 중반에는 국산 FPS게임인 〈스페셜포스〉와 〈서든어택〉이 종목으로 채택되어 인기를 끌었는데, 그 시기에 전국적으로 인기를 끌었던 게임인 〈카트라이더〉도 종목으로 채택되어 〈스타크래프트〉 리그에 버금가는 인기를 누리기도 했다.[15]

15 "e스포츠, 격동의 10년 발자취 (17): 국산 종목 활성화", [더게임스], 2009. 5. 28.

　　2005년 코카콜라의 후원을 받아 1차 리그를 시작한 〈카트라이더〉 리그는 꾸준히 인기를 모으며 2007년 11월에 시작한 '오리온 초코송이 컵 7차 〈카트라이더〉 리그'는 중계방송이 동시간

〈카트라이더〉 리그의 성공은 그 자체만으로도 큰 의의가 있다.

16 "카트라이더, e스포츠 콘텐츠로 자리 잡았다", [전자신문], 2010. 5. 16.

17 "e스포츠도 방송 중계권 협상한다", [전자신문], 2007. 1. 23.

18 "e스포츠 중계권 협상 타결", [전자신문], 2007. 3. 21.

대 케이블방송 시청률 1위를 기록했으며, 2008년에 개최된 '아프리카 컵 〈카트라이더〉 8차 리그' 결승전이 열린 부산 벡스코 야외 무대에는 강풍에도 불구하고 2,000여 명의 관객들이 운집하기도 했다.[16]

4) e스포츠의 과제(2007~2008)

e스포츠가 하나의 문화로 자리매김할 정도로 성장했지만, 〈스타크래프트〉 한 종목에 지나치게 편중되어 있고, 게임 개발사인 블리자드 사와 저작권 사용에 관한 합의가 완전히 이루어지지 않았기 때문에 저작권과 관련된 문제가 언제든 발생할 소지가 있다는 명확한 한계를 가지고 있었다. 특히 e스포츠가 성장하면서 게임의 저작권과 중계권 등에 관한 첨예한 대립이 발생하기도 해 우려가 커지기도 했다.

중계권 분쟁

프로게임 리그가 안정적인 기반을 확립해 가던 시기인 2007년 1월, e스포츠협회 'KeSPA'는 프로 리그에 중계권을 도입하려는 움직임을 보이기 시작했다.[17] 당시 프로게임 리그는 기업의 후원을 받은 방송사들이 직접 제작하는 방식으로 진행되고 있었다. KeSPA는 e스포츠의 산업적 기반을 만들어나가겠다는 명분으로 프로게임 리그에 중계권 도입을 주장했고, 2007년 2월에 홀로 입찰에 참가한 IEG를 중계사업자로 선정한다.

이후 IEG는 양대 방송사인 온게임넷과 MBC게임을 상대로 중계권 협상을 두 차례에 걸쳐 벌였으나 모두 결렬되었다. 이에 KeSPA는 2007년 3월 MBC게임 개인 리그인 MSL 예선전에 참가 중인 KeSPA 소속 선수들을 철수시키는 초강수를 두었다. 결국 온게임넷과 MBC게임이 KeSPA의 중계권 요구를 수용하면서 중계권 분쟁은 마무리되었다.[18]

지적재산권 분쟁

KeSPA와 방송사 간의 중계권 문제는 일단락되었으나 곧이어 〈스타크래프트〉의 개발사인 블리자드 사와의 갈등이 시작되었다. 처음 중계권 도입 논란이 일던 2007년 2월에 KeSPA에 프로리그 중계권 협상을 중단하고 자신들과 사전에 협의할 것을 요구했던 블리자드 사는 자사의 동의 없이 중계권을 통한 수익사업을 하는 것을 용인할 수 없다고 밝혔고,[19] KeSPA 측은 블리자드가 한국의 e스포츠 발전 노력을 무시한 것이라고 대응했다.[20]

같은 해 9월에 블리자드 사는 온게임넷과 MBC게임, KeSPA에 공문을 보내 자사의 작품에 대한 지적재산권을 행사하겠다는 의사를 밝혀왔는데 이는 이후 e스포츠 종목에 지적재산권 문제라는 큰 화두를 불러일으켜 정부까지 나서 관련법을 조정하기에 이른다.[21]

2008년에는 MBC게임을 통해 〈스타크래프트〉 리그를 후원한 경험이 있는 곰TV가 블리자드 사로부터 공식 인증을 받아 2월부터 '곰TV 인비테이셔널'을 개최하고 4월부터 '곰TV 클래식'을 출범하여 리그를 진행했다. 그러나 첫 대회부터 리그에 불참하는 팀이 있었던 곰TV 클래식은 네 번째 시즌에는 열두 개 게임단 중 일곱 개 게임단이 불참하는 바람에 불과 네 시즌 만에 리그가 폐지되고 만다.[22]

19 "블리자드, 스타크 저작권 침해 용납못해", [조이뉴스24], 2007. 8. 5.
20 "한국 e스포츠 진흥 노력 무시", [전자신문], 2007. 6. 4.

21 "e스포츠, 격동의 10년 발자취 (21): e스포츠 지재권", [더게임스], 2009. 6. 17.

22 "곰TV 클래식, 아쉬운 리그 개최 포기", [포모스], 2009. 10. 23.

제5부
게임 산업의 빛과 그림자

12장. 게임 산업의 빛

윤형섭

13장. 사회문화적 현상으로서의 게임

강지웅

12장. 게임 산업의 빛

윤형섭

1. 게임 산업 관련 법제의 발전과정

사적인 공간에서의 놀이가 전자 오락의 형태로 발전하고 개인용 컴퓨터의 등장으로 가정에서의 게임 플레이가 가능해지고 인터넷의 발달로 일대일 방식뿐만 아니라 많은 사람들이 동시에 게임 서버에 접속하여 함께 게임을 플레이할 수 있게 되었다. 이러한 게임의 발전과정과 함께 게임의 산업적인 가치도 급격하게 발전해 다른 산업과 마찬가지로 법과 제도를 통한 규제의 필요성이 제기되기에 이르렀다. 한국에서 게임 관련 법률, 제도의 발전과정은 규제의 측면에서 시작되었다고 해도 과언이 아니다. 게임 산업의 법제화는 게임 산업의 법적 제재가 필요해지기 시작한 1970년대부터 시작되었다.

그러나 사실상 게임법·제도에 대한 본격적인 논의가 촉발된 것은 사행성 게임이 기승을 부렸던 '바다 이야기' 사태부터라고 볼 수 있다. 그 전까지는 전자 오락실의 보건·교육·제조업 분야에 대한 규제의 필요에 의해 법제도가 생성되었지만, '바다 이야기' 사태 이후 사행성과 관련하여 게임에 대한 규제가 필요하다는 국민적 관심이 높아졌기 때문이다.

한편, 온라인 게임 산업이 문화콘텐츠 산업 중에서 가장 성장 가능성이 높은 성장 동력 산업으로 인정받고 이를 정부에서 집중적으로 육성할 필요가 있다는 주장이 제기되면서 2006년도에 독자적 게임법률인 「게임 산업의 진흥에 관한 법률」이 세계에서 유일하게 제정되었다. 이 법은 게임 산업 관련 법제의 관점이 규제에서 진흥으로 바뀌었다는 점에서도 큰 의미를 갖는다.

과거의 게임 관련 법제는 게임 자체보다 게임을 하는 물리적인 장소에 대한 규제가 주를 이루었다. 그러나 장소에서 자유로운 온라인 게임이 대중화되면서 새로운 규제가 필요하게 되었다. 기존 게임장에 대한 규제법은 사이버 공간에서 진행되는 온라인 게임에선 무용지물이 되었기 때문에 새로운 형태의 법제도가 필요해진 것이다. 본 절에서는 한국 게임 산업의 시작부터 현재에 이르기까지 급성장하고 있는 게임 산업 관련 법제도의 발전 과정을 살펴보기로 한다.

한국에서 게임 관련 법제의 발전 단계는 크게 세 단계로 나누어볼 수 있다. 제1단계는 전자 오락실 시대의 유기장법에서 유기장업법을 거쳐 공중위생법에 이르는 시기(1973~1999)이다. 이 시기에는 주로 일본과 미국에서 수입한 아케이드 게임 기판이 전자 오락실에 보급되어, 주로 전자 오락실과 그곳에 설치된 하드웨어에 대한 관리와 규제가 이루어졌다.

제2단계는 「음반비디오물 및 게임물에 관한 법률」이 주도하던 시기(1999~2006)로 게임물을 음반과 함께 관리하였다.

제3단계는 「게임 산업 진흥에 관한 법률」이 시행되면서 게임에 대한 시각이 규제의 대상에서 진흥의 대상으로 바뀌게 되었다. 게임에 대한 관점의 변화는 정부 조직의 변화에서도 나타났다. 예전에는 게임 관련 부서가 전혀 없었지만, 게임 관련 부서가 신설되어 '게임음반과', '게임산업과', 그리고 최근에는 '게임콘텐츠산업과'로 명칭이 변경되며 지속되어왔다.

『게임법 제도의 현황과 과제』[1]에서는 게임 법제의 주제가 영업장소의 규제에서 등급 분류로, 그리고 최근에는 산업 진흥으로 변화 과정을 설명하고 있다. 이러한 입법 연혁의 분석틀을 〈표〉로 나타내면 다음과 같다.[2]

1 황승흠, 안경봉 편, 『게임법 제도의 현황과 과제』, 박영사, 2009.
2 위의 책, p. 4.에서 인용.

분석주제 \ 입법단계	제1단계 (1973~1999) 유기장 관리체제 유기장법, 유기장업법, 공중위생법	제2단계 (1999~2006) 게임물 관리체제 「음반비디오물 및 게임물에 관한 법률」	제3단계 (2006~현재) 게임 산업 진흥체제 「게임 산업 진흥에 관한 법률」
게임과 사행행위의 분리 문제	중간	약함	강함
영업장소 규제의 문제	강함	중간	약함
등급분류 문제	·	중간	강함
게임 산업 및 문화의 진흥 문제	·	·	약함

게임 법제 입법 연혁 분석틀

1) 제1단계: 전자 오락실 시대

제1단계에서는 아케이드 게임이 주를 이루었던 시기이니만큼 게임보다는 장소에 더 많은 비중을 두고 입법이 추진되었으며 입법의 목적은 주로 영업장소의 관리였다. '유기장 영업은 허가제로 운영된다(제3조)', '유기장업자는 유기장에 공중위생에 필요한 시설, 청소 기타 위생에 필요한 조치를 취하여야 한다(제4조)' 등의 조항들을 보면 유기장법은 주로 공중이 모인다는 점에서 공중위생을 유기장 관리의 핵심 요소로 보고 있음을 알 수 있다. 이는 당시 유기장법이 공중위생법제의 한 부분이었음을 의미한다.

이후 이 법률은 공중위생법으로 통합된다. 또한 '유기장업자는 법률이 정한 준수사항을 지켜야 한다(제7조)'라는 조항이 있는데, 이는 '유기장 내에서 도박행위를 하는 것을 조장하거나 묵인하여서는 아니된다'는 의미로 게임을 도박과 유사한 성격으로 규정하고 있었음을 알 수 있다.

1984년 개정 유기장업법(전문개정 1984. 4. 10, 법률 제3729호)에서 중요한 변화가 있었다. 유기장에 대한 정의가 '전자유기장 당구장과 기타 대중 오락을 위한 유기기구가 설치된 일정한 장소'(제2조 1항)로 바뀐 것이다. 이로써 전자 오락실이 유기장을 대표하게 되었고 청소년도 게임을 할 수 있게 되었다. 물론 이러한 법제가 생기기 전부터 이미 전국적으로 많은 불법 전자 오락실들이 성행하고 있었고 이미 전자 오락실의 주요 고객이 청소년들이었지만 법제적으로는 불법이었던 것이다.

제1단계에서의 또 다른 중요한 변화는 게임 심의제도의 도입이다. 1984년 개정 유기장법 시행령(전문개정 1984. 7. 20, 대통령령 제11473호)을 통해 유기기구에 대한 심의제도가 처음으로 도입되었다. 유기장업법 시행령에서 보건사회부 장관의 자문에 응하기 위해서 '유기장심의위원회'를 둔다고 규정하였고(제2조), 심의사항에서 '유기기구 및 그 프로그램의 도박성 또는 사행성 유무에 관한 사항'이 포함된 점은 게임물에 심의제도를 도입한 최초의 사례로 볼 수 있다.[3]

1993년 사회를 뒤흔들었던 슬롯머신 사건[4] 이후 사행성을 보다 엄격하게 금지하는 방향으로 유기장업 관리체제가 변경되었다. 이에 따라 1995년 개정 공중위생법(일부개정 1995. 12. 29, 법률 제5100호)에서는 성인용 전자유기장업이 금지되었다. 이와 함께 공중위생법 시행령(일부개정 1996. 6. 29, 대통령령 제15091호)에서는 전자유기장업의 명칭을 '컴퓨터게임장업'으로 변경하여 '컴퓨터 게임'이라는 용어가 처음으로 법률상에 등장하게 되었다.

2) 제2단계: 게임물 관리 체제로의 전환시대

제2단계인 게임물 관리 체제로의 전환시대(1999~2006)에는 유기장업에 대한 관리 권한이 보건복지부에서 문화관광부로 이관되면서, 공중위생법이 폐지되고 「음반비디오물 및 게임물에 관한 법률」(제정 1999. 2. 8, 법률 제5925호)이 제정되었다. 이에 따라 문화관광부 주도로 (재)게임산업종합지원센터가 설립되면서 게임 산업 진흥에 대한 업무를 정부가 직접 추진하는 정책 방향이 마련되었다.

물론 법제의 발전과정을 보면 2006년에 이르러서야 「게임 산업 진흥에 관한 법률」이 제정되지만, 이러한 법제화의 발전도 대부분 (재)게임산업종합지원센터가 주도하였다. 이 법에서는 기존 공중위생법에서의 '유기기구', '컴퓨터게임물'이라는 용어 대신에 '게임물'이라는 용어가 처음 도입되었다. 게임물은 "컴퓨터 프로그램에 의해 오락을 할 수 있도록 제작된 영상물(유형물에

3　당시에는 현재의 게임등급물위원회에서 하는 게임 콘텐츠에 대한 등급 분류가 아니라 주로 사행성을 심의의 대상으로 하였다.

4　1993년 일어난 사건으로 김영삼(YS) 정부 출범 직후인 1993년 슬롯머신 업계의 대부 격인 정덕진, 정덕일 형제로부터 돈을 받거나 청탁받은 혐의로 정관계 유력자 10여 명이 구속돼 큰 파문이 일어났다.

의 고정 여부를 가리지 아니한다)과 오락을 위하여 게임 제공업소 내에 설치운영하는 기타 게임기구로 정의되었다(제2조 3호). 이는 게임물의 개념이 과거의 유기기구인 아케이드 게임기와 PC 게임을 포함하는 개념으로 확대되었음을 의미한다.

이 시기는 게임 관련 법률이 장소의 규제에서 기기나 장치가 아닌 게임 콘텐츠로서 게임물에 대한 규제가 시작되었다. 이는 법률상의 이관도 중요하지만, 관리 부처의 이관과 더불어 유기장이라는 장소의 규제에서 게임물이라는 내용의 관리체제로 전환되었음을 의미한다.

「음반비디오물 및 게임물에 관한 법률」에서 가장 중요한 변화는 첫째, 게임 관련 사업들이 허가제에서 등록제로 변경된 것이다. 기존 유기장법 이래 공중위생법까지는 유기장업의 관리가 허가제였지만, 게임물제작업·게임물배급업·게임물판매업·게임제공업은 등록제(제4조 및 제7조)로 변경되었다. 이는 1961년 제정된 유기장법 이래 거의 40여 년 만의 변화로, 1995년 공중위생법에서 폐지되었던 성인용 전자유기장업이 '종합게임장'이라는 이름으로 다시 생겨났다(제21조).

이는 아케이드 게임 산업을 부활시키고자 하는 의도에서 생겨난 것으로 보이는데 당시 PC 게임이 발전하고 온라인 게임이 태동하고 급성장하는 반면, 사행성 문제로 쇠락의 길을 걷고 있던 아케이드 게임도 산업의 일부로서 진흥시킬 필요가 있었다. 그런데 종합게임장은 18세 이용가 등급의 게임물만 제공할 수 있었으므로 사실상 성인용 게임장이라고 할 수 있다.

둘째, 영상콘텐츠로서의 게임물에 대하여 등급 분류제도가 적용된 것이다. 따라서 게임물은 영상물등급위원회로부터 사전에 그 내용에 관하여 등급 분류를 받아야만 유통 또는 제공될 수 있었다(제18조 제1항). 게임물에 대한 연령 등급은 전체 이용가, 12세 이용가, 18세 이용가 등 세 개 등급으로 나누어졌으나, 2000년 개정법「음반비디오물 및 게임물에 관한 법률」(일부개정 2000. 1. 21, 법률 제6186호)에서 15세 이용가 등급이 추가되어 네 개 등급이 되었다. 이 등급제도는 사행성이 지나칠 경우에는 사용불가로 결정할 수도 있었다(제18조 제3항).

2001년에는 게임물 개념이 수정된다. 2011년 개정된「음반
비디오물 및 게임물에 관한 법률」(전부 개정 2011. 5. 24, 법률 6473호)에서
는 게임물의 정의를 "컴퓨터 프로그램 등 정보처리 기술이나 기
계장치를 이용하여 오락을 할 수 있게 하거나 이에 부수하여 여
가선용, 학습 및 운동효과 등을 높일 수 있도록 제작된 영상물 및
기기(제2조 제3호)"라고 수정하였다. 이는 게임의 순기능을 강조하
면서 이후에 나타나게 될 기능성 게임의 등장을 예고하는 것이기
도 하다. 이 정의는 현행 게임산업진흥법에까지 이어지고 있다.

2001년 개정된「음반비디오물 및 게임물에 관한 법률」에
서 가장 논란이 된 것은 게임제공업자의 준수사항으로 사행성을
조장하거나 청소년에게 해로운 영향을 미칠 수 있는 경품 제공
행위를 금지하였으나, 문화관광부 장관이 고시하는 경품의 종류
와 제공방법에 따르는 경우는 경품 제공행위를 예외적으로 허용
한 것이었다(제32조 제3호). 이는 이전의 시행령 규정에 비해 '지나치
지 않은' 사행성을 은근히 인정해주는 방향이 되기도 하였다. 이
는 2004년 12월 31일 개정고시(문화관광부 고시 제2004-14호)에서 상품권
인증제의 도입, '사행성 간주 게임물'이라는 개념을 도입하여 1회
게임 이용 시간이 4초 미만인 게임물, 1시간당 총 이용금액이 9만
원을 초과하는 게임물, 누적점수나 최고 당첨액이 경품 한도액(2
만원)을 초과하는 게임물은 경품 제공을 할 수 없도록 하였다. 이
러한 규제는 사행성을 억제하려는 취지로 보이지만, 사실상 어느
정도는 사행성을 허용하겠다는 것이기 때문에 이른바 '바다 이야
기'류의 게임기기와 성인오락실이 범람하는 결과를 가져왔다.

이러한 변경된 법의 허점으로 인해 오히려 게임기에서 상
품권이 다량 배출할 수 있게 되는 발단이 되었으며, 이것은 차후
바다 이야기 사태로 이어지게 된다.[5]

제3단계인 2006년~현재까지의 기간은 게임 산업진흥체제
의 시작으로「게임 산업 진흥에 관한 법률」이 제정되면서부터이
다. 2006년 세계 최초로 게임 산업을 카테고리로 하여 법제화한
것으로「게임 산업 진흥에 관한 법률」(제정 2006. 4. 28, 법률 제7941호)은

5 바다 이야기 사태는 사행성 게임을
책임지는 문화관광부의 정책 실패와
영상등급물위원회의 부실 심사로
성인용 게임장이 도박장화되었던
현상이며, 그 당시 대표적 게임의
이름이 '바다 이야기'였기 때문에
붙여진 이름이다. 2007년 6월 27일
감사원은 '바다 이야기' 등 성인용
게임물 파문을 문화관광부의 정책
실패와 영상등급물위원회의 부실
심사로 결론지었다. 이 사건은 새롭게
부흥할 수 있었던 아케이드 게임
산업이 거꾸로 극도로 위축되는 계기가
되었다.

새로운 단계로 발전하는 계기가 되었다. 법제가 기존의 규제에서 진흥으로 개념이 완전히 바뀌었기 때문이다. 이전에 통합되어 있었던 문화콘텐츠 관련 법인「음반비디오물 및 게임물에 관한 법률」은 폐지되고(2006. 4. 28) 문화콘텐츠별로 각각 독립된 입법이 추진되면서 음반에 관한 사항은「음악 진흥에 관한 법률」(제정 2006. 4. 28, 법률 제7942호)로 비디오물에 관한 사항은「영화 및 비디오물의 진흥에 관한 법률」(제정 2006년 4. 28, 법률 제7943호)로 분리되었다.

「게임 산업 진흥에 관한 법률」은 문화관광부 장관이 게임산업진흥종합계획을 수립 시행하도록 하고(제3조), 제2장 게임 산업의 진흥에서는 창업의 활성화, 전문인력 양성, 기술개발의 추진, 협동개발 및 연구, 표준화 추진, 유통질서의 확립, 국제협력 및 해외 진출의 지원, 실태조사 등이 규정되어 있어서 게임 산업 진흥을 국가가 주도하는 형태가 되었다. 또한 게임 문화의 진흥을 위해(제3장) 게임 문화의 기반 조성, 게임 과몰입 예방, 게임물 이용교육 지원 등의 항목이 구체화되었고, 이용자의 권익보호도 간단하게 명기되었다.

또한 이 법에 따라 게임물의 등급분류 전담기관으로 게임물등급위원회가 새로 설치되어(제16조), 문화콘텐츠 전반에 걸쳐 등급분류를 하던 영상물등급위원회를 게임으로 전문화하였다. 이는 기존에 영상물등급위원회에서 문제시되었던 등급분류의 객관성, 예측가능성, 투명성, 형평성 문제를 해결하고 민간자율 규제 체제를 도입하기 위해서였다.

2006년 제정된「게임 산업 진흥에 관한 법률」은 2006년 10월 29일 시행되기 전에 바다 이야기 사태로 인해 2007년「게임 산업 진흥에 관한 법률」(일부개정 2007. 1. 19, 법률 제8247호)로 개정되었다. 개정된 주요 내용은 게임과 사행 행위의 완전한 분리였다. 이 법에서 사행성 게임물은 게임물이 아니라는 것을 명확하게 함으로써 게임에 관한 새로운 법률은 한층 더 발전하게 된다.

한편 2007년 일부 개정된「게임 산업 진흥에 관한 법률」은 온라인 게임에 대해서도 다루고 있는데, 온라인 게임은 디지털 콘텐츠라는 성격 때문에 지속적인 수정이 가능하고 제한된 이용자의 참여에 의한 클로즈드 베타 테스트(Closed Beta Test)와 일반 이용자 누구나 참여가 가능한 오픈 베타 테스트(Open Beta Test) 단계를 거치므로 완성 시점을 명확하게 구분하기 어려웠다. 이러한 점을 해결하기 위해 게임물 개발 과정에서 성능, 안정성, 이용자 만족도 등을 평가하기 위한 시험용 게임물을 등급분류 대상에서 제외하여(제21조 제1항 제3호) 기존의 문제시되었던 등급분류의 비합리성을 해소하고자 하였다.

온라인 게임은 수시로 콘텐츠의 업데이트(update)가 일어나므로 법조항상으로는 수정 시마다 매번 새로운 등급분류를 받아야 되었지만 사실상 적용하기는 어려웠다. 그러나 온라인 게임의 보완(patch)이 이루어진 경우, 새롭게 등급분류를 받지 않으면 형사처벌 대상이 되었다(제32조 제1항 제2호). 이러한 문제를 해결하기 위해 2007년 일부 개정된 「게임 산업 진흥에 관한 법률」에서는 온라인 게임의 패치 심의에 관한 특례조항을 담았다. 이에 따라 패치의 내용을 신고하기만 하면 새로운 등급분류를 받지 않아도 수정된 온라인 게임을 유통하고 서비스할 수 있게 되었다. 이로써 게임 산업계에서 요구하던 민원 사항이 상당히 많이 해소되었다.

한국의 게임 관련 법제는 영업장소의 규제에서 사행성의 규제로, 그리고 게임산업 진흥의 방향으로 변화되어 왔다. 그러나 온라인 게임, 그리고 최근에 등장한 스마트폰 게임은 게임 법제에 있어서 새로운 문제를 제기하고 있다. 이에 따라 게임등급물 분류 문제도 새로운 이슈가 되고 있다. 게임 산업의 발전에 따른 발빠른 법제의 정비가 한국의 게임 산업의 발전에 큰 영향을 미칠 수 있으므로 게임 관련 기술과 소비의 동향을 면밀하게 예측하여 머지않은 미래에 일어날 변화들에 발맞추어 합리적으로 법제를 정비해나갈 필요가 있다. 또한 새롭게 부상하고 있는 게임 이용자 보호 및 분쟁 등의 문제도 새로운 법제의 주요한 내용이 되어야 할 것이다.

2. 게임 산업 정책의 발전과정

문화산업이라는 용어가 국내에서 사용되기 시작한 것은 1990년
대에 들어서면서부터이다. 주무부처인 문화체육부(현, 문화체육관광
부)에 문화산업국이 생긴 것이 1994년 1월이다. 이전까지는 미국·
일본 등 선진국들의 문화콘텐츠 산업이 국내 시장의 대부분을 잠
식하고 있었다. 게임 산업만 살펴보면, 미국·일본의 게임이 국내
시장의 70~80% 정도를 차지하였고 비디오 게임은 일본산, PC
게임은 미국과 대만산이 국내 시장의 대부분을 차지하고 있었다.

　　우리나라 게임 산업 지원 정책은 정부 산하기관에서부터
시작되었다. 1990년대 초반 정보통신부 산하 한국정보문화센터
는 국가 정보화를 추진하기 위해 컴퓨터 보급과 이용 확산을 위
해 다각적인 노력을 기울였다. 그 당시 보다 효율적인 국가 정보
화를 위한 이용에 대한 통계 조사 결과 컴퓨터를 이용하여 가장
많이 하는 작업이 게임이라는 것을 알게 되었고, 향후 게임이 산
업으로 성장하게 될 것임을 예측하고 선행적으로 산업을 육성할
준비를 시작한다.

　　이러한 배경하에 한국정보문화센터는 1992년 국내 최초로
PC 게임에 대한 현황 조사를 실시하고 발전 가능성을 발견하게
된다. 당시 조사된 국내 PC 게임 개발사는 10여 개로 세계의 게
임 산업의 시장 규모를 보면 미래 성장성은 있다고 판단되었지만,
한국의 게임 개발과 시장의 규모 수준은 아직 산업이라고 말하기
엔 매우 부족한 초보 단계였다. 개발방식은 가내수공업식이었고,
개발자 규모도 5~10명 안팎이었다.

　　한국정보문화센터는 세계 게임 시장의 규모 확대와 국내
게임 시장의 성장 추이를 분석하여 게임 시장의 확대 가능성에
확신을 갖게 되었고, 저변 확대를 위해서는 게임 시나리오 공모
전, 세미나 및 전시회 등의 개최가 중요하다고 판단하여 1993년
국내 최초로 게임 시나리오 공모전을 개최하였다. 이 결과 수상
작을 게임 상품화하는 등의 시도를 통해 게임 산업의 육성 기반
을 다지기 시작하였다. 당시 수상작들은 게임 개발사들에게 공개

되어 게임화되었고, 상업화에 성공하기도 하였다. 대표적인 사례가 제1회 게임 시나리오 공모전의 최우수작을 줄거리로 하여 단비소프트가 개발한 〈일지매전: 만파식적편〉이다.[6]

6 사진출처: http://blog.naver.com/realleague?Redirect=Log&dogNo=70107084556

1993년 한국정보문화센터는 "국내 게임 산업의 육성과 건전게임문화 정착"이라는 세미나를 개최하였고, 게임 제작에 대한 공개강좌도 2회나 개최하였다. 한국정보문화센터는 이후 3차에 걸쳐 컴퓨터 게임 시나리오 공모전을 개최하였고, 게임 전시회도 개최하였다. 부대행사로 공개강좌 및 세미나를 개최하기도 하였다. 이러한 게임 산업에 대한 저변 확대 정책은 한국에서 게임 산업이 발전하는 데 큰 밑거름이 되었다. 또한 1996년에는 컴퓨터게임산업 종합지원사업을 전개하여, 게임 전시회, 게임 제작 캠프, 게임 시나리오 공모전, 게임 제작 세미나 등을 개최하기도 하였다.

1993년 한국정보문화센터는 게임 산업의 저변 확대와 게임문화 확산을 위해서는 게임 전시회가 필요하다고 판단하여 국내 최초로 게임 전시회를 개최하고자 하였으나, 당시에 출품할 수 있는 국내 게임 개발사가 워낙 한정적이었기 때문에 국산 게임 소프트웨어와 외국산 게임 소프트웨어를 비교해볼 수 있는 「컴퓨터학습 및 국산 게임 소프트웨어 페스티벌」을 용산 전자상가 한국

제1회 컴퓨터 게임 시나리오 공모전(1993)		
최우수상	일지매전: 만파식적편(롤 플레잉)	이문영
우수상	진이의 모험(어드벤처)	
	거북선의 비밀(어드벤처)	
장려상	망국전기(롤 플레잉)	류재용
	뉴로네트워크(어드벤처)	
제1회 컴퓨터 게임 시나리오 공모전(1995)		
최우수상	인섹트워(전략시뮬레이션)	이우창(17세, 서울과학고 1)
우수상	제3지구의 카인(롤 플레잉)	여운중(17세, 서울부광고 1)
	과일들의 전쟁(코믹 슈팅)	김종혁(30세, 대교컴퓨터)
장려상	농구 삼국기(육성 시뮬레이션)	유기선, 이창종, 염규필
	풋내기 전문가(어드벤처)	한상진
	팔도유람(머드 게임)	윤석민 외
제3회 컴퓨터 게임 시나리오 공모전(1996)		
대상	천도비록(롤 플레잉)	박성환(23세, 동국대 2)
금상	기계지대(액션 어드벤처)	김종혁(디지털헐리우드)
은상	판도라와 팬지 이야기(롤 플레잉)	권용구(단국대 법학과 2)
	조선자객전(롤 플레잉)	장병훈(동아대 국문과 3)
동상	Two Man Story(롤 플레잉)	김세룡(서울 용산고)
	바람의 마법사(롤 플레잉)	강성관(군인)
	대망(롤 플레잉+시뮬레이션)	이주현(부산 내성고)
장려상	아파트 경비원(어드벤처)	이충민(전북 전주공고)
	바이러스(롤 플레잉)	김광호(충남 호석고)
	레일로크 이야기(롤 플레잉)	김기성(남서울대 전산과)
	영웅의 바다(전략 시뮬레이션)	강상수 외(남서울대)
	대한민국 건국기(시뮬레이션)	장제호(서울 화곡중)

한국정보문화센터 주최 컴퓨터 게임 시나리오 공모전 수상작 목록

통신 소프트웨어 플라자에서 개최하였고, 시나리오 공모전에서 최우수상을 수상한 〈일지매전: 만파식적편〉을 비롯한 국산 게임 31점과 한글화된 외국산 게임 9점 등 모두 40점을 전시하였다. 당

시 국산 게임으로는 〈그날이 오면 3〉, 〈광개토대왕〉, 〈슈퍼 샘통〉 등이 출시되었고, 외산 소프트웨어를 한글화한 작품으로는 〈삼국지연의〉, 〈프린세스메이커〉 그리고 교육용 소프트웨어로 〈두기의 하루〉, 〈스토리샵〉이 출시되었다. 이 전시회에는 제2차 게임 시나리오 공모전 저변 확대를 위해 공개강좌도 개최되었다.[7]

7 경향신문, 1994년 8월 25일자.

연도	장소	강좌명	강사
1993	한국통신 SW플라자	기획	신홍범(컴퓨터 게임 분석가)
		시나리오 작성	정찬용(열림기획 실장)
		그래픽 I	정찬용(열림기획 실장)
		그래픽 II	조석진(미리내소프트웨어)
		음악 I	남상규(소프트액션 사장)
		음악 II	최종엽(대진음향 중앙연구소)
		프로그래밍 I	홍동희(막고야 사장)
		프로그래밍 II	박영권(하이콤)
1994	한국통신 SW플라자	게임의 기획	박병호(삼성전자 엔터테인먼트사업부)
		게임 시나리오	정찬용(열림기획 실장)
		프로그래밍 I	정현태(트윔시스템 개발실장)
		프로그래밍 II	김성식(단비시스템 사장)
1995	호텔 롯데월드	게임기획 및 시나리오 작성	최권영(트윔시스템 사장)
		프로그래밍 기법 I	정재성(미리내소프트웨어 사장)
		3D게임 제작도구를 이용한 프로그래밍 기법	유현수(I2 사장)
		프로그래밍 기법 II	홍동희(막고야 사장)
1996	여의도 서울종합 전시장	게임 시나리오 작성 실무기획	정찬용(열림기획 이사)
		영화와 게임의 접목 기획	유현수(I2 사장)
		프로그래밍 기법 I (PC 게임 프로그래밍 개론)	정재성(미리내소프트웨어 사장)
		프로그래밍 기법 II (VR을 이용한 프로그래밍 기법)	홍동희(막고야 사장)

한국정보문화센터 게임 제작과정 공개강좌 내용

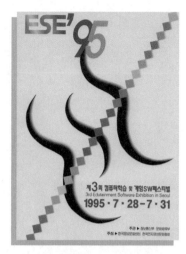

1995년 게임전시회 리플릿(상)과
한국컴퓨터게임전시회 포스터(하)

1996년에는 제4회 '한국게임전(Korea Games 96)'이라는 명칭으로 여의도종합전시장에서 개최되었다. 이 전시회는 한국 최초의 컴퓨터 게임 전시회이기도 하다. 부대행사로 게임 시나리오 작성법, 영화와 게임의 접목, 게임 프로그래밍 등의 공개강좌도 열렸다. 당시 전시 참가업체는 33개로 국내 대부분의 PC 게임 개발사들이 참가했다. 대표업체로 막고야, 미리내소프트웨어, 밉스소프트웨어, 시엔아트, 아크로스튜디오, 엑스터시엔터테인먼트, 타프시스템, 우보전자, 트윔시스템, 패밀리프로덕션, 이포인트, 아블렉스, 빅콤, 비스코 등이 참가하였다.

1996년 한국게임전시회의 관람객은 8만 8,000명으로 당시 일본의 동경게임쇼보다 세 배나 많은 인파였다. 이런 현상은 아직 산업적으로는 태동기에 해당했지만, 이미 오락실과 PC를 통해 게임을 즐기는 청소년들이 충분히 많았고 대중들이 게임에 관심이 많았다는 것을 증명하는 계기가 되었다.

게임 산업의 저변 확대를 위한 노력과 결실 등에 고무되어 정보통신부는 게임산업 종합지원사업이라는 정책을 수립하고 본격적으로 게임 산업을 육성하기 시작하였다.

1997년 정보통신부는 첨단 게임 산업을 육성하겠다는 의지를 확고히 하고, 첨단 게임 산업 육성방안을 내놓았다. 이는 게임 산업에 대한 사회적 인식 개선활동 추진, 규제 위주의 다원화된 관계법령 및 제도의 개선 추진, 게임 전문인력의 양성, 첨단 게임 기술의 개발 지원, 게임 산업 종합지원체제 구축 등을 주요 내용으로 하고 있다.

한편 문화체육부도 같은 해에 컴퓨터 게임을 전략사업으로 선정하고, 정보통신부와 경쟁적으로 게임 산업 육성정책을 제시하기 시작하였다. 1997년 문화체육부는 게임 산업 발전계획을 수립하고, 게임발전민간협의회 구성·운영, 게임종합지원센터 운영, 산업체 간 협력체제 구축, 게임백서 발간 등을 추진하였다. 또한, 게임 제작 활성화를 위해 대한민국 게임대상 시상, 이달의 우수 게임 시상, 우수게임 사전제작 지원, 게임 전시회 개최 등의 계획을 수립하고 추진하였다. 그러나 부처 간 협력이 이루어지지 않는 경우도 있어 모두 실행되지는 못했다.

이러한 양 부처의 경쟁적인 노력들은 1999년 정부 주도의 (재) 게임산업종합지원센터를 설립하게 되는 토대를 제공하였다. 양 정부부처 간의 산업육성 의지는 주도권 싸움으로 이어지다가 결국 문화관광부가 게임 산업을 관장하는 것으로 결론이 났다. 문화관광부는 1999년 7월 게임 산업의 집중 육성을 위한 산하기관으로 (재) 게임산업종합지원센터를 개설하였다. 주요 업무는 정책연구, 산업지원, 기술지원, 인력양성 사업 등이었다.

정부 주도의 게임 산업 육성사업은 세계에서 유례를 찾아볼 수 없을 만큼 매우 성공적이었다. 게임 산업의 변방 국가였던 한국의 게임 산업은 놀랄 만큼 급성장하였다. 10년 동안 시장 규모는 2000년 8,300억 원이던 것이 2010년 7조 4,312원으로 약 10배 정도 성장하였고, 종사자 수도 10년 만에 2,500명에서 9만 6,000명으로 26배나 증가하였다.

3. 게임 심의제도의 변천과정

한국의 게임 심의제도는 사전 심의에서 등급물 분류로 변천되어 왔다. 한편 미국의 경우 1990년대 초부터 게임의 내용이 폭력성·음란성 등 자극적인 요소들을 포함하자, 미성년자들의 보호를 위해서 심의에 대한 검토를 시작하였고, 게임 제작업자들은 표현의 자유와 게임 산업의 확대를 위해 인터랙티브디지털소프트웨어 협회(IDSA: Interactive Digital Software Association)를 설립하고, 1994년 자체적으로 ESRB(Entertainment Software Rating Board)라는 심의기구를 만들어서 정부의 직접적인 간섭 없이 심의를 시작하였다. 이는 게임 소프트웨어에 대한 민간 차원의 자율 심의기관으로 연령에 따른 등급을 부여하고, 게임 정보를 소비자에게 안내하는 것이었다.

그러나 한국의 경우 정부 주도의 규제 관점에서 게임 심의가 이루어졌다. 게임을 포함한 전자영상물에 대한 심의와 규제는 문화관광부의 한국공연예술진흥협의회, 정보통신부 산하의 정

보통신윤리위원회 등으로 나누어져 심의 및 규제가 이원화되어
있었다. 이는 새롭게 등장하는 매체에 대한 법제도적 준비가 부
족하고 게임 산업에 대한 이해 역시 부족했기 때문으로 보인다.

　　한국공연예술진흥위원회는 가정용 전자영상물[(CD-Rom, FD,
CD-I, CD-V, Rom-Pack), 업소용(전자 유기장용)]에 대한 심의 및 규제를 담
당했고, 정보통신윤리위원회는 1995년 4월 13일에 법정기구로
발족하여 PC 통신 등을 통해 제공하고자 하는 모든 정보에 대해
사전 심의를 담당했다. 즉 가정용과 업소용 게임은 한국공연예술
진흥협의회가 심의하였고, 온라인 게임은 정보통신윤리위원회
가 심의를 맡고 있었다.

　　당시 심의 기준은 사회정의·성관계·종교·교육·기타 등으
로 세분화하고 관람등급을 연소자 관람불가, 중학생 이상 관람가,
고등학생 이상 관람가, 연소자 관람가 등 네 개 등급으로 분류하
고 수입 및 국내 제작물을 대상으로 사전 심의를 실시하였다.

　　이후 법제도의 개정 및 제정에 따라 1995년부터 영상물등
급위원회가 게임물을 사전 심의하게 되었다. 영상물등급위원회
는 게임물에 대해 적절한 연령별 등급을 부여함으로써 게임물의
공공성과 윤리성을 확보하여 국민 문화생활의 질적 향상을 도모
하는 한편, 선정성·폭력성 등의 유해영상물로부터 청소년을 보
호하기 위해「음반비디오물 및 게임물에 관한 법률」제5조에 의
하여 설립되어, 2006년「게임 산업 진흥에 관한 법률」이 제정되기
전까지 국내외 게임물을 등급제로 사전 심의해왔다. 2006년 이후
전문화된 게임물등급위원회는 폭력성·선정성, 그리고 사행성을
주요 심의기준으로 삼아 분류하고 있다.

　　한편 해외의 심의제도를 살펴보면, 다른 나라들도 한국과
마찬가지로 게임물에 대해서 직접적 또는 간접적으로 심의 또는
등급분류를 통해 행정 규제 또는 정보공개를 하고 있는데, 국가
가 처한 상황에 따라 각기 다른 목적으로 게임물을 심의하고 있
다는 것을 알 수 있다.

　　게임 선진국이라 할 수 있는 미국은 게임 소비자들에게 게
임에 관한 정보를 제공하는 취지에서 주로 폭력성과 사용언어에

대한 심의를 하고 있다.

심의의 정도에서 중간형에 위치하는 호주는 정보공개와 미성년자의 매체로부터의 보호, 지역공동체의 보호를 위해 주제·폭력·섹스·언어·약물사용·누드 등의 요소를 심의하고 있다. 중국의 경우 사전 검열에 가깝다.

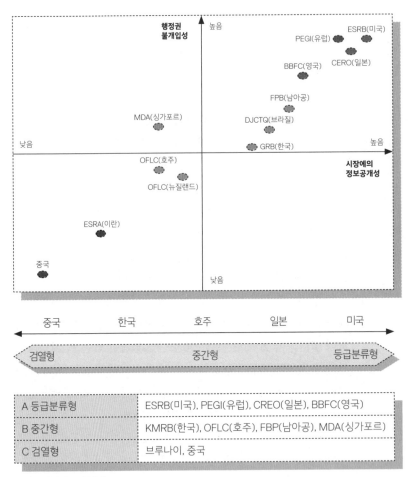

세계의 심의제도의 위상[8]

A 등급분류형	ESRB(미국), PEGI(유럽), CREO(일본), BBFC(영국)
B 중간형	KMRB(한국), OFLC(호주), FBP(남아공), MDA(싱가포르)
C 검열형	브루나이, 중국

8 한국게임 산업진흥원, 「검열과 등급분류 사이: 세계심의제도 현황」, 2003, pp. 89-90, 100.

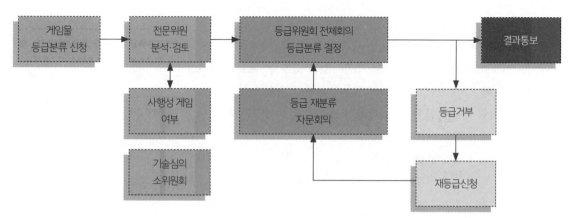

한국 게임물등급위원회의 등급분류 절차[9]

9 한국콘텐츠진흥원,「KOCCA FOCUS
   세계 게임 심의제도의 추세 및 함의」,
   통권 제11호, 2009. 12. 7, p. 137.

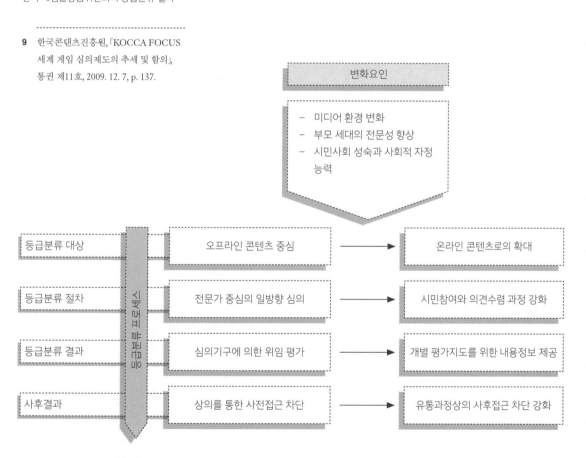

게임등급 분류기구의 변화 추세

온라인 게임 분야로는 한국도 이미 게임 선진국에 들어선 상황에서 게임물에 대한 심의는 보다 표현(창작)의 자유를 보장하고, 정부가 아닌 민간 차원에서 자율적인 정화 또는 규제로 정책 방향을 바꾸어야 한다는 주장이 지속적으로 제기되고 있기도 하다. 이러한 세계적인 추세에 따라 게임등급 분류기구는 앞의 그림과 같이 변화되고 있다.

게임 심의에 관해 통제 없는 놀이공간의 불량화·퇴폐화·사행화에 대해 소정의 규제가 불가피하다는 것이 대세론이었으나, 향후 표현의 자유를 보장하는 민간 차원의 자율적인 정화로 변화하게 될 것이다.

13장. 사회문화적 현상으로서의 게임

강지웅

1. 산업에서 문화로

1990년대 후반 한국 사회는 IMF 금융위기를 겪으며 새로운 사회 성장 동력으로 부가가치 산업을 꼽게 된다. 이 과정에서 주목을 받게 된 것이 영화, 게임 같은 미디어 산업이며, 특히 게임은 하나의 스토리를 다양하게 확장하는 '원 소스 멀티 유즈(OSMU: One Source Multi Use)'를 가장 효율적으로 적용할 수 있는 분야로서 각광받았다. 특히 한국의 온라인 게임은 국가적으로 추진된 정보화 사업의 흐름 속에서 구축된 통신망을 바탕으로 발전을 거듭하고, 해외시장에 적극적으로 진출하여 성공을 거둠으로써 세계적인 경쟁력을 지닌 산업으로 성장했다.

온라인 게임의 성공과 더불어 모바일 게임, 비디오 게임, 포터블 게임 등 다양한 플랫폼에 걸쳐 게임의 저변이 확대되었고, 그만큼 게임을 즐기는 사람들도 많아졌다. 게임이 일부 마니아들만의 전유물이 아니라 많은 사람들의 일상이자 여가라는 것은, 많은 사람들이 모이는 장소에서 적지 않은 사람들이 게임을 즐기는 모습을 일상적으로 볼 수 있는 것만으로도 충분히 설명할 수 있을 정도이다.

한국의 게임 산업은 지속적으로 발전해왔으며, 게임 산업의 성장은 게임 산업 종사자의 증가를 뜻한다. 또한 그렇게 증가한 게임 산업 종사자들이 만들어내는 게임을 게이머들이 충분히 즐겨야 게임 산업이 성장할 수 있기 때문에, 성장하는 게임 산업의 지표들은 그만큼 게임을 즐기는 사람들이 많아지고 있음을 뜻한다. 즉, 게임과 사람들의 일상 그리고 삶에 깊은 상관이 있게 된 것이다.

게임이 우리에게 미치는 영향이 점차 커지고 있음은 게임 내부의 변화를 통해서도 확인할 수 있다. 2005년을 전후하여 짧게는 십수 년에서 길게는 몇십 년 전에 발매되었던 게임들이 최신 플랫폼에서 구동할 수 있는 타이틀로 제작되어 여럿 발매되었던 적이 있다. 이러한 게임들은 어린 시절 해당 게임들을 즐겼던 추억을 지닌 게이머들의 적극적인 호응에 힘입어 '레트로(retro) 게임'이라는 하나의 장르로 불릴 정도의 높은 인기를 모았다. 이러한 레트로 게임의 등장과 인기는 게임이 어떤 이에게 간직하고픈 추억이 될 만큼 적지 않은 시간 동안 지속되어 왔음을 의미한다. 예전의 게임을 기억하는 이들에게 레트로 게임은 게임을 플레이하지 않더라도 게임 그 자체만으로 예전의 추억을 떠올리는 매개 역할을 한다.

이러한 레트로 게임은 게임의 지형이 넓어졌음을 나타낸다. 누군가에게 1972년에 출시된 〈퐁〉(Pong)이, 다른 누군가에게는 1985년에 출시된 〈슈퍼마리오 브라더스〉(Super Mario Bros.)가 추억을 불러일으키는 게임이 될 수 있는 것처럼, '레트로 게임' 이후에도 게임은 계속해서 만들어져왔고, 그 게임들을 즐기는 게이머들을 통해 계속해서 '누군가의 레트로 게임'도 만들어져 왔기 때문이다.

게임의 지형이 넓어졌음을 나타내는 또 다른 징후는 비디오 게임과 포터블 게임을 통해서도 가능할 수 있다. 닌텐도의 'Wii', 마이크로소프트의 'Xbox 360 Kinect', 그리고 소니의 'Playstation Move'는 기존에 시도되지 않았던 방식의 게임 플레이를 통해 기존 게이머들에게 새로운 재미를 제공하는 동시에, 직관적인 인터페이스를 제공함으로써 평소에 게임을 즐기지 않았던 이들을 새로이 게임 플레이에 참여할 수 있도록 끌어들인다.

소니의 'PSP'와 'PS VITA', 그리고 닌텐도의 'NDS'와 'Nintendo 3DS' 역시 세부적인 방향은 다르지만 공통적으로 새롭고도 직관적인 게임 플레이를 통해 보다 많은 사람들을 끌어들이고자 한다.

이러한 경향은 비디오 게임과 포터블 게임 모두 게임뿐 아니라 음악, 사진, 영상 등의 미디어를 활용하고, 온라인에서 정보를 검색하거나 의사소통을 할 수 있는 미디어 플랫폼으로서 기능할 수 있는 하드웨어를 갖추어 나가는 흐름에서도 확인할 수 있다. 게임이 제공하는 즐거움을 다양한 관점에서 해석하고 구현하는 기능성 게임(serious game)이나 스마트폰 사용자들의 활용도가 높은 어플리케이션의 유형 중 하나가 게임인 것도 같은 맥락에서 해석할 수 있다.

2. 게임에 대한 이중적 시각과 즐거움에 대한 사회적인 수용

게임과 관련된 이러한 변화들은 그만큼 게임이 일상적인 문화가 되었음을 뜻한다. 이렇게 게임이 우리와 깊은 상관이 있음에도 불구하고 한국사회에는 게임에 대한 이중적인 시각이 자리 잡고 있다. 게임이 가지고 있는 산업적인 성과와 가능성에 대해서는 긍정적인 반면, 게임을 즐기는 것에 대해서는 부정적인 것이다. 게임에 대한 부정적인 시각에서는 게임을 특정한 연령대와 계층만이 즐기는 것으로 인식한다. 이제 게임은 공기처럼 우리 주변에 자리하고 있는데 어떤 특정한 사람들만이 게임을 하는 것으로 여기는 것이다.

이러한 인식에 결정적인 영향을 미치는 것은 '게임을 하는 것은 비생산적인, 시간을 낭비하는 일'이라는 시각이며, 게임을 '어린 시절에 즐기는 놀이' 정도로 여기는 시각도 마찬가지이다.

사회적인 인식은 오랜 시간에 걸쳐 형성되는 것이기 때문에 그 원인을 명확하게 짚어내기도, 그리고 뚜렷한 해결책도 제시하기도 쉽지 않다. 게임에 대한 부정적인 인식도 마찬가지이다.

하지만 게임에 대한 사회적인 인식을 개선하는 것은 풍성한 게임 문화를 정립해나가기 위해 반드시 필요한 작업이다. 이를 위해 이러한 질문으로 시작해볼 수 있을 것이다. "게임을 하기에 적당한 나이가 있을까? 게임을 하기에 적절한 직업이 있을까?"

사실 이 질문은 우문(愚問)이다. 공기처럼 존재하는 게임은 누구에게나 가까이 있는데 게임을 하기에 어울리는 나이와 직업이 있겠는가? 그런데 '게임을 하기에'라는 부분에 주목하면 이 질문은 쓸모를 발휘한다. 게임은 인간을 즐거움에 도달하게 한다. 게임만이 인간을 즐거움에 도달하게 하는 것은 아니지만, 능동적으로 즐거움에 도달하게 한다는 점에서 게임은 다른 방법들과 특별한 차이를 갖는다. 여기서 '게임'을 '놀이'라는 표현으로 바꾸면 게임을 한다는 것은 놀이를 통해 능동적으로 즐거움에 도달하는 행위가 된다. 이 지점에서 게임에 대한 부정적인 인식이 갖는 맹점을 발견할 수 있다. 게임에 대한 부정적인 인식은 결국 놀이를 통해 즐거움을 얻는 것에 대한 부정적인 태도를 갖는 것이다.

이를 바탕으로 "왜 우리 사회는 놀이를 통해 즐거움을 얻는 것에 대해 부정적인가?"라는 질문을 제기해볼 수 있다. 적지 않은 사람들이 게임을 통해 즐거움을 느꼈던 추억을 지니고 있음이 레트로 게임의 인기를 통해 드러나고, 새롭게 개발되는 게임들이 지속적으로 더 많은 사람들을 게임으로 초대하고 있다. 이렇게 게임의 종류와 그것을 즐길 수 있는 수단이 매우 다양해서 게임을 손쉽게 접할 수 있음에도, 결정적으로 게임과 상관있는 사람들이 대단히 많음에도 불구하고 왜 사회는 게임을 통해 얻을 수 있는 즐거움을 수용하지 않는 것인가?

3. 게임 셧다운제와 게임 문화

2011년 11월 20일부터 시행되고 있는 게임 셧다운제를 비롯한 게임에 대한 각종 규제들은 게임을 통해 얻는 즐거움을 수용하지 않은 데서부터 시작된 것이라 볼 수 있다. 이 제도와 관련하여 가장 첨예한 쟁점은 '게임 과몰입'이다. 그런데 게임이 사람에게 이로운지 해로운지의 여부에 관해 각기 다른 결론의 연구 결과들이 풍부하게 제기되고 있기 때문에 어느 한쪽으로 결론을 내릴 수 없다.

더욱이 게임의 범위와 종류가 매우 넓고 다양하기 때문에 게임이 미치는 영향을 어느 하나로 단정 짓는 것 자체도 문제이다. 비단 게임이 가지고 있는 쾌락적 속성을 고려하여 과몰입성이 있음을 고려한다고 하더라도, 과몰입에 빠져들게 되는 과정에 대한 종합적인 분석 없이 무조건 게임에 책임을 지우는 것은 비합리적인 처사이다. 한 사람의 삶과 일상은 다양한 요소들로 복잡하게 구성되어 있고, 과몰입에 이르는 원인과 과정 역시 다양하기 때문에 게임 과몰입의 원인을 게임에서만 찾는 것은 타당하지 않은 것이다.

그러한 면에서 '게임 셧다운제'는 적절한 방법이 아니다. 첫째, 게임 과몰입에 대한 명확한 분석과 합의에 도달하지 않은 채 추진되었다는 점에서 그러하고, 둘째, 즐거움을 추구하는 방법으로서 게임을 선택하는 인간의 기본권을 강제하였다는 점에서 그러하다.

한편으로 게임 셧다운제는 게임에 대한 부정적인 인식이 어느 수준에 있는지를 매우 극명하게 드러내는 것이기도 하다. 이를 통해 게임에 대한 부정적인 관점의 인식을 확인할 수 있는 만큼, 대안을 마련하고 이를 시행함으로써 게임에 대한 인식을 개선하고자 노력하는 작업이 물론 필요하다.

하지만 어쩌면 이것은 시간에 맡겨야 하는 일인지도 모른다. 앞으로 더 많은 시간이 흐르고, 게임도, 게이머도, 게이머가 게임을 즐긴 경험들이 더 많아지면서 시나브로 게임에 대한 인식도 긍정적으로 변하게 되는 일일지도 모르는 것이다.

때문에 지금 우리에게 필요한 것은 게임에 대한 부정적인 인식을 개선하기 위한 현실적인 노력 못지않게 게임에 대한 보다 구체적인 질문들을 던지는 것이다. 사회구성원으로서 인간은 다양한 역할을 동시에 지니고 있으며, 때때로 여러 역할을 동시에 수행할 것이 요구되는 가운데 어느 하나의 역할을 선택해야 하는 역할갈등을 겪기도 한다.

게임을 일상적으로 즐기는 사람들이 많다는 것이 사실이라면, 사람들은 일상생활 속에서 게임과 관련된 다양한 역할갈등을 겪을 것이다. 이러한 맥락에서 '게임을 하는 사람'이라는 추상적인 대상에 대해 막연한 질문을 던지는 것보다 '학생인 게이머', '직장인인 게이머' 혹은 '아버지인 게이머', '어머니인 게이머' 같은 구체적인 대상에 질문을 던져볼 필요가 있다. 이들의 일상에서 게임은 어떻게 자리하고 있는가? 이를 통해 게임에 대한 보다 실질적인 모습들을 발견할 수 있게 될 것이다. 나아가 이러한 질문들이 더욱 다양해지고 활발해질수록 우리는 게임에 대한 막연하고 불분명한 선입관을 통과해 사람들의 일상 속에서 공기처럼 숨쉬고 있는 게임을 비로소 마주할 수 있게 될 것이다.

이를 위해서는 비단 게임 산업에 종사하는 이들과 게임을 즐기는 당사자들의 노력만으로는 부족하다. 사회 전체에 걸친 종합적인 노력이 필요하다. 왜냐하면 게임을 통해 얻는 즐거움은 한 사람의 인생 전체에 걸쳐 지속될 수 있는, 그리고 삶에서 쉽게 경험할 수 없거나 절대 경험할 수 없는 전혀 새로운 것이며, 이는 한 개인은 물론 그가 속한 사회에 긍정적인 기여를 하기 때문이다.

찾아보기

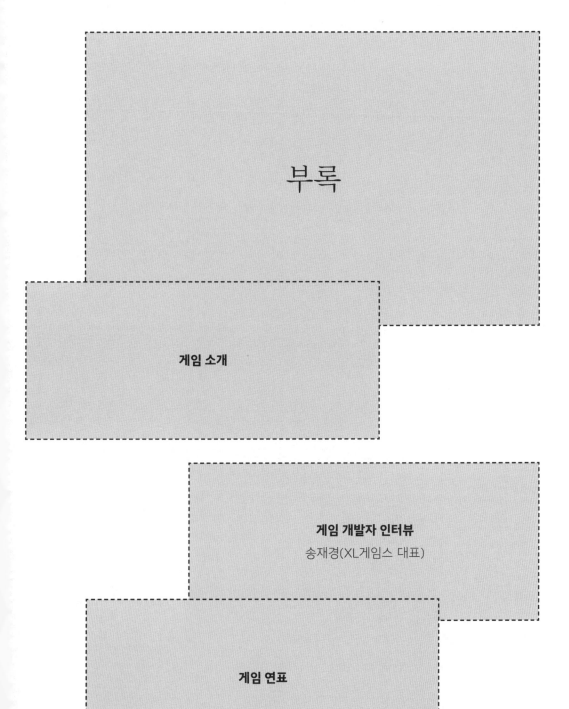

부록

게임 소개

게임 개발자 인터뷰

송재경(XL게임스 대표)

게임 연표

게임 소개

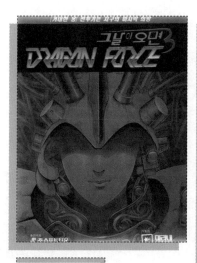

→ **075**

그날이 오면 3: Dragon Force

1987년 대구에서 결성된 미리내소프트웨어(정재성, 조대호, 김경수 등)가 수차례의 출시불발과 실패를 딛고 일어서 처음으로 기념비적인 성공을 거둔 작품이다. 당시로서는 가장 완성도가 높고 그래픽이 뛰어난 국산 슈팅 게임으로서 386 PC와 컬러 그래픽 · 사운드 카드 보급의 흐름을 기반으로 누적 5만 장(옥소리 카드 CD-ROM 등의 번들 제공 포함)에 이르는 공전의 히트를 기록했다. 미리내소프트웨어를 1990년대 중후반 한국 게임업계의 대표회사로 발돋움시킨 작품이기도 하다. 〈그날이 오면〉 시리즈는 이후 5편까지 꾸준히 제작되었으며 미리내소프트웨어의 대표작으로 기억되고 있다.

장르 : 횡 스크롤 슈팅
유통사 : 소프트타운
제작사 : 미리내소프트웨어
플랫폼 : IBM-PC(MS-DOS)
발매일 : 1993년 3월

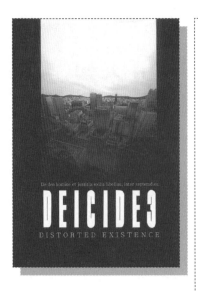

디어사이드 3(DEICIDE 3)

국산 게임 역사를 통틀어 몇 되지 않는 본격 어드벤처 게임이자,
역시 국산 게임 역사를 통틀어 거의 유일한 컬트적 문제작.
광주민주화운동과 12·12사태를 강하게 연상시키는 설정부터
염세주의가 짙게 배어 있는 연극적이고 현학적인 스토리 전개와
대사들, 다수의 상징과 은유가 노골적으로 의도된 연출, 당시로서는
상당한 수준의 영상미와 배경음악 등이 특징이다. 상업적으로는
실패한 것으로 알려져 있지만, 당시의 게이머들에게 적지 않은
충격과 기억을 남기며 컬트작으로서의 가치를 인정받고 있다.
국산 게임 초창기부터 활동해온 1세대 개발자인 이현기 씨가
사실상 혼자 개발하다시피 한 작품으로 알려져 있으며, 이현기
씨는 이후 〈아크메이지〉(마리텔레콤), 〈킹덤 언더 파이터:
크루세이더즈〉(판타그램) 등의 개발을 주도했다.

장르   : 어드벤처
유통사   : 비스코
제작사   : 스튜디오 자코뱅
플랫폼   : IBM-PC(Windows 95)
발매일   : 1997년 6월

라그나로크 온라인

이명진 작가의 만화 '라그나로크'를 원작으로 한 MMORPG이다.
그라비티가 손노리와 합작하여 개발한 〈악튜러스〉의 엔진을
개량해 만든 게임은 2D 캐릭터와 3D 배경이 조합된 귀여운 그래픽,
다양한 이모티콘과 노점상과 같은 발전된 커뮤니티 기능으로 여성
유저들에게 큰 인기를 끌며 성공을 거두었다.
　〈라그나로크 온라인〉은 국내에서의 성공을 바탕으로 외국으로도
활발히 진출하여 66개국 진출이라는 큰 성과를 거두었고, 그
덕분에 개발사인 그라비티는 국내 게임 회사 최초로 나스닥에
직상장하는 기록을 남기기도 하였다. 또한 게임의 인기를 바탕으로
애니메이션으로도 제작되기도 했는데, 일본 도쿄 TV와 한국
SBS에서 방영되어 인기를 끌었다.

장르   : MMORPG
제작사   : 그라비티
플랫폼   : PC 온라인
발매일   : 2001년 11월 오픈 베타, 2002년 7월 상용화

→ 138

리니지

〈리니지〉는 엔씨소프트에서 개발한 MMORPG로 한국 온라인 게임 시장에서 〈바람의 나라〉의 뒤를 이어 본격적으로 성인용 MMORPG 시장을 연 작품이다. 3D로 렌더링된 캐릭터를 사용하였으며, 유저들 간의 PVP를 자유롭게 허용하고 PK가 가능한 시스템을 제공해 성인 유저들의 요구를 충족시켰다. 이후 공성전과 혈맹 시스템을 추가했고, 이러한 시스템들은 이후 국내에서 제작되는 MMORPG들에 큰 영향을 미쳤다.

워낙에 큰 인기를 끌었던 게임이기 때문에 이 게임과 연관되어 발생한 사회적인 문제들도 적지 않았다. 여전히 높은 인기를 유지하고 있으며 아직도 이 게임을 즐기고 있는 유저들의 숫자가 적지 않다.

→ 105

장르   : MMORPG
제작사   : 엔씨소프트
플랫폼   : PC
발매일   : 1998년 9월

리크니스

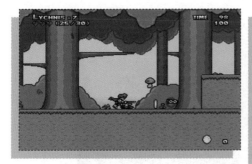

→ 080

소프트맥스 내 아트크래프트 팀에서 제작한 액션 게임. 국내 최초로 하드웨어 스크롤을 사용하여서 당시 게임기 같은 부드러운 스크롤을 PC에서 구현해냈다는 차별성을 보여주었다. 두 명의 주인공을 선택해서 다른 플레이 감각을 느낄수도 있었으며, 점프 후 이동이 안 되기 때문에 살인적인 난이도를 자랑하기도 했다. 다관절보스 등을 마케팅 포인트로 내세웠으나, 실제로 마지막 보스는 슬롯머신으로 처리하였다.

장르   : RPG
제작사   : 소프트맥스
플랫폼   : PC
발매일   : 1994년 5월

→ 147

마비노기

〈마비노기〉는 높은 자유도를 추구하는 MMORPG로, 같은 장르의 게임들이 주로 전투와 캐릭터의 능력강화를 중심으로 게임을 진행하는 것과 달리 개성 있는 NPC들과의 대화나 전투 이외의 다양한 활동들을 할 수 있도록 하면서 새로운 방식의 MMORPG를 경험하기 원하는 유저나, 전투를 중심으로 하는 기존의 플레이 방식에 싫증을 느낀 유저들로부터 좋은 반응을 얻었다.

이 게임의 가장 큰 특징은 생활, 음악, 전투, 마법, 변신 등 여러 종류의 스킬들 중에서 유저가 원하는 종류의 스킬을 선택해 캐릭터를 성장시킬 수 있다는 점이다. 종족은 구분되어 있지만 직업체계가 없기 때문에 육성하고자 하는 스킬을 선택하는 데에 특별한 제약을 받지 않는다. 또한 환생 시스템이 있어 선택한 캐릭터를 오랜 시간에 걸쳐 계속해서 플레이할 수 있다는 점도 특징이다.

장르   : RPG
제작사   : 넥슨
플랫폼   : Online
발매일   : 2004년 6월 22일

뮤

〈뮤〉는 웹젠에서 개발한 MMORPG로 한국 MMORPG 중 최초로 풀 3D 그래픽을 구현한 게임이다. 당시 주류를 차지하고 있던 2D 그래픽의 온라인 게임과 달리 화려한 그래픽과 사운드로 무장한 〈뮤〉는 온라인 게임 시장에서 센세이션을 일으키며 3D MMORPG 시장을 열었다. 3D 그래픽을 사용함으로써 유저들에게 특별히 시각적인 즐거움을 더 많이 선사했으며, 해킹 등의 문제가 많은 편이었으나, 지금까지도 꾸준히 인기를 유지하고 있다.

장르   : MMORPG
제작사   : 웹젠
플랫폼   : PC
발매일   : 2001년 11월 19일

→ 135

→ 103

바람의 나라

〈바람의 나라〉는 김진의 동명 만화를 소재로 넥슨이 제작한
MMORPG 게임으로 현재 서비스 중인 그래픽 MMORPG 중 가장
오랜 게임이다. 1996년 4월 유니텔을 통해 서비스가 시작되었고,
11월부터 인터넷 서비스를 시작한 이 게임은 1997년 10월
영문판으로 제작되어 외국에 소개되기도 했다.

　〈쥬라기 공원〉의 김정주와 송재경이 개발한 이 게임은 초기엔
별로 유저들의 관심을 끌지 못했지만, 꾸준한 업데이트를 통해
고구려라는 무대와 동양적 기담을 뒤섞은 독특한 세계관뿐 아니라
2D 아바타 시스템을 바탕으로 한 다채로운 콘텐츠를 잘 엮어내어
PC방 붐과 함께 폭발적인 인기를 끌었고, 1,000번 이상의
업데이트와 리뉴얼, 적절한 시점에서의 부분유료화 전환 등 절묘한
운영을 통해 그 역사를 계속 이어나가고 있다.

장르　　　　: MMORPG
제작사　　　: 넥슨
플랫폼　　　: PC
서비스 개시　: 1996년 4월 4일(PC 통신 서비스)

신검의 전설

발매 당시 고등학교 2학년이었던 남인환 씨가 혼자서 모든 과정을
맡아 개발하고, 퍼블리셔와의 계약을 통해 판매한 게임으로, 기록상
국내 최초로 상용화된 국산 게임이기도 하다. 최초의 국산 RPG이자,
자체 한글 처리기를 내장한 국내 최초의 게임 등 다수의 분야에서
국내 최초를 기록한 기념비적인 작품이다. 당시 국내 PC잡지의 월간
판매량 차트에 이름을 올렸을 정도로 주목을 받았으며, 게임 자체의
디자인이나 시스템은 〈울티마 III〉에서 큰 영향을 받았다. 이 작품은
이후 1988~1990년 사이 '애플 II'와 'MSX' 등 여러 국산 게임이
판매에 이르게 하는 계기가 되기도 했다. 이후 1996년 9월, 속편인
〈신검의 전설 II LIAR〉가 IBM-PC용으로 발매되었다.

장르　　　: RPG
유통사　　: 아프로만
제작사　　: 남인환
플랫폼　　: APPLE II
발매일　　: 1987년

→ 045

아크메이지

〈아크메이지〉는 머드 게임 〈단군의 땅〉을 제작한 마리텔레콤에서
개발한 작품이다. 처음에는 영어로 제작되어 외국에서 인기를
끌었고, 1999년에 한글화되어 국내에 소개되었다. 〈아크메이지〉는
판타지 세계관의 전략 게임으로 다채로운 설정이 눈에 띄지만, 가장
큰 특징은 플레이어들이 직접 게임을 '리셋'할 수 있다는 것이다.

게임의 목적은 일곱 명의 플레이어가 '아마겟돈'이란 마법을
성공적으로 시전하는 것으로, 마법에 성공하면 10위까지의 유저가
표시되고 게임이 처음부터 다시 시작된다. 보드 게임에서 승자를
가리고 다시 시작하는 느낌이지만, 하위 플레이어도 판 뒤집기를 할
수 있다는 게 흥미롭다.

국내에서 〈포트리스〉와 〈리니지〉를 제치고 동시접속자수 1위를
기록하기도 하고, 한때 미국에서 125만 달러의 광고수익을 올리기도
했던 이 게임은 마리텔레콤의 자금난으로 서비스가 중단되었지만,
외국에선 열성 팬이 직접 서비스를 운영하는 등 그 인기가 지금도
계속되고 있다.

```
장르        : 웹 기반 턴제 전략 게임
제작사      : 마리텔레콤
플랫폼      : PC
서비스 개시  : 1999년 6월 5일(국내)
```

→ 108

어스토니시아 스토리

→ 078

〈어스토니시아 스토리〉는 1994년 한국 게임 개발팀 손노리가
제작한 컴퓨터 롤 플레잉 게임이다. 손노리는 처녀작인 이 게임으로
10만 장의 판매고를 올리며 상업적으로 큰 성공을 거두었다. 뿐만
아니라 '제1회 한국게임대상' 대상과 '제1회 신소프트웨어' 대상을
수상하며 작품성에서도 인정을 받아, 손노리가 단번에 주류 개발사로
올라서게 만들었다.

〈어스토니시아 스토리〉의 성공은 국산 게임도 상업적으로
성공할 수 있다는 가능성을 증명한 것이었고, 이후 수많은 국산
게임들이 쏟아져 나올 수 있는 계기가 되었다. 또한 당시 PC 게임
시장에서 개발되는 장르의 주류를 차지하던 슈팅 게임에서 RPG로
옮겨가게 하는 역할도 하였다.

```
장르    : RPG
제작사  : 손노리
플랫폼  : PC
발매일  : 1994년 7월
```

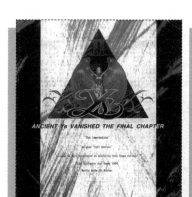

→ 078

이스 II 스페셜

만트라에서 팔콤의 〈이스 II〉의 판권을 얻어서 발매한 RPG 게임이다.
일본 원작의 팬에게는 상당히 혹평을 받고 있는데, 특이하게도
판권을 얻어 PC용으로 새로 만들었기 때문에 원작과는 상당히
거리가 있는 작품이 되었다. 전투 방식도 일본의 원작과 달리 칼을
휘두르는 액션이 사용되며, '개발자의 방'이나 '단군의 탑'이라는
원작에 없는 콘텐츠가 수록된 것도 특별하다.
　　〈이스 II〉의 완벽 이식작이라고 홍보하였지만, 실제 〈이스 II〉의
스토리나 세계관과 동떨어진 내용을 담고 있었기 때문에 게임성이나
완성도에 비해 원작의 팬들로부터 많은 비난을 많았으며, 심각한
버그로 인해 엔딩을 볼 수 없는 게임이기도 했다(제작사가 패치를
제공하긴 했으나 1994년은 PC 통신이 대중화되기 전이라서 패치를
받지 못한 사람들은 게임을 클리어할 수 없었다).

장르 　　　: RPG
제작사 　　: 만트라, 팔콤
플랫폼 　　: PC
발매일 　　: 1994년 8월

임진록 2

〈임진록 2〉는 임진왜란을 소재로 한 RTS 게임으로 〈임진록:
영웅전쟁〉의 후속편이다. 〈임진록 2〉의 흥행 성공으로 개발사인
HQ팀은 임진왜란에서 승리한 조선이 일본을 공격하는 가상의
시나리오를 소재로 한 후속편 〈임진록 2*: 조선의 반격〉까지
출시하게 된다.
　　당시는 〈스타크래프트〉의 흥행으로 인해 국내에서 많은
RTS 게임들이 쏟아져나오던 시기였는데, 〈임진록 2〉는
〈스타크래프트〉와는 차별되는 게임성과 높은 완성도로 큰 인기를
끌었다. 특히 일반 유닛의 능력이나 사기에 영향을 주어 전투의
흐름을 좌우하는 영웅 유닛 시스템은 당시 유명 RTS에서도 찾아볼
수 없었던 앞선 시스템으로 큰 호평을 받았다.

장르 　　　: RTS
제작사 　　: HQ팀
플랫폼 　　: PC
발매일 　　: 2000년 1월

→ 087

쥬라기 공원

〈쥬라기 공원〉은 데이콤에서 운영하던 PC 통신 '천리안'을 통해
서비스되었던 머드 게임으로 동명의 영화처럼 공룡이 날뛰는 지역을
무대로 적을 물리치며 쥬라기 공원의 문제를 해결하고 탈출하는
내용을 담고 있다.

한번에 64명(업데이트로 240명까지 확장)이 동시에 플레이할
수 있는 이 게임은 주로 판타지 중심이었던 기존의 머드와 달리
쥬라기 공원이라는 독특한 무대를 배경으로 상상력과 긴장감을
자극하는 플레이를 제공했다. 또한 한국 유저가 쉽게 이해할 수 있는
배경과 설정을 간단한 시스템으로 구현해 좋은 반응을 얻었다.

장르　　　: 머드
제작사　　: 삼정데이타시스템(현 삼정데이타서비스)
플랫폼　　: PC 통신
서비스 개시 : 1994년 7월 25일(천리안-데이콤)

→ 101

창세기전 1, 창세기전 2

〈창세기전〉은 소프트맥스에서 개발한 SRPG로, 턴제 시뮬레이션과
RPG의 게임성을 적절하게 조합해, 당시에 제작된 다른 게임들에
비해 훨씬 깊이 있는 스토리와 방대한 볼륨으로 많은 마니아를
만들었다. 시리즈의 스토리는 〈창세기전 2〉에 이르러서
완성되었으며, 이때 만들어진 세계관은 이후 〈창세기전 외전: 서풍의
광시곡〉과 〈창세기전 3〉로 이어지면서 계속해서 마니아를 만들면서
게임을 출시할 때마다 10만 장 이상의 판매고를 올리는 인기
시리즈가 되었다.

장르　　: SRPG
제작사　: 소프트맥스
플랫폼　: PC
발매일　: 1995년 12월 10일(창세기전 1), 1996년 12월 10일(창세기전 2)

→ 083

→ 142

크레이지레이싱 카트라이더

〈크레이지레이싱 카트라이더〉는 카트 경주를 소재로 한 레이싱 게임으로, 2004년 6월 1일 오픈 베타 서비스를 시작으로 현재까지 서비스되고 있는 게임이다. 귀여운 캐릭터와 간편한 조작으로 레이싱의 빠른 속도감을 느낄 수 있으며, 다양한 캐릭터와 레이싱 트랙, 그리고 여러 게임모드가 지속적으로 업데이트되는 것이 강점이다.

　이러한 요소들 때문에 어린 연령대의 유저나 여성 유저들까지 폭넓게 확보할 수 있었고, 2004년 9월 '이달의 우수게임', 12월에는 '대한민국 게임대상 인기상'을 수상하기도 했고, e스포츠의 종목으로 채택되기도 했다. 2006년 중국 진출을 시작으로 미국, 일본 등으로 수출되기도 했다.

```
장르    : 레이싱
제작사  : 넥슨
플랫폼  : Online
발매일  : 2004년 6월 1일(오픈 베타)
```

하프

〈하프〉는 국내에 흔하지 않은 어드벤처 장르로 '환상 모험 소설'이라는 지금의 비주얼 노벨과 흡사한 인터렉티브 노벨 장르를 선택했다. 어린 견습요정 '하프'의 역할을 맡아 겪게 되는 여러 가지 모험을 이벤트 장면과 글로 읽을 수 있으며, 당시 대부분의 게임들과 달리 스토리도 평화나 희생을 주제로 하였다.

```
장르    : 어드벤처
제작사  : 아둑시니
플랫폼  : PC
발매일  : 1994년 5월
```

화이트데이: 학교라는 이름의 미궁

〈화이트데이: 학교라는 이름의 미궁〉은 손노리가 개발한 1인칭 호러 어드벤처 게임으로, RPG와 턴제 시뮬레이션 등 다양한 장르에서 성공을 거둔 개발사 손노리가 새로운 장르에 도전한 작품이다. '왕리얼 엔진'이라는 엔진을 손노리가 직접 개발하고, 가야금의 대가 황병기 선생과 록 밴드 레이니썬이 배경음악을 제작하는 등, 개발과정에서부터 많은 화제를 낳았다.

출시 이후 공포라는 소재와 유머러스한 손노리의 코드를 적절히 조합하면서도 1인칭 어드벤처의 특성을 십분 발휘했다는 호평을 받았으나, 당시 한국 PC 게임계의 고질적인 병폐였던 불법복제로 인해 상업적인 성공을 거두지는 못했다. 이후 손노리는 PC 패키지 게임 개발을 중단하고 온라인 게임 개발로 전환하였다.

장르   : 어드벤처
제작사 : 손노리
플랫폼 : PC
발매일 : 2001년 9월 25일

→ 095

게임 개발자
인터뷰

송재경(宋在京, XL게임스 대표)

1967 출생
1992 KAIST 전산학 석사
1994 넥슨 공동 창업, 〈바람의 나라〉
       개발
1997 엔씨소프트에 입사하여
       〈리니지〉 개발
2003 XL게임스 설립

처음 게임 개발자로 활동하시던 당시 한국에서 게임 개발자는 대중적인 직업이 아니었습니다. 이른바 '엘리트 코스'를 거쳐오셨음에도 불구하고 안정적인 직업을 선택하지 않고 게임 개발자를 직업으로 선택하신 이유는 무엇이고, 당시 기대하셨던 바는 무엇이었습니까?

중고등학생 시절에는 제 PC가 없었기 때문에 친구나 친척 형 집에서 어깨너머로 구경하면서 가끔 게임을 즐겼습니다. 대학에 입학하면서 처음 PC를 갖게 되었고 1학년 때 프로그래밍 수업을 수강하면서 '터보파스칼' 언어를 사용해 〈자동차 경주 게임〉을 생애 처음으로 제작했습니다. 전자 오락실에 있던 게임과 거의 유사한 간단한 프로그램이었습니다. 당시 프로그래밍 수업은 수업시간에는 파스칼을 배우고 과제는 C언어로 프로그램을 작성해야 했는데, 이 수업을 들으면서 '1학년 겨울방학 때 C언어로 게임을 만들면 언어를 마스터할 수 있겠다'고 생각했습니다.

제가 대학을 다니던 시절에는 지금보다 취업에 대한 고민이 적었던 시기여서 장래에 대한 고민보다는 그때그때 관심을 갖는 분야에 상대적으로 더 편하게 몰입할 수 있었습니다. 개인적으로 장래에 대해 고민을 했던 것은 석사학위를 받고 박사과정에 입학하려는 겨울방학 무렵이었는데, 그때 처음으로 텍스트 머드 게임을 접하게 되었습니다. 생각해보니 그때가 제가 최초로 멀티 플레이 게임에 노출된 순간이었던 것 같습니다. 당시 텍스트 머드 게임은 공간감은 없었지만 채팅을 포함한 멀티 플레이가 가능했는데, 당시 게임을 하면서 '여기에 그래픽이 합쳐지면 정말 좋겠다'는 생각을 했습니다.

개인적으로 박사과정 자체에 큰 흥미가 없었는데, 박사과정을 그만두기 전까지 몇 개월 동안 텍스트 머드 게임에 그래픽을 결합하는 것에 대해 연구하면서 처음으로 멀티 플레이를 할 수 있는 게임을 만들었습니다.

박사과정을 그만둔 이후에 한글과컴퓨터에 입사해 게임과 관련이 없는 일을 하다가 삼정데이타시스템의 오충용 사장님의 요청으로 LP 머드를 고쳐 〈쥬라기 공원〉을 만들었습니다. 이후 아르바이트 삼아 LP 머드의 한글화 작업을 했고, 거기에 '쥬라기 공원'의 스토리를 덧붙여 1994년 7월 24일, PC 통신 천리안에서 서비스를 시작했습니다.

어린 시절부터 게임에 대한 관심이 많기는 했지만 게임 개발자를 꿈꾸었던 것은 아니었습니다. 오히려 주변 상황들에 의해 자연스럽게 게임 개발자를 직업으로 선택하게 된 것 같습니다. 온라인 게임 개발을 선택한 것도 당시 텍스트 머드 게임의 가능성을 발견했고, 그래픽 머드 게임으로 개발하면 더 성공할 수 있겠다는 자신감 덕분이었습니다.

가장 좋아하는 게임과 현재 즐겨 하는 게임, 본인에게 가장 많은 영향을 끼친 게임에 대한 소개를 부탁드립니다.

제가 처음 게임을 만들어보고 싶다는 생각을 갖게 한 게임은 대학원 시절에 접한 〈NetHack〉과 MUD(Multi User Design) 게임이었습니다. 모두 텍스트로만 구성된 게임이었지만 저는 이 두 게임들을 통해 각각 RPG와 멀티플레이의 재미에 눈을 뜨게 되었습니다.

현재 가장 좋아하고 즐겨하는 게임은 제가 현재 개발하고 있는 〈아키에이지〉이며, 저에게 가장 많은 영향을 끼친 게임을 하나만 꼽기는 어렵지만, 〈아키에이지〉 개발에 가장 많은 영향을 받은 게임은 〈월드 오브 워크래프트〉입니다.

처음 이 게임이 출시되었을 때 게이머로서 뛰어난 MMORPG를 직접 즐길 수 있다는 것이 기쁘면서도 한 사람의 개발자로서 또 하나의 큰 벽으로 느껴졌습니다. 이 게임을 한참 즐기다가 문득, '이 게임보다 더 나은 게임을 만들 수 있지 않을까? 그 게임을 MMOR-PG의 완성이라고 볼 수 있을까?'라는 생각이 들기도 했습니다.

넥슨에서 세계 최초 상용화 MMORPG인 〈바람의 나라〉를 개발하신 만큼 MMORPG에 대한 관심이 자연스럽게 여겨집니다. 한국 게임 시장에서 MMORPG라는 장르를 새롭게 개척한 장본인이시기도 한데, 당시 어떠한 어려움들을 겪으셨는지요?

당시 게임 개발자는 지금처럼 주목받는 직업이 아니었습니다. 많은 사람들이 즐기는 게임은 대부분 일본이나 미국에서 제작된 작품들이었고, 온라인을 통해 즐길 수 있는 게임이 거의 없었습니다. 참고할 만한 사례나 자료도 거의 없었습니다.

1994년 국내 최초의 상용 머드 게임인 〈쥬라기 공원〉을 개발해 한국에서도 게임으로 수익 창출이 가능하다는 사실을 증명한 후 좀 더 큰 꿈을 갖게 되었고, 이를 〈바람의 나라〉로 실현하는 데 있어 제가 처해 있었던 환경적 여건이 가장 큰 어려움이었던 것 같습니다. 그리고 당시에는 대부분의 유저들이 모뎀을 사용해 천리안이나 하이텔 같은 PC 통신으로 게임에 접속했는데, 통신 자체가 불안해 연결이 끊어지고 자주 데이터가 변경되는 어려움이 있었습니다.

**〈리니지〉는 그야말로 전에 없던 수준의 성공을 거둔 게임입니다. 게임을
개발하고 서비스하는 과정에서 기억에 남는 에피소드가 있으신가요?**

〈리니지〉를 서비스하면서 게임 안에서 가출한 아들을 찾았다거
나, 긴급히 수혈이 필요한 환자와 같은 혈액형의 유저를 찾는 등
일일이 열거하기 어려울 정도로 많은 에피소드들이 있었습니다.

게임을 개발하던 시절에도 몇 가지 에피소드들이 있었습니
다. '말하는 섬' 지하에 2층짜리 던전이 있었는데, 정문의 경우에
는 1층의 미로를 헤매다 보면 열쇠를 찾아서 쉽게 안으로 들어갈
수 있었지만, 뒷문의 경우 열쇠는 필요 없지만 장애물이나 함정
들이 있어 여러 유저들의 협동이 필요했습니다. 이 장치를 만들
면서 다른 개발자들과 함께 머리를 맞대고 고민했습니다.

또 캐릭터 중에 머리는 염소, 몸은 사람이었던 보스가 있었
는데, 개발팀 내에서 이 캐릭터가 죽으면 어떻게 처리할 것인지
를 두고, 대해 세 시간 정도 뒤에 다시 출현하거나, 한 번 죽었으
니 이름을 바꿔야 하지 않을까 의견이 분분했습니다. 이렇게 다
른 개발자들과 함께 웃고 떠들며 개발하던 시절이 주로 기억나는
군요.

〈리니지〉를 개발할 때에는 스토리텔링의 논리적인 연결에
대해 상당히 고민했었는데, 나중에 〈월드 오브 워크래프트〉를 지
켜보니 "이 캐릭터는 어제 죽었는데 오늘 왜 또 나오나요?"라고
질문하는 유저가 없는 걸 보고 '내가 참 쓸데없이 고민을 너무 많
이 했구나' 하는 생각을 한 적도 있습니다.

**XL게임스에서 처음 개발한 〈XL1〉은 새로운 장르에 대한 도전이어서
많은 기대를 모았지만 결과는 아쉬웠는데요. 그때의 경험을 통해 새롭
게 깨달으신 부분이 있으신지요?**

가벼운 마음으로 색다른 도전을 하고 싶은 마음도 있었고, 이전
에 만들었던 장르와 다르면서 또 금방 만들 수 있는 게임을 생각
했던 면도 없지 않았습니다. 그래서 레이싱 이라는 장르를 선택

했습니다. 사실성을 추구하면서도 기존의 레이싱 게임에 없는 요소들을 도입하고자 했지만, 결과적으로 제가 추구했던 사실성이 발목을 잡았습니다. 접근성의 측면에서도 문턱이 높아 재미로 이어지지 못했고, 개발기간마저 계획보다 오래 걸려 좌절감을 느끼기도 했습니다. 그때 느낀 건 두 가지입니다. 하나는 "재미를 느끼게 하는 것이 최우선이다"이고, 다른 하나는 "내가 잘 만들 수 있는 게임을 만들자"입니다.

현재 개발하고 계시는 〈아키에이지〉를 '3세대 MMORPG'로 표현하신 적이 있는데, '3세대 MMORPG'의 의미는 무엇인가요?

3세대 MMORPG의 모습에 대해 말씀 드리기 위해 1세대와 2세대 MMORPG에 대한 설명을 먼저 드려야 할 것 같습니다. 먼저 1세대 MMORPG는 전기와 후기로 구분할 수 있습니다. 전기에는 〈바람의 나라〉, 〈울티마 온라인〉, 〈리니지〉 등 MMORPG라는 장르의 탄생이 이루어졌습니다. 새로운 장르가 만들어지는 과정인지라 참고할 만한 모델이 없었기 때문에 현실세계를 바탕으로 가상 세계적 접근을 하는 것이 특징입니다.

후기에는 〈에버퀘스트〉, 〈다크 에이지 오브 카멜롯〉, 〈리니지 2〉 등 전기에서의 가상 세계적 접근을 유지하면서 2D에서 3D로의 발전이 이루어졌습니다. '샌드박스형 게임'이라고도 불리는 1세대 MMORPG는 유저들에게 창발적 즐거움을 선사했지만, 동시에 현금 거래 문제, 무분별한 PvP 문제, 사냥터 독점 문제, 스토리텔링 문제 등을 낳기도 했습니다.

2세대 MMORPG는 1세대 MMORPG의 문제점들에 대한 해결책을 제시합니다. 〈월드 오브 워크래프트〉, 〈아이온〉 등의 게임은 귀속 시스템으로 아이템 거래 자체를 차단하고, 같은 진영에 대한 공격이 불가능하게 하며, 인스턴스 던전, 비논리적인 상황을 무시하는 방법을 도입했습니다.

이런 2세대 MMORPG를 '테마파크형 게임'이라고도 부르는데, 막대한 자본력의 투입과 기존 시스템의 집대성으로 쾌적한 플레이 환경을 제공했지만 유저들은 연출된 즐거움을 경험하는 데에 만족할 수밖에 없었습니다.

3세대 MMORPG는 1세대의 자유로움과 2세대의 즐거움을 모두 갖춘 형태를 목표로 합니다. 유저 스스로 찾아가는 재미와 개발자가 연출한 즐거움이 조화를 이루면서 게임 내에서 보다 환상적인 경험을 할 수 있을 것입니다.

게임을 개발할 때 가장 중요하게 여기시는 가치는 무엇입니까?

최근 개발되는 게임들 중 적지 않은 게임들이 기본에 충실하기보다는 독특함만을 추구하는 것 같습니다. 그런데 독특함은 의외로 기본에 충실할 때 만들어낼 수 있습니다. 〈리니지〉를 개발할 때와 지금의 상황은 많이 달라졌지만, 게임의 변하지 않는 핵심은 재미를 선사해야 한다는 것입니다. 재미있는 게임은 당연히 게이머들에게 좋은 반응을 얻습니다. 따라서 기본에 충실히 하는 것이야말로 아무리 강조해도 지나치지 않고, 저 역시 게임을 개발할 때 가장 중요하게 여기고 있습니다.

개발자 그리고 게임 개발사의 경영자로서 게임 개발자가 가져야 할 자질과 덕목은 무엇이라고 생각하십니까? 그리고 실제 개발자를 채용할 때 가장 중요하게 여기시는 사항은 무엇입니까?

무엇보다 노력에 인색하지 않는 태도가 중요합니다. 만들어보고 싶은 게임이 있다면 만들어봐야 합니다. 저는 그러한 초심을 중요하게 생각합니다. 초심은 열정과도 연관되는 뜨거운 의미가 있는 말입니다. 열정 없는 능력자보다는 노력에 인색하지 않은 열정적인 사람을 높게 평가합니다. 더불어 채용하는 이들은 이러한 열정을 지닌 개발자가 제대로 능력을 발휘할 수 있는 환경을 만들 책임이 있다고 생각합니다.

앞으로의 게임 산업에 대한 전망은 어떠하신지요?

제가 처음 게임 개발을 시작한 1990년대 중반쯤만 해도 일부 마니아들을 빼놓고는 별로 게임에 대한 관심을 갖지 않았습니다. 그런데 지금은 아주 많은 사람들이 게임을 즐기고, 특히 젊은 세대의 사람들은 거의 대부분 게임을 즐길 정도입니다.

    게임 산업은 대중적으로 즐길 수 있는 엔터테인먼트로, 영화나 스포츠와 마찬가지로 하나의 문화로 자리 잡았습니다. 앞으로 게임은 더욱 발전을 거듭하면서 사회에 긍정적인 영향을 미칠 것이며, 그 영향력이 커지면서 게임계 스스로 해결할 수 없는 이슈들이 발생할 수도 있습니다. 이때 게임이 정부와 사회와 적극적으로 협조해나간다면 사회에 더욱 긍정적인 기여를 할 수 있게 될 것입니다.

게임 연표

연도	국내 게임사	국내 사회·문화 사건	세계 게임사
1962			· 스티브 러셀이 최초의 게임 〈Spacewar!〉를 디자인('PDP-1' 플랫폼)
1970		· 어린이회관에 과학오락실 설치 '미니 드라이버' 등 자동차 시뮬레이터 체험관	
1971			· 랄프 베어(Ralph Baer)가 최초의 비디오 게임기 '마그나복스 오딧세이' 개발 · 놀란 부시넬(Nolan Bushnell)이 최초의 아케이드 게임 〈Computer Space〉 개발
1972		· 삼정기업, 신성산업, 대한전자, 동남아키텍, 미진유원시설 등 10여 개 기업이 오락기구 생산 판매	· 놀란 부시넬, 아타리 사 설립 후 〈퐁〉(pong) 개발 · 미국 캘리포니아 주의 서니베일의 '앤디캡스'라는 바에 최초로 공개 · '점수를 올리려면 공을 놓치지 말아라'는 단순한 게임방법 · '퐁' 하는 즐거운 소리와 함께 공이 튀어나갔고, 다음날 '앤디캡스'에는 게임을 하려는 사람들로

연도	국내	세계
1974	· 문방구와 전자 오락실에 국내 최초로 아케이드 게임기가 등장함	장사진 이름 · 세계 최초의 상업용 게임 〈퐁〉 대 히트 · 아타리 사, 〈블럭깨기〉(Break Out) 출시, 대 히트
1975	· 청소년들에게 새로운 놀이문화 탄생. 새로운 여가문화의 탄생 · 상공부가 소비생활 합리화 정책의 일환으로 소비성 시설 및 오락시설 등에 투자를 규제	· 닌텐도, 최초의 TV테니스 발매
1976	· 한우전자, 전자TV테니스 출시, 가족게임에 '안성맞춤'(매경. 1976. 7. 20) · 제7회 한국전자전. 비디오 게임 등 성장을 대표	· Will Crowther & Don Woods, PDP-10 기반으로 최초의 텍스트 기반 어드벤처 게임 〈Adventure〉 개발 · 스티브 잡스와 스티브 워즈니악, 첫 APPLE 컴퓨터 판매 개시
1977	· 한국에 〈퐁〉 도입 · '테니스 게임'이라는 이름으로 전자오락 전자키트 도입- TV게임키트([학생과학] 1977년 5월호)	· 세계 최초의 비디오 게임기 'VCS 2600'(아타리 2600) 출시 · 애플 II 판매 개시
1978		· 타이토 사의 〈스페이스 인베이더〉(Space Invaders) 출시, 대 히트 (최초의 슈팅게임) · 우주를 배경으로 슈팅 게임 전통 생김 · 최초로 은폐 개념 생김 · Richard Bartle & Roy Trubshaw 최초의 멀티유저 던전(Multiuser Dungeon) · 최초의 그래픽 기반의 어드벤처 게임 · 최초의 어드벤처 게임 〈Adventure〉(아타리 VCS 2600 기반) 개발

연도	국내 게임사	국내 사회·문화 사건	세계 게임사
1979		· 서울 시내 900여 개 전자 오락실 성업-75개를 제외하고 무허가 업소(매경) · 무허가 전자 오락실 합동 단속(경향) · 불량전자오락기구 양산(동아)	· 리처드 개리엇(Richard Garriot)의 〈아칼라베스〉(Akalabeth) · 그래픽 기반의 최초의 롤 플레이잉 게임
1980		· 전자 오락실 난립 성업 중, 문제점 많은 '청소년 금지' 팻말 무색 · 전자 오락실을 청소년유해업소로 집중단속 · 6월 28일, 한국산업영영연구소, "전자오락이 청소년에 미치는 영향" 세미나 개최 - 게임이 지능개발에 도움 준-전자 오락실의 장점도 있다고 주장	· Rechard Bartle & Roy Trubshaw, PDP10, UK 최초의 온라인 게임 서비스 · 남코 사의 아케이드 게임 〈팩맨〉(Pacman) 대히트 · 팩맨 성과, 팩맨 이름 유래, 미스 팩맨 등 · 퍼즐 게임의 시초 · 닌텐도 '게임워치' 출시
1981		· 삼보컴퓨터, 'SE-8001' 출시. 국내 최초의 퍼스널 컴퓨터 · 삼보컴퓨터, 캐나다에 컴퓨터 수출 계약	· 마이크로소프트, 'MS-DOS' 출시 · IBM, 'IBM-PC 5150' 출시 · NEC, 'PC-8801' 출시 · Sir-Tech, 〈위저드리〉(Wizardry) 출시(애플 II) · 닌텐도, 〈동키콩〉 출시 · Muse Software, 최초의 스텔스 액션 게임 〈캐슬 울펜슈타인〉 출시 · 코나미, 〈스크램블〉 출시. 횡 스크롤 슈팅 게임의 원조 · 유닉스에서 〈로그〉 공개. 로그 라이크 게임의 원조 · 세가, 최초의 후방 시점 레이싱 게임 〈터보〉 출시 · 9월: 남코, 〈GALAGA〉(갤러그)(아케이드판) 출시 · 타임지, 올해의 인물로 '퍼스널 컴퓨터'를 선택 · 11월: 세계 최초의 상업 게임 잡지, [컴퓨터&비디오 게임스(Computer and Video Games)] 창간

1982

- 삼보컴퓨터, 국내 최초의 대중적인 PC, '트라이젬 2.0' 출시

- NEC, 일본의 '국민 PC'라 불린 컴퓨터 'PC-9801' 출시
- 5월: 루카스아츠 설립
- 5월: 아타리 사, '아타리 5200' 출시
- 5월: 일본에서 [ASC II 별책 로그인(훗날의 로그인)] 출간, 일본 최초의 대중적인 컴퓨터 잡지로, 게임을 전면에 내세워 소개
- 8월: 코모도어 사, '코모도어 64' 출시
- 12월: 싱킹래빗, 〈창고지기〉 출시
- 영화 '트론' 공개. 컴퓨터 속의 가상현실을 무대로 CG를 도입하여 제작한 최초의 영화

1983

- 정보산업의 해 지정 / 정보처리학과, 정보기술의 신설 / 교육용 컴퓨터 생산, 보급(4월)
- 삼성전자 'SPC-1000' 출시
- 제1회 마이크로 로보트 경연대회
- 11월: [월간 컴퓨터학습(후일의 [마이컴]) 창간, 표제기사: "전자 오락, 공부에 어떤 영향을 주나"
- 12월: 삼성전자, "제1회 삼성 퍼스컴 공모전"(소프트웨어 공모전) 개최

- 미국에서 '아타리 쇼크' 발생해 그 여파로 미국 게임 시장 붕괴
- 애니스, 일본 최초 메뉴 선택형 어드벤처 게임 〈포토피아 살인사건〉 출시
- 닌텐도, 〈슈퍼마리오 브라더스〉 출시
- 코에이, 최초의 역사 시뮬레이션 게임 〈신장의 야망〉 출시
- 아타리, 〈아이, 로봇〉 출시. 최초로 폴리곤을 도입한 상업 게임
- 세가, 최초의 FPS 게임 〈아스트론 벨트〉 출시
- 2월: 남코, 〈XEVIOUS〉(제비우스)(아케이드판) 출시
- 7월: 닌텐도, '패미컴' 출시
- 7월: 세가, '세가 1000' 출시
- ASCII, MSX 규격 발표
- 영화 '워게임' 개봉. 게임과 해킹을 전면에 내세운 기록적인 작품

연도	국내 게임사	국내 사회·문화 사건	세계 게임사
1984	· 〈재버우스〉 열풍. [컴퓨터학습] 1984년 1월호에 "재버우스 1,000만 점 돌파의 비결"이라는 국내 최초의 게임공략 기사가 게재됨 · [컴퓨터학습] 1984년 11월호부터 고정적으로 게임 기사 게재(〈로드러너〉) · 고등학생 소프트웨어 개발팀 '하이테브'가 국내 최초로 게임 소프트웨어를 개발(애플 II)	· 4월 22일: "제1회 전국 퍼스널컴퓨터 경진대회" 개최 · 8월: 삼보컴퓨터, IBM PC/XT 호환 기종 '트라이젬'88' 컴퓨터 보급 · 희망전자, 'HP-8001B'(NEC의 'PC-8001' 복제품) 컴퓨터 출시 · 대우전자, MSX 호환 기종 '아이큐 1000'(DPC-100 / DPC-200) 컴퓨터 출시 · 대우전자, 아이큐 1000 프랑스에 연간 3만 대 규모로 첫 수출 계약 · 대우전자, "아이큐 1000 컴퓨터 경진대회" 개최	· 시에라 온라인, 세계 최초의 캐릭터 조작형 어드벤처 게임 〈킹스퀘스트〉 출시 · 테크노 재팬, 최초의 대전 격투 게임 〈공수도〉(국내명: 태권도) 출시 · 브로더번드, 〈카라테카〉 출시 · 브로더번드, 최초의 실시간 전략 게임 중 하나인 〈아트 오브 워〉(The Ancient of Art of War) 출시 · ACOMSOFT, 〈엘리트〉 출시. 우주를 무대로 광대한 가상 세계에서 자유로운 놀음 게임 플레이. · 2월: 닌텐도, 패미컴용 레이저 총 발사장치 'Nes Zapper' 출시. 최초의 대중적인 체감 입력기 · 4월: 일본 최초의 게임 음악 사운드 트랙 [비디오 게임 뮤직] 발매 · 6월: 〈테트리스〉 출시 · 12월: T&E소프트, 액션 RPG의 시초 〈하이드라이드〉 출시 · 12월: 최초의 컴퓨터 게임 종합지 [비프!(Beep!, 훗날의 '게마가')] 창간(소프트뱅크) · 윌리엄 깁슨, 소설 「뉴로맨서」 발표. 가상현실과 네트워크 사회를 그린 본격적인 작품으로 이후 문화에 많은 영향을 줌
1985		· 삼성전자 'SPC-800'(MSX 기반) 출시 · 3월: 한국과학기술대 개교 · 상고, 공고에 컴퓨터 보급 확대 · 대우전자, MSX 기반 가정용 게임기 '재믹스' 출시 · 삼성전자, 'SPC-1000A' 출시. 카세트레코더 내장 · 세운상가 → 용산 전자상가 단지 이전 시작 (1987년 입주, 1988년 완료 계획)	· ASCII, MSX2 규격을 발표 · 세가, 최초의 체험형 게임 〈행온〉 출시 · 세가, 〈스페이스 해리어〉 출시 · 5월: 코나미, 횡 스크롤 게임의 기념비적인 작품인 〈그라디우스〉 출시 · 9월: 닌텐도, 〈슈퍼마리오 브라더스〉 출시 · 10월: SEGA, 일본에서 세가 마크 3'(SEGA

1986

- 큐닉스 컴퓨터 한글 MS-DOS 개발

- 6월: 대우전자, '아이큐 2000' 출시
- 조총고교 컴퓨터교육 실시 계획 발표
- 7월 1일: '컴퓨터프로그램보호법' 발효
- 7월: 전신전화국 공중전화 낯선수입으로 16비트 컴퓨터 보급 계획 발표
- 한국데이터통신(후일의 데이콤), 한글전자사서함 '천리안' 무료 서비스 개시
- 11월 1일: 한국경제신문사, 한경 프레스넷(후일의 KETEL 및 HITEL) 개시
- 12월 31일: 컴퓨터프로그램보호법 제정 및 시행
- 삼성전자 '휴먼테크', 금성사 '테크노피아' CG 광고가 히트
- MSX - 〈자낙〉, 〈마성전설〉 등이 히트
- 동서산업개발(훗날의 '동서게임채널') 창립

- 2월: 대구에서 게임 소프트웨어 개발팀 '미리내소프트웨어' 결성
- 여름: 남인환, 우현철 - 〈신검의 전설〉 출시(초초의 PC 롤플레잉 게임. 토피아)

MARK 3) 출시
- 10월: 일본 팔콤 〈자나두〉 출시. 액션 롤 플레잉 게임의 명작으로 일본 내 국산 PC 게임 출시 기록

- MS-DOS용 최초의 바이러스 '(C)BRAIN' 등장
- 타이토, 〈아르카노이드〉 출시. 벽돌 격파 게임으로 국내에서도 인기
- 세가, 〈아우트런(OutRun)〉 출시
- 캐스마이 사에서 컴퓨터 통신으로 대전할 수 있는 세계 최초의 온라인 게임 〈에어워리어〉(Air Warrior) 출시
- 2월: 닌텐도, 〈젤다의 전설〉 출시
- 5월: 에닉스, 〈드래곤 퀘스트〉 출시(패미컴)
- 6월: 일본에서 게임 잡지 [패미통] 창간
- 10월: 남코 〈프로야구 패밀리 스타디움〉 출시, 이후의 야구 게임에 영향을 줌

1987

- 한국표준연구소, 컴퓨터 한글코드를 완성형으로 확정
- 3월: 삼성전자, 'SPC-1500' 출시
- 7월 1일: 컴퓨터프로그램보호법 발효
- 7월: 서울시, 용산역 서부 청과물시장 가락동 이전 및 서운상가에서 용산 재개발 이전 계획을 발표
- 7월: 한국컴퓨터연구조합, XT 호환 기종을 '국민보급형 PC'로 이름 붙여 시판
- 7월: PC 시장 전면개방 시작. 8월 엘렉스가 매킨토시 독점판매 개시
- 10월: 용산 나진상가 개장

- 캠콤 〈스트리트 파이터〉 출시
- 남코, 최초로 네트워크 링크 기능을 도입한 〈파이널 랩〉 출시
- 6월: 일본 팔콤 〈YS〉 출시
- 7월: 코나미, 〈메탈 기어〉 출시
- 10월: NEC, 일본에서 최초의 16비트 그래픽 연산칩을 쓴 게임기 'PC엔진'(PC-ENGINE) 출시
- 12월: 스퀘어, 〈파이널 판타지〉 출시(패미컴)

연도	국내 게임사	국내 사회·문화 사건	세계 게임사
1988	· 3월: 미리내소프트웨어, 아케이드판 〈그날이 오면〉 제작(국내 미출시) · 7월: 뉴에이지 팀('이규환, 이상헌, 이상윤, 이길호, 최지영)이 제작한 〈대마성〉(토피아) 출시 · 〈우주전사 돌리스〉(아프로만) 출시 · 〈제3차 우주전쟁〉(아프로만) 출시 · 〈퍼돌이〉(아프로만) 출시 · 〈MISS APPLE〉(토피아) 출시	· 8월 1일: 월간 [MSX와의 만남] 창간 · 10월 29일: 용산 전자랜드 개장 · 대우전자, 'X-II' 출시 · 금성사·테크노피아·삼성전자·휴먼테크, 현대전자·'우주거북선' 등 첨단 CG TV광고 붐 · '(C)Brain' 컴퓨터 바이러스 유포	· 2월: 에닉스, 〈드래곤 퀘스트 3〉 발매. 아이들이 학교를 쉬고 게임을 사러 가는 등 사회 문제가 됨 · 10월: 세가 '메가 드라이브' 출시 · 12월: NEC, 'CD-ROM 2' 출시. 세계 최초의 CD-ROM 게임기
1989	· 3월: 포항공대 동호회 'PPUC'가 〈왕의 계곡〉을 제작(아프로만) · 〈죽성타운출시〉(토피아) 출시 · 6월: 미리내소프트웨어, 〈그날이 오면〉 MSX판 지연망고(최종적으로는 미출시) · 7월: 기록상 국내 최초의 [BM-PC용 국산 RPG인 〈풍류협객〉(토피아) 출시(다만 실기 데이터는 남아있지 않음) · 12월: 삼성전자, 한글판 〈알렉스키드〉와 〈희랍의 검〉(겜보이) 출시	· 알파무역, 'PC엔진' 정식 출시 · 6월 20일: 알파무역, PC엔진 'CD-ROM 2' 유닛 출시 · 소프트하우스 만트라, 용산 나진상가에 개장 · 현대종합상사, 닌텐도와 판권계약 체결 · 4월: 삼성전자, '겜보이'('세가마크 III') 판매 개시 · 7월: 국가전산망 조정위원회, 교육용 컴퓨터를 16비트로 결정 · 12월: 현대전자, '컴보이'('닌텐도 '패미컴') 발매 · 해태, '슈퍼콤 X1600'('닌텐도 '패미컴') · SKC 소프트웨어 시장 참여 - MSX용 게임 정식 수입	· 닌텐도, 휴대용 게임기 '게임보이' 출시 · 맥시스, 〈심시티〉(Simcity) 출시 · 캡콤·어드벤처 〈퀴즈 캠프 월드〉 출시. 최초로 캐릭터의 세계관을 도입한 퀴즈 게임 · 불프로그, 최초의 갓 게임 〈파퓰러스〉 출시 · 테크노소프트, 〈허즈 즈바이〉(Herzog Zwei) 출시 〈듄 II〉에 영향을 준 전설한 RTS 게임 · 10월: 브로더번드, 〈페르시아의 왕자〉 출시
1990	· 대부분 대학생들이 제작해 PC 통신을 통해 공개한 〈크리안 테트리스〉, 〈컬럼스〉, 〈마성전설〉 등의 게임들이 유명세를 탐 · 7월 10일: [게임월드] 창간(1990년 8월호) · 12월: 동서게임채널, 〈원숭이 섬의 비밀〉 출시 · 12월: 삼성전자, 한글판 〈알렉스키드와 천공마성〉(슈퍼겜보이) 출시	· 8비트 PC가 급격히 쇠퇴하고 교육용 16비트 PC 보급 · '한메타자교사' 출시 · 'LBC', '다그 어벤저' 등 16비트 PC 바이러스 유포 · 3월: 대우전자, '재미스 슈퍼V' 발매(MSX2 기반) · 4월 하순: 대우전자, 재믹스 PC셔틀('PC엔진' 셔틀) 발매 / 삼성전자, '슈퍼겜보이'('메가	· 12월: 캡콤, 〈파이널 파이트〉 출시 · 4월 26일: SNK, 'MVS 시스템' 출시 · 4월 27일: 스퀘어, 〈파이널 판타지 III〉 출시 · 5월 22일: MS, '윈도우즈 3.0' 출시 · 9월: 오리진, 〈윙 커맨더〉 출시 · 10월: 세가, 휴대용 게임기 '게임기어' 출시 · 11월 21일: 닌텐도, '슈퍼패미컴' 출시

오리진, 〈울티마 VI〉 출시

1991	**〈국산 게임〉** · 연초: 소프트스타, 지관 등 대만 게임의 불법복제 유입이 시작(〈칩소판〉 붐) · 〈젤리아드〉와 〈원숭이섬의 비밀〉이 대유행 · 4월 24일: 동서게임채널, 인천 웨이브컴퓨터와의 불법복제 관련 소송에 합의 및 사과문 게시 · 5월: 〈종롱이의 모험〉(공개게임, 최완섭) · 6월: SKC 소프트랜드, 16비트 PC 게임 유통 개시 · 9월: 〈젤다의 전설〉이 국내에 소개되어 국내 게임계에 충격을 줌 · 12월: 삼성전자, 한글판 〈판타지스타〉 / 〈운담장군〉(수퍼겜보이) 출시 · 다우정보시스템, 〈아기공룡 둘리〉(겜보이/재믹스) 출시 · 새한상사, 〈싸이버그 Z〉, 〈원시인〉(겜보이/재믹스) 출시 · 〈그날이 오면 II〉(MSX2) 출시(〈시가드는 특정하기 어려움. 극소량 유통) · 하순: 인천에서 '패밀리 프로덕션' 결성 · 김강환 회장, '박롬' 설립 **〈업계〉** 드라이브' 발매 · 9월 18일: 동서산업개발, 동서게임채널 출범 · 10월: 현대전자, '미니겜보이'(게임보이) 출시 · 12월: 삼성전자, '핸디겜보이'(게임기어) 출시 · 국내 최초의 컴퓨터 바둑 대회 개최 **〈PC·출판〉** · PC통신 · 'AdLib', '사운드 블래스터' 보급 개시 · 5월: 동서게임채널, 〈매니악 맨션〉과 〈캘리포니아 게임스 2〉 발매 및 대대적 프로모션 개시 · 6월 27일: 동서게임채널, SEK '91에서 독자부스를 설치하여 "게임 100타이틀 돌파 기념 전시회" 개최 · 6월: 한글 MS-DOS 5.0 출시 · 7월: 〈게임월드〉, 창간 1주년 기념으로 게임음악 테이프 증정(가록성 국내 최초의 게임음악 음반) · 7월 20일: 〈월간 게임뉴스〉 창간(8월호) · 9월 24일: 한글 윈도우 3.0 판매개시 · 9월 28일: 다우정보시스템, "제2회 게임시나리오 공모전" 시상식 · 12월 15~22일: 게임월드, "제1회 전국게임경진대회" 개최 **〈해외〉** · 3월: 캡콤, 〈스트리트 파이터 II〉 출시 · 7월: SNK, 네오지오 일반 유통망 판매 개시 · 7월: 세가, 〈소닉 더 헤지혹〉 출시 · 12월: 루카스아츠, 〈원숭이 섬의 비밀 2〉 출시 · 오리진, 〈울티마 VII〉 출시
1992	**〈국산 게임〉** · 1월: 〈폭스레인저〉(소프트액션), 〈운명의 결전〉(미리내, 이후 〈자유의 투사〉로 제목변경), 〈화랑소공〉(CWS팀, 현대전자 발매 계획이었지만 원인불명으로 미출시)이 연이을 통해 개발 중인 첫 국산 게임으로 보도됨 **〈업계〉** · 10월: 현대전자, '슈퍼겜보이'(SNES) 발매 · 해태전자, '바이스타'(NEC PC엔진) 라이선스 출시 · 컬러모니터, AT-386용 PC 보급 · 지란(유), 한도통신무역(만트라) PC 게임 유통 **〈해외〉** · 11월 21일: 세가, 〈소닉 2〉 출시 · 〈울펜슈타인 3D〉 출시 · 오리진, 〈울티마 VII: 블랙 게이트〉 출시 · 루카스아츠, 〈인디아나 존스의 아틀란티스의 운명〉 출시

연도	국내 게임사	국내 사회·문화 사건	세계 게임사
	· 3월: 〈세균전〉(막고야) · 4월 20일: 〈폭스레인저〉(SKC, 소프트액션) 출시 남상규, 김성식, 이장원 · 5월: 〈자유의 투사〉(동서게임채널, 미리내소프트웨어) 출시 · 9월: 정영덕(WD40) 씨가 직접 제작한 '스트리트 파이터 II 한글판 데모게임'을 PC 통신 하이텔에 공개해 선풍적 인기를 기록함 · 〈개구장이 까치〉(갬보이, 하이콤) 출시 · 국내 최초 자기(磁氣)패러디 게임 〈박스 레인저〉(소프트액션) 출시	시작	
1993	· 3월: 〈그날이 오면 3: Dragon Force〉 (소프트타운, 미리내소프트웨어) 출시 · 4월 17일: 〈우주거북선〉(수퍼애니런너미, 삼성전자) 출시 · 4월 23일: 〈복수무정〉(SKC, 패밀리프로덕션) 출시 · 9월: 〈단군의 땅〉(마리텔레콤, 최초의 머드 게임) 출시 · 12월: 공개게임 〈하프〉(스튜디오 아득시니) 배포 · 〈홍길동전〉(에이플러스) 출시 · 〈의적 임꺽정〉(트윔) 출시 · 〈폭스레인저 II〉(금성소프트웨어, 소프트액션) 출시 · 〈프린세스 메이커〉(만트라) 출시, 국내 최초의 일본 정식 라이선스 한글화 PC 게임 · 〈주시자의 눈〉(동서게임채널) 출시, 국내 최초의 정식 라이선스 한글화 PC 게임	· 국내 최초의 판영 게임 시나리오 공모전 개최(한국정보문화센터) · 〈윈도우 3.1 한글판〉 출시 · 2월 16일: 지적재산권 침해 합동수사반 발족, 용산/청계천 등 집중단속 · 3월 11일: 용산 상인 및 하헌장들, 용산 관광터미널 광장에서 불법복제 소프트 추방 결의대회 · 7월: 국내 최초로 게임개발·게임교육기관 '게임스쿨' 개편 · 금성소프트웨어 / SBK / 쌍용, PC 게임 유통 시작 · 자련(유) 설립, 대만 PC 게임 한글화 유통 시작	· 미국에서 게임 시장 규모가 처음으로 영화시장 규모를 넘어섬 · 〈둠〉 출시 · 1월: 광적민성 발작(nintendo syndrome)이 사회문제화

1994

- 2월 24일: 〈프린세스 메이커 2〉(만트라) 출시
- 4월: 〈피와 기티〉(SKC, 패밀리프로덕션) 출시
- 6월: 〈리크니스〉(소프트맥스) 출시
- 7월: 〈아스토니시아 스토리〉(소프트라이, 손노리) 출시
- 8월 10일: 〈이스 II 스페셜〉(아프로만 소프트밸리, 만트라) 출시
- 10월: 〈85따웠수다!〉(오브젝트 스퀘어) 공개
- 10월: 온라인 당구/테트리스/탱크 서바이벌 게임 서비스(S&T 온라인)
- 11월: 〈임루전 블레이즈〉(SKC, 패밀리프로덕션) 출시
- 12월 중순: 〈피와 기티 스페셜〉(SKC, 패밀리프로덕션) 출시
- 최초의 유료 머드 게임 〈쥬라기 공원〉(삼정데이터시스템) 출시
- 12월 15일: 〈YS는 장맞춰〉(열림기획) 출시
- 일지매 만파식적전〉(단바시스템) 출시
- 〈어디스〉(보고월드, 소프트액션) 출시
- 〈낚시광〉, 〈K-1 탱크〉(타프시스템) 출시
- 〈동크〉(트윔시스템) 출시
- 〈전륜기명 자카토〉(막고아) 출시
- 12월 17일: 강남역에 전자 오락실 '원더파크' 개장

- 8월 15일: KBS 생방송 게임전쟁 게임천국 첫 방영 (1996년 4월에 종영)
- 9월 29일: 삼성전자, '삼성게임소프트그룹(SgSg) 발족
- 11월: 월간 [게임매거진] 창간
- 12월: 넥슨 창립
- 12월: 금성사, '3DO 얼라이브' 출시
- 12월 20일: 삼성전자, 한글판 〈스토리 오브 도어〉 발매
- 12월 23일: 제선부가 정보통신부로 개편
- 냄아정보시스템(이후 BISCO 및 코에이 코리아의 전신), PC 게임 한글화 유통 시작: 〈삼국지 II〉와 〈장기스칸〉이 첫 작품
- 〈은하영웅전설 III SPY〉(KCT), 〈탄생〉(스포트맥스) 등 한글화 히트 타이틀 봇물
- KAMMA(한국영상오락물 제작자협회, 회장: 김정률) 세미나 개최
- 용산 어뮤즈 21' 오픈
- 컴퓨터 게임 시나리오 공모전(한국 정보문화센터)
- 9월 2일: KOGA 설립

- 12월 3일: 소니, '플레이스테이션' 출시
- 12월: 세가, '세가새턴' 출시
- 12월 23일: NEC, 'PC-FX' 출시
- KAMMA '버추얼 보이' 공개

1995

- 1월: 〈그날이 오면 5: Assault Dragon〉(미리내소프트웨어) 출시
- 1월 10일: 〈슈퍼액션볼〉(소프트라이) 출시
- 3월: 〈1999〉(S&T 온라인, SF MUD) 출시

- 1월 17일: 닌텐도 북미지사, 삼성전자를 자사 소프트 무단복제 및 명예훼손으로 소송 제기하여 4월 3일에 합의 및 취하
- 2월 9일: 커뮤니케이션그룹, 한글판 D&D 세트 발매

- 4월 1일: 닌텐도, 슈퍼패미컴 연동의 위성방송 게임 배급 서비스 '사테라뷰' 개시
- 세가, 〈버추어 파이터 2〉 출시

→ 254

연도	국내 게임사	국내 사회·문화 사건	세계 게임사
	· 4월 1일: 〈낚시광 온라인〉(하이텔 서비스, 타프시스템) 출시 · 4월 27일: 〈하프〉(지관(유), NoRI) 출시 · 4월: 〈스카이 & 리카〉(소프트맥스) 출시 · 4월: 〈이즈미르〉(미리내) 출시 · 4월: 〈샤키〉(패밀리) 출시 · 5월: 〈으라차차〉(미리내) 출시 · 6월: 〈올망졸망 파라다이스〉(패밀리) 출시 · 7월: 〈개미맨〉(남일소프트) 출시 · 8월: 〈마이 러브〉(단비시스템) 출시 · 8월 31일: 〈광개토대왕〉(동서게임채널) 출시 · 9월 5일: PC 통신 '나우누리'를 통해 플레이하는 온라인 대전격투게임 〈파이터: 영웅을 기다리며〉(미리내) 출시 · 10월: 〈다크사이드 스토리〉(데니암, 손노리) 출시 · 11월 25일: 〈포인세티아〉(소프트라이) 출시 · 11월: 〈전륜기병 자카토 MAAN〉(막고야) 출시 · 12월 10일: 〈창세기전〉(게임과 멀티미디어, 소프트맥스) 출시 · 12월: 〈풀메탈자켓〉, 〈망국전기〉(미리내소프트웨어) 출시 · 12월: 〈낚시광 2〉(타프시스템) 출시 · 〈달려라 코바〉(동서게임채널) 출시 · 〈세균전 95〉(막고야) 출시 · 〈인터럽트 시그널〉, 〈에올의 모험〉(패밀리프로덕션) 출시 · 〈못 말리는 탈옥범〉(타프시스템) 출시 · 〈TAKE BACK: 탈환〉(엑스터시) 출시 · 〈라스 더 원더러〉(S&T온라인) 출시	· 2월 26일: 현대전자, 고봉산업이 장충체육관에서 'X-MEN 게임경진대회' 개최 · 3월 4일: 한국정보문화센터, "95 한국 PC 게임 소프트웨어 아카데미 시상식" · 3월: 게임스쿨+소프트라이+삼성게임소프트그룹, 청소년 게임제작 1년 과정 연수생 모집교육 실시 · 4월: 비스코, 한글판 〈대항해시대 II〉 발매 · 4월 4일: 삼성전자, 한글판 〈신창세기 라그나센티〉 발매 · 4월 하순: 쌍용, 〈젠타의 기사〉(드래곤 나이트 3) 한글판 발매. 국내 최초의 성인용 게임 한글판 출시 · 5월: 현대전자, 신형 '미니컴보이'(게임보이 포켓) 발매 · 7월: 한국통신, 미리내소프트웨어가 개발한 무궁화위성 홍보용 무료게임 〈사이버폴리스〉 7만여 장 배포 · 8월: 빅에이, 네오지오전용 오락실 '네오지오 랜드' 신당과 송파에 개점 · 8월 23일: 삼성, LG, 현대전자 등 대기업 비롯한 63개 업체로 구성된 한국첨단게임산업협회(KESIA) 발족. · 9월: 삼성전자, 천리안/하이텔을 통해 '게임나라' 통신서비스 개시 · 11월 11일: 삼성전자 '삼성새턴' 발매 · 11월 20일: '한글 윈도 95' 출시 · 12월 7일: 음비법 개정안 공표되어 6개월 뒤 발효. 불법유통게임 단속 강화 및 문체부 → 공윤으로 주무부처 이관이 요점	· '플레이스테이션' 미국 발매

- 4월 21일: 닌텐도, '닌텐도 64' 출시
- 〈스텔라 크라이시스〉(WWW에서 진행하는 우주전략 월게임) 서비스
- 〈머디언 59〉(Merdian 59) 3D 온라인 RPG 서비스 중
- 온라인 전투 비행 시뮬레이션 게임 〈워버드〉 서비스 중
- '시에라 인터렉티브 무비 제작 중단' 선언
- 4월: 〈파이널 판타지 VII〉 PS로 발매 결정
- 블리자드, 〈디아블로〉 출시
- 3DO, 게임 시장에서 철수

- 현대전자, '현대컴보이 64'('닌텐도 64') 출시
- 3월: 삼성영상사업단 게임 분야 진출
- 6월: KOGA, 한국PC게임개발사유통조합(가칭) 설립
- 10월: [게임라인] 창간
- 2월: [게임매거진] 16호, '전용모뎀기' 연재 시작
- 9월: 현재와 영화심의 우회 논쟁
- 3월: 비디오 게임방 인기
- 11월: 청소년 보호를 위한 유해매체 규제 논의에 관한 법률 제정 준비
- TCG 〈매직 더 개더링〉 출시
- 소니 뮤직 코리아 '플레이스테이션' 국내 발매
- 9월: '게임 산업 발전 협의회' 발족
- 10월: 문체부 산하 '한국 영상 오락물 제작사

- 12월 16~19일: '한국 게임기기' 및 소프트웨어전(AMUSE WORLD) 95' 개최
- 여름: 미연정보기술/다우기술, PC 게임 유통시장 참여. 유통업체는 총 127개사
- 미라네, 패밀리, 소프트맥스, 막고야, 트윔시스템 5개사, '한국PC게임개발사연합회'(KOGA) 발족
- 5월: KOGA 준회원사 입회식
- 한국 코나미 설립
- 국내 CD-ROM 타이틀 대중화
- 1월부터 가정용 게임기 특별소비세 징수 시행
- 2월 9일: TRPG D&D 룰북 국문 출판
- 8월: [PC 챔프] 창간
- '윈도우 95'시대
- 7월 12일: 정부 컴퓨터 산업 발전계획 발표
- 11월: '삼성 새턴' 출시

- 〈RPG 쯔꾸르〉 국내 한글화(도network어) 출시
- 〈인터럽트〉, 〈테이크백〉 대만 수출
- 10월: 열림기획 세턴 게임 개발 착수
- 〈다크사이드 스토리〉의 불법복제로 인한 피해로 인해 대니임이 PC 게임 시장에서 철수하고 손노리에서 단체 퇴사가 이루어짐
- 11월 6일: '삼성새턴' 출시
- 〈징기스칸 2: 원조비사 고려의 대몽항쟁〉 출시. 일본 역사 게임을 현지화하면서 한국의 시나리오를 반영

1996

- [PC챔프] 9월호에 메드 특집이 다루어짐
- 4월: 〈바람의 나라〉(넥슨) 출시
- 4월: 〈불기둥 크레센츠〉(S&T 온라인, 오브젝트 스퀘어) 출시
- 5월: 〈망국전기 MUG〉(펜텍, 미라네) 출시
- 9월: 〈신검의 전설 2 라이어〉(엑스터시) 출시
- 12월: 〈창세기전 2〉(소프트맥스) 출시
- 〈낚시광 스페셜〉(타프시스템) 출시
- 〈아화〉(FE) 출시
- 〈종무공전(난중일기)〉(트리거소프트) 출시
- 〈슈라기 원시전〉(트랜쿨 리볼트) 출시
- 〈천상소마 영웅전〉(FEW) 출시
- 아케이드 게임 〈크로키〉(데니임) 출시
- 12월: 〈지클런트, 〈록스레인저 3〉 일본판 출시, 한국 PC 게임 첫 일본 진출 사례

연도	국내 게임사	국내 사회·문화 사건	세계 게임사
		· 협회와 '한국 전자 영상 문화 협회'를 '한국 영상 오락물 제작자 협회'로 병합 · 10월: 홍대 앞에 '온라인 게임 카페'(PC방) 오픈 · 〈단군의 땅〉 장영실상 수상 · 숭의여전 컴퓨터 게임학과 커리큘럼을 확정 - 1997년 개설 예정 · 미리내 - 문체부 게임저작 툴 '대장간' 공개 · '제1회 대한민국 게임대상' 개최 추진 · 1996.06.07 개정 음반 및 비디오물에 관한 법률 발효 · 공윤에서 정식으로 게임심의를 하게 됨 · '제2회 96 한국 게임기기 및 어트랙션전'(AMUSE WORLD 96)을 COEX에서 개최(1996년 11월 9일~12일) · 11월 17일: '제1회 철권 2 팀 배틀 대회' · 12월: 〈매직 더 개더링〉 한글판 출시 · 11월 15일 배틀테크 국내 최초로 들어옴 · KOGA 유통사 오픈	· 〈울티마 온라인〉 서비스 시작 · AI '딥블루' 체스대회에서 인간에게 승리 · 요코이 군페이 사망 · D&D 제작사 TSR - Wizard of Coast 에 인수됨 · 일본에 '다마고치' 붐이 일어남 · '포켓몬스터' 애니메이션 제작 · 12월 16일 일본 포켓몬 애니 시청 중 광과민성 발작
1997	· 1월: [디스크스테이션] 1호 발간 · 3월: 〈컴백 태지 보이스〉(아담소프트) 출시 · 6월: 〈디어사이드 3〉(스튜디오 자코뱅) 출시 · 6월: 〈카르마〉(드래곤플라이) 출시 · 10월: 〈어둠의 전설〉(넥슨) 출시 · 10월: 머그 〈어둠의 성전〉 서비스 · 10월: 머그 〈개벽〉(제미니스템) 서비스 · 11월: 〈포가튼 사가〉(손노리) 출시 · 〈캠퍼스 러브 스토리〉(남일소프트) 출시 · 〈귀천도〉 출시	· 1월 24~26일: '제0회 RPG 컨벤션' · 2월: 카마 엔터테인먼트, '플레이스테이션' 수입 판매 · 3월: 엔씨소프트 창립 · 3월 29일: 국제 전자센터 개장 · 4월: '유리도시' 서비스 [마이피씨] 1997년 4호 · 6월: 월간 [모뎀] 창간 · 6월 21~22일: '매직 더 개더링' 국내대회 · 7월 1일: 현대전자 'N64' 정식 출시 · 7월 1일자 시행 청소년 보호법을 통해 만화를	

- <짱구는 못말려>(단비시스템) 출시
- <헬로우 대통령>(지오마인드) 출시
- <날아라 호잉>(한겨레정보통신) 출시
- 공개 게임 '사방원숭이의 모험', <푸른매>, <삭제되었수다>
- <머그삼국지>(에플웨어) 서비스
- <창세기전 2> 일본 진출

- 강력히 제재함 [게임라인] 1997년 09호에 제재 리스트 수록
- 영화 '전사라이언'(영구아트) 7월 20일 개봉
- 8월 '인터하비' 개장
- 8월 9일: 소프트맥스 제작 발표회
- 9월 10일: 공윤 폐지, 공연예술진흥협의회에서 새로이 심의를 담당
- 10월 26일: 국내 최초 게임음악 라이브 콘서트가 부산에서 열림
- 투니버스 방송 '게임플러스' 시작(MC: 진재영)
- 대교방송 '도전 게임챔프'
- 쌍용, 동서게임채널의 제품들을 직접 판매
- PC 통신 '넷츠고' 서비스 시작
- '대한민국 게임대상' 신설
- '삼성 세턴' 시장 철수
- '게임챔프' 인터넷 서비스 시작
- '멀티그램', '넥스코', '아프로만' 등 게임유통사들의 연쇄도산
- <매직 더 개더링> 국내선수 세계 1위 [게임라인] 1997년 10월호
- <버추어 파이터 III> 국제대회에서 한국인이 우승 (아카리꼬마)

- 3월: 블리자드, <스타크래프트> 출시
- 11월: 세가, <드림캐스트> 출시
- 11월: 밸브, <하프라이프> 출시
- 11월: 코나미, <댄스 댄스 레볼루션> 출시
- 일본 중고 소프트웨어 판정 서비

1998

- 2월: <리니지>(엔씨소프트) 출시
- <한국프로야구 98>(새내소프츠) 출시
- <삼국지 천명>(동서게임채널) 출시
- <대물낚시광>(타프로시스템) 출시
- <하트 브레이커즈>(아케이드, 패밀리 프로덕션) 출시
- <아크메이지> 서비스

- 대항실업 사태와 PC방 창업 붐
- 1월 19일: 손노리와 판타그램 결별
- 1월 23일: 사이버 아이돌 가수 '아담' 발표
- 4월: <스타크래프트> 정식 출시
- <레인보우 6> 정식 출시
- 5월: 일본문화 1차 개방
- 7월: 검찰 압수수색 심의 위한
- 8월: 영등위(당시 한국공연예술진흥협의회),

연도	국내 게임사	국내 사회·문화 사건	세계 게임사
		· 아케이드 게임 심의 업무 수임 · KOGA "97 게임백서" 발간 · 우영 '세턴' 사업에서 철수 · '하이콤', 'ST엔터테인먼트', '만트라' 부도 · 'EA코리아' 설립 · [PC챔프] (버텀)이 나라스 최초 공략 · 성균관대 '게임소프트웨어 경진대회' 주최(입학 특전) · 'KPGL' 창설(게임챔프 67호) · MS, 아래아한글 매입 시도 · 컴퓨터게임학회 설립 · 일본 문화 전면개방 준비 · 코에이 직판 시작 · 한전 케이블 모뎀 서비스 시작 · '채널아이 서비스' 시작 · '연세대-현대 게임소프트웨어 개발 전문 교육과정' 창설 · '1998 게임대상': 리니지	
1999	· 3월: <EZ2DJ 1st TraX>(어뮤즈월드) 출시 · 8월: <제피>(미라스페이스) 출시 · 10월: <포트리스 2>(CCR) 출시 · 10월: <붐 포 잇 엄>(안다미로) 출시 · 12월: <창세기전 3>(소프트맥스) 출시 · <샤이닝 로어>(판타그램) 출시 · <리니지> 미국 서비스 시작 · <아크메이지> 미국 접속률 1위	· 2월: 게임종합지원센터(이후 한국게임산업진흥원) 설립 · 2월 8일: 음반비디오물 및 게임물에 관한 법률 제정(5월 9일 시행) · 12월: 한게임 서비스 시작 · '공진협'과 '정통윤'의 <스타크래프트> 심의 논란 · 넥슨, 포르아 인터넷 방송 서비스 개시 · <리니지> 최초 동시 접속자 수 2,000명 돌파 · '1호 프로게이머' 신주영 등장	

연도			
2000	· 12월: 〈킹덤 언더 파이어〉(판타그램) 출시 · 〈악튜러스〉(그라비티, 손노리) 출시 · 〈큐이샵〉(메가폴리) 출시 · 〈포리프〉(소프트맥스) 출시	· 〈DDR〉(Dance Dance Revolution)이 국내 처음 들어옴 · 온라인 게임 대중화 시작 · 5월: 게임 웹진 [게임메카] 창간 · 6월: 일본문화 3차 개방(일부 게임물 개방) · 7월: 게임 전문 방송국 '온게임넷' 개국 · 8월: 게임 잡지 [게이머즈] 창간(월간) [플레이스테이션에서 명칭 변경] · 11월: 넷마블 서비스 시작	· 3월: 소니, '플레이스테이션 2' 출시 · EA, 맥시스, 〈심즈〉 출시 · 블리자드, 〈디아블로 2〉 출시
2001	· 1월: 〈포트리스 2 블루〉(CCR) 상용화, 온라인 게임 사상 최초로 동시 접속자 수 10만 명을 기록 · 1월: 〈택티컬 커맨더스〉(넥슨) 상용화 · 2월: 〈제노에이지 플러스〉(가마소프트) 출시 · 2월: 〈한국프로야구 2001〉(세나비스포츠) 출시 · 3월: 〈다크쿼스트〉(그림 엔터테인먼트) 출시 · 3월: 〈창세기전 3 파트 2〉(소프트맥스) 출시 · 3월: 〈미르의 전설 2〉(액토즈 소프트) 상용화 · 5월: 〈주사위의 잔영〉(소프트맥스) 오픈 베타 · 5월: 국내 최초 3D MMORPG 〈뮤 온라인〉(웹젠) 오픈 베타 · 5월: 〈아스카르도 온라인〉(넥슨) 오픈 베타 · 6월: 〈토닉: 지구를 지켜라〉(씨드나인) 출시 · 7월: 〈임팩트 오브 파워〉(Big Brain) 출시 · 7월: 〈거상 온라인〉(조이온) 오픈 베타 · 8월: 〈라그하임〉(바른손게임스) 오픈 베타 · 9월: 〈바이닐 디바이스〉(NOG) 출시 · 9월: 〈비너시안〉(민커뮤니케이션) 출시 · 9월: 〈화이트데이〉(손노리) 출시 · 10월: 〈크레이지 아케이드 BnB〉(넥슨) 오픈 베타	· 코나미, 〈EZ2DJ〉를 표절로 소송 · 3월: KGCA 게임아카데미 개원 · 4월: 엔씨소프트 미국자사 설립 · 11월 23일: 한국 최초 휴대용 게임기 'GP32' 출시 · 12월: 소니컴퓨터엔터테인먼트 코리아 설립	· 11월: 마이크로소프트, '엑스박스' 출시

연도	국내 게임사	국내 사회·문화 사건	세계 게임사
	· 11월: 〈라그나로크 온라인〉(그라비티) 오픈 베타 · 11월: 〈뮤 온라인〉(웹젠) 상용화 · 12월: 〈무혼〉(유즈드림) 오픈 베타 · 12월: 〈마그나카르타〉(소프트맥스) 출시 · 5월: 엔씨소프트, 스타 개발자 리처드 개리엇(Richard Garriott) 영입 · 9월: 〈미르의 전설 2〉(위메이드) 중국 시범 서비스 시작 · 11월: 〈미르의 전설 2〉(위메이드) 중국 상용 서비스 시작 · 아케이드 게임 〈오피스 여인천하〉(단비시스템) 출시 · 〈렛츠댄스투이〉(리딩엣지) 출시 · 모바일 게임 〈붕어빵 타이쿤〉(컴투스), 최초 100만 다운로드 기록	· 2월: '플레이스테이션 2' 정식 출시 · 5월: PS2 〈토막: 지구를 지켜라 어게인〉이 일본에서 좋은 반응을 얻음 · 6월: 〈월간 플레이스테이션〉(정식 라이선스) 창간 · 12월: '엑스박스' 정식 출시	
2002	· 2월: 〈제피 2〉(미라스페이스) 출시 · 3월: 〈군코롯〉(나비아 엔터테인먼트) 출시 · 3월: 〈라그하임〉(바른손게임스) 상용화 · 3월: 〈나르실리온〉(그라곤 엔터테인먼트) 출시 · 5월: 〈거상 온라인〉(조이온) 상용화 · 6월: 한국 최초의 PS 게임 〈매니 게임 겜〉(조이캐스트) 출시 · 7월: 〈바다의 왕자 장보고〉(그림디지털) 출시 · 7월: 〈미르의 전설 3〉(위메이드) 오픈 베타 · 7월: 〈크레이지 아케이드 BnB〉(넥슨) 상용화, 2002년 2월 9일, 동시접속자 수 30만 명 돌파 · 8월: 〈네이버필드〉(에스디엔터넷) 오픈 베타 · 8월: 〈라그나로크 온라인〉(그라비티) 상용화		

· 8월: 〈보이스비기〉(리딩엣지) 출시
· 10월: 〈릴 온라인〉(가마소프트) 오픈 베타
· 10월: 〈에이스 사가〉(마이에트 엔터테인먼트) 출시
· 10월: 〈스워키랜드〉(메가폴리) 출시
· 12월: 한국 최초 온라인 FPS 게임 〈카르마 온라인〉(드래곤플라이) 오픈 베타
· 12월: 〈테일즈 오브 윈디랜드〉(몽글) 출시
· 12월: 〈테일즈위버〉(소프트맥스) 오픈 베타
· 12월: 〈프리스톤테일2〉(YD온라인) 오픈 베타
· 12월: 〈A3〉(애니파크) 오픈 베타
· 12월: 〈포트리스 3 패왕전〉(CCR) 오픈 베타
· 12월: 〈갯엠프드〉(윈디소프트) 오픈 베타
· 12월: 〈메이플스토리〉(넥슨) 클로즈베타
· 11월: 〈미르의 전설 2〉(위메이드), 중국 동시접속자 수 70만 명 돌파
· 12월: 엔씨소프트, 〈스타크래프트〉, 〈워크래프트〉의 핵심 개발자들로 구성된 미국 아레나넷(ArenaNet) 인수

· 하드슨, 넥슨 〈비엔비〉를 표절로 소송
· 7월 29일: 사단법인 한국게임개발자협회 설립
· 9월 17일: 일본문화 4차 개방(게임 등이 완전 개방)
· 린든 랩, '세컨드 라이프'

2003

· 1월: 〈쎄니하우스〉(나비야 엔터테인먼트) 출시
· 1월: PS2용 〈토작: 지구라 지켜라 완전판〉(씨디나인) 출시
· 1월: 〈미르의 전설 3〉(위메이드) 상용화
· 1월: 〈아스가르드 온라인〉(넥슨) 상용화
· 2월: 〈천랑열전〉(그리곤 엔터테인먼트) 출시
· 3월: 〈시티 레이서〉(엠플레닝) 오픈 베타
· 3월: 〈롤라스틱스〉(NOG) 오픈 베타
· 4월: 〈시티 레이서〉(엠플레닝) 상용화
· 4월: 〈메이플스토리〉(넥슨) 상용화
· 4월: 〈트릭스타〉(엔트리브) 오픈 베타

연도	국내 게임사	국내 사회·문화 사건	세계 게임사
	· 5월: 〈갯엠포즈〉(윈디소프트) 오픈 베타 · 5월: 〈칸 온라인〉(미라내 엔터테인먼트) 오픈 베타 · 5월: 〈니다 온라인〉(니다 엔터테인먼트) 오픈 베타 · 5월: 〈붉은 보석〉(엘엔케이로직코리아, 그림엔터테인먼트) 오픈 베타 · 6월: 〈테일즈 위버〉(소프트맥스) 상용화 · 6월: 〈오투잼〉(오투미디어) 오픈 베타 · 7월: 〈리니지 2〉(엔씨소프트) 오픈 베타 · 7월: 〈썬 온라인〉(그리곤 엔터테인먼트) 오픈 베타 · 8월: 〈네이비 필드〉(에스디엔터넷) 상용화 · 8월: 〈A3〉(애니파크) 오픈 베타 상용화 · 9월: 〈크룸 온라인〉(엔도어즈) 오픈 베타 · 10월: 〈리니지 2〉(엔씨소프트) 상용화(최초로 개발비 100억이 투입됨) · 10월: 〈림 온라인〉(가마소프트) 오픈 베타 상용화 · 10월: 〈쿠가섬 2〉(메가폴리) 출시 · 11월: 〈루넨시아〉(막고아) 오픈 베타 · 12월: 〈마비노기〉(넥슨) 오픈 베타 · 8월: SBS와 선라이즈가 공동으로 TV 애니메이션, '포트리스 2'를 제작(일본에서는 2003년 4월에 먼저 방영)		
2004	· 1월: 〈뱀핑히어로즈〉(써드나인) 오픈 베타 · 1월: 〈코룸 온라인〉(엔도어즈) 상용화 · 1월: 〈썬 온라인〉(그리곤 엔터테인먼트) 상용화 · 1월: 〈붉은 보석〉(엘엔케이로직코리아-	· 11월: 블리자드, 〈월드 어브 워크래프트〉 오픈 베타 · 12월 29일: '닌텐도 DS' 정식 출시(대원) · 〈카운터 스트라이크〉, 한넷 폐쇄 후 스팀으로 이전	· 11월: 밸브, 〈하프 라이프 2〉 출시 · 11월: 블리자드, 〈월드 어브 워크래프트〉 출시 · 12월: 소니, 플레이스테이션 포터블'(PSP) 출시

그림엔터테인먼트) 상용화

- 2월: 〈건즈 온라인〉(마이에트 엔터테인먼트) 오픈 베타
- 2월: 〈트릭스터〉(엔트리브) 상용화
- 3월: 〈라브〉(메가폴리) 출시
- 4월: 〈팡야〉(엔트리브) 오픈 베타
- 4월: 〈건즈 온라인〉(마이에트 엔터테인먼트) 상용화
- 4월: 〈샷온라인〉(온네트) 오픈 베타
- 5월: 〈프리프〉(아이온소프트) 오픈 베타
- 6월: 〈마비노기〉(넥슨) 상용화
- 6월: 〈카트라이더〉(넥슨) 오픈 베타
- 6월: 〈팡야〉(엔트리브) 상용화
- 7월: 〈스페셜포스〉(드래곤플라이) 오픈 베타
- 7월: 〈십이지천〉(기가스소프트) 오픈 베타
- 7월: 〈란 온라인〉(민커뮤니케이션) 상용화
- 8월: 〈카트라이더〉(넥슨) 상용화
- 8월: 〈RF 온라인〉(CCR) 오픈 베타
- 8월: 〈레이쥥〉(라디안 소프트) 출시
- 8월: 〈디제이맥스〉(펜타비전) 오픈 베타
- 8월: 〈당신은 골프왕〉(NHN) 오픈 베타
- 10월: 〈킹덤 언더 파이어: 더 크루세이더즈〉(블루사이드) 출시(XBOX)
- 10월: 〈RF 온라인〉(CCR) 상용화
- 10월: 〈오디션〉(T3엔터테인먼트) 오픈 베타
- 11월: 〈십이지천〉(기가스소프트) 상용화
- 11월: 〈열혈강호 온라인〉(KRG) 오픈 베타
- 11월: 〈샷온라인〉(온네트) 상용화
- 11월: 〈실크로드〉(조이맥스) 오픈 베타
- 11월: 〈스페셜포스〉(드래곤플라이) 상용화
- 12월: 〈마그나카르타: 진홍의 성흔〉(소프트맥스)

연도	국내 게임사	국내 사회·문화 사건	세계 게임사
	출시(PS2) · 12월: 《러브 2 파르페》(메가폴리) 출시 · 12월: 《프리스타일》(JCE) 오픈 베타 · 4월: 〈라그나로크 애니메이션〉일본 내 방영(국내 방영: 2005년 1월)		· 11월: 마이크로소프트, 'Xbox 360' 출시
2005	· 3월: 《디제이맥스 온라인》(펜타비전) 상용화 · 3월: 《열혈강호 온라인》(KRG) 상용화 · 3월: 《아크로드》(NHN) 오픈 베타 · 4월: 《실크로드》(조이맥스) 상용화 · 4월: 《프리스타일》(JCE) 상용화 · 4월: 《구룡쟁패》(인디21) 오픈 베타 · 5월: 《워록》(드림익스큐전) 오픈 베타 · 5월: 《요구르팅》(레드덕) 오픈 베타 · 5월: 《대카톤》(게임하이) 오픈 베타 · 5월: 킹덤언더파이어 히어로즈》(블루사이드)가 미국 월진 GAMESPOT이 선정한 'Best of E3'에 등록 · 8월: 《던전 앤 파이터》(네오플) 오픈 베타 · 8월: 《요구르팅》(레드덕) 상용화 · 8월: 《서든어택》(게임하이) 오픈 베타 · 8월: 최초의 온라인 캐주얼 야구게임 〈신야구〉(네오플) 오픈 베타 · 9월: 《알투비트》(씨드나인) 오픈 베타 · 10월: 《던전 앤 파이터》(네오플) 상용화 · 10월: 《로한》(YNK게임스) 오픈 베타 · 10월: 《카발》(이스트소프트) 오픈 베타 · 10월: 《킹덤 언더 파이어: 히어로즈》(블루사이드) 출시(XBOX)	· 1월: 블리자드, 《월드 오브 워크래프트》 상용화 · 3월 14일: 게임 웹진 [디스이즈게임]창간 · 9월 28일: KBS 추적60분 "죽음의 덫, 게임중독" 보도 · 10월: 넥슨 미국지사 설립 · 11월 10일: 'GP2X' 출시 · WOW 불매 운동 · "넥슨 vs 인문협", 지금제 붙고 충돌	

- 11월: 〈귀혼〉(엔엔지) 오픈 베타
- 11월: 〈오디션〉(T3엔터테인먼트) 상용화
- 12월: 〈데카론〉(게임하이) 상용화
- 12월: 〈수룡쟁패〉(인디21) 상용화
- 12월: 〈카발〉(이스트소프트) 상용화
- 4월: 엔씨소프트, "길드워 상용서비스 개시 (북미/유럽)"

- 4월 28일: 게임 산업 진흥에 관한 법률 제정 (10월 29일 시행)
- 11월: 소니, 플레이스테이션 3 출시

- 6월: 한국 닌텐도 설립
- 8월: '바다 이야기' 사태 발생
- 10월 30일: 게임물등급위원회 '게임전문심의기구' 설립
- 영등위 심의중단, 심의 공백 사태발생
- 게임물등급위원회, 10월 30일 공식 출범
- 아이템 현금거래 대책 토론회 개최, "게임법 개정안, 아이템 거래 금지 아니다"

2006

- 1월: 〈배닐라캣〉(나비야 엔터테인먼트) 오픈 베타
- 1월: 〈신야구〉(네오플) 상용화
- 1월: 〈라펠즈〉(엔플레버) 오픈 베타
- 1월: 〈루니아전기〉(올엠) 오픈 베타
- 1월: 국내 최초 온라인 대전격투 〈권호〉(버티고) 오픈 베타
- 2월: 〈그라나도 에스파다〉(IMC 게임스) 오픈 베타
- 2월: 〈제라〉(넥슨) 오픈 베타
- 2월: 〈워록〉(드림익스큐션) 상용화
- 2월: 〈론한〉(YNK게임스) 상용화
- 2월: 〈귀혼〉(엔엔지) 상용화
- 3월: 〈아크로드〉(NHN) 상용화
- 3월: 〈마구마구〉(애니파크) 오픈 베타
- 4월: 〈알투비트〉(세드나인) 상용화
- 4월: 〈XL1〉(XL게임스) 오픈 베타
- 5월: 〈썬 온라인〉(웹젠) 오픈 베타
- 5월: Xbox 360용 〈N3〉(판타그램) 출시
- 6월: 〈권호〉(버티고) 상용화
- 6월: 〈마구마구〉(애니파크) 상용화
- 6월: 〈배닐라캣〉(나비야 엔터테인먼트) 상용화
- 6월: 〈피파 온라인〉(네오위즈, EA) 오픈 베타
- 6월: 〈루니아전기〉(올엠) 상용화

연도	국내 게임사	국내 사회·문화 사건	세계 게임사
	· 7월: 〈제라〉(넥슨) 상용화 · 7월: 〈그라나도 에스파다〉 상용화 · 7월: 〈서든어택〉(게임하이) 상용화 · 8월: 〈피파 온라인〉(네오위즈, EA) 상용화 · 8월: 〈R2〉(NHN) 오픈 베타 · 9월: 〈라펠즈〉(엔플레버) 상용화 · 10월: 〈R2〉(NHN) 상용화 · 11월: 〈썬 온라인〉(웹젠) 상용화 · 12월: 〈팡야 VII 버전〉(엔트리브) 출시 · 12월: 〈레이시티〉(제이투엠) 오픈 베타		
2007	· 1월: 〈스키드러시〉(NHN) 오픈 베타 · 2월: 〈모나토 에스프리〉(가마소프트) 오픈 베타 · 2월: 〈레이시티〉(제이투엠) 상용화 · 2월: 〈SD건담 캡슐파이터〉(소프트맥스) 오픈 베타 · 2월: 〈슬라거〉(와이즈캣) 오픈 베타 · 3월: 〈스키드러시〉(NHN) 상용화 · 3월: 〈슬라거〉(와이즈캣) 상용화 · 4월: 국내 최초 유무선 연동게임 〈로드 어비디〉(세종게임스) 출시 · 5월: 〈라그나로크 2 온라인〉(그라비티) 오픈 베타 · 5월: 〈크로스파이어〉(스마일게이트) 오픈 베타 · 6월: 〈페이퍼 맨〉(싸이칸 엔터테인먼트) 오픈 베타 · 7월: 〈아바〉(레드덕) 오픈 베타 · 8월: 〈크로스파이어〉(스마일게이트) 상용화 · 9월: 〈아스트로레인저〉(비스킷소프트) 오픈 베타, 상용화	· 6월: 플레이스테이션 3 정식 출시 · '세컨드 라이프' 한국 서비스 · 엔씨소프트, 〈리니지 3〉 개발실장 면직처분	· 닌텐도, 유산소 운동게임 〈Wii Fit〉 공개

· 6월: 징가, 〈팜빌〉 출시
· 12월: 로비오, 〈앵그리 버드〉 출시
· 비디오 게임계의 화두는 동작인식 플레이

2008

· 2월: 정보통신부 폐지, 게임문화재단 설립
· 4월: 〈Wii〉 정식 출시
· 보건부, PC방 완전 금연화 추진
· PD수첩, 한게임'을 '엔게임'을 강도 높게 놀래 비판

· 10월: 〈피파 온라인 2〉(네오위즈, EA) 오픈 베타, 상용화
· 10월: 〈아바〉(레드덕) 상용화
· 11월: 〈골드슬램〉(드래곤플라이) 오픈 베타
· 11월: 〈블랙샷〉(버티고) 오픈 베타
· 12월: Xbox 360용 〈킹덤 언더 파이어 서클 오브 둠〉(블루사이드) 출시
· 11월: 엔씨소프트, 리처드 개리엇의 〈타뷸라라사〉 북미, 유럽 정식 서비스 개시(2009년 2월에 서비스 종료)

· 1월: 〈아틀란티카〉(엔도어즈) 오픈 베타, 상용화
· 1월: 〈카운터스트라이크 온라인〉(넥슨) 오픈 베타
· 4월: 〈심이지언 2〉(기가소프트) 오픈 베타, 상용화
· 4월: 〈블랙샷〉(버티고) 상용화
· 5월: 〈카운터스트라이크 온라인〉(넥슨) 상용화
· 6월: 〈척슬리〉(웹젠) 오픈 베타
· 10월: 〈프리우스〉(CJ) 오픈 베타
· 10월: 〈러브비트〉(크레이지다이아몬드) 오픈 베타, 상용화
· 11월: 〈아이온〉(엔씨소프트) 오픈 베타, 상용화
· 12월: 〈프리우스〉(CJ) 상용화
· 9월: 국내 최초 상용화 웹게임 〈칠용전설〉(디마이브인터렉티브)
· 11월: 디마이브인터렉티브 국내 최초 웹게임 포털 웹게임채널(www.webgamech.com) 서비스

2009

· 2월: '영턴도 해피닝'
· 4월 30일: GP2X 위즈 출시
· 5월 7일: 한국콘텐츠진흥원 설립(게임

· 1월: 〈메틸레이지〉(게임하이) 오픈 베타
· 1월: 〈카르마 2〉(드래곤플라이) 오픈 베타
· 1월: 〈버블파이터〉(넥슨) 오픈 베타

연도	국내 게임사	국내 사회·문화 사건	세계 게임사
	· 2월: 〈오디션 잉글리시〉(드리머스에듀테인먼트) 오픈 베타 · 3월: 〈오디션 잉글리시〉(드리머스에듀테인먼트) 상용화 · 3월: 〈내 맘대로 Z9별〉(나노 플레이) 오픈 베타 · 5월: 〈메틸플레이어지〉(게임하이) 상용화 · 5월: 〈메르메로 온라인〉(민 커뮤니케이션) 오픈 베타 · 7월: 〈에어라이더〉(넥슨) 오픈 베타 · 8월: Xbox 360용 〈마그나카르타 2〉(소프트맥스) 출시 · 8월: 〈C9〉(웹젠, NHN) 오픈 베타 · 9월: 〈C9〉(웹젠, NHN) 상용화 · 10월: 〈버블파이터〉(넥슨) 상용화 · 12월: 〈내 맘대로 Z9별〉(나노플레이) 상용화 · 2월: 아이폰 용 〈헤비 막스(인디언)〉 출시	· '산업진흥원'을 통합함 · 11월 28일: 애플 아이폰 한국 정식 출시 · '지스타 2009' 부산에서 개최 · 리차드 개리엇, 엔씨소프트를 상대로 300억 소송 제기 · 9월: 국내 최초 SNG 플랫폼 '싸이월드 엡스토어'(네이트 엡스토어) 오픈	· 〈월드 오브 워크래프트, 최대 매출 국가 중국에서 서비스 중단〉
2010	· 1월: 〈마비노기 영웅전〉(넥슨) 오픈 베타 · 4월: 〈프로야구매니저〉(엔트리브) 오픈 베타, 상용화 · 4월: 〈넥슨별〉(넥슨) 오픈 베타 · 7월: 〈허슬리〉(웹젠) 상용화 · 12월: 〈갯벌프로 2〉(인디소프트) 오픈 베타	· 3월: 〈게임중독 부모〉 사건 파장 · 8월 18일: 'CAANOO' 출시 · 11월: NHN, 게임 오픈마켓 '아이두게임' 공개 서비스 · '게임 과몰입' 이슈의 대두 · '게임 과몰입' 방지대책과 주무부처 간의 논쟁 · 종부규제 논란, 게임법 vs 청보법 정면대결 · 〈스타크래프트〉 프로 리그 승부조작 보도 · KeSPA, 블리자드-곰TV 독점 계약에 첫 입장 발표	· 7월: 블리자드, 〈스타크래프트 II: 자유의 날개〉 출시 · 닌텐도, '닌텐도 3DS' 제작을 발표 · 온몸으로 즐기는 마이크로소프트의 '키넥트' 출시 · 소니 플레이스테이션 '무브' 출시